气象信息化实用技术丛书

U0878362

Surfer 气象制图指南

杨　明　陈晔峰　许小龙 等　编著

气象出版社
China Meteorological Press

内容提要

气象制图是气象数据分析的重要手段之一，结合 Surfer 强大组件库和绘图能力，可以有效地丰富气象制图的业务应用手段，提高气象制图应用能力。《Surfer 气象制图指南》在深入浅出地介绍气象制图的基础知识及相关理论、Surfer 基础知识、Surfer 网格化、Surfer 绘图等内容的基础上，用大量详细的示例介绍 Surfer 的气象制图过程，并简要介绍了 Surfer 与各种编程语言的混合编程，最后综合应用实践介绍了在气象实际业务中的核心应用开发，满足不同读者的需求。

本书可以作为气象工作者及科研人员进行气象资料制图分析的参考用书，也可作为高等院校相关专业的教学或实习用书。

图书在版编目(CIP)数据

Surfer 气象制图指南 / 杨明 等编著. -- 北京 : 气象出版社, 2021.9

ISBN 978-7-5029-7542-5

Ⅰ.①S… Ⅱ.①杨… Ⅲ.①气象一计算机制图一应用软件一指南 Ⅳ.①P4-39

中国版本图书馆 CIP 数据核字(2021)第 176496 号

Surfer 气象制图指南

Surfer Qixiang Zhitu Zhinan

出版发行：气象出版社

地　　址：北京市海淀区中关村南大街 46 号　　**邮政编码**：100081

电　　话：010-68407112(总编室)　010-68408042(发行部)

网　　址：http://www.qxcbs.com　　**E-mail**：qxcbs@cma.gov.cn

责任编辑：冷家昭　　**终　　审**：吴晓鹏

责任校对：张硕杰　　**责任技编**：赵相宁

封面设计：地大彩印设计中心

印　　刷：三河市君旺印务有限公司

开　　本：787 mm×1092 mm　1/16　　**印　　张**：16.75

字　　数：375 千字

版　　次：2021 年 9 月第 1 版　　**印　　次**：2021 年 9 月第 1 次印刷

定　　价：80.00 元

本书编写组

组　长：杨　明　陈晔峰

副组长：许小龙　张志强　何文春

成　员（排名不分先后）：

陈　晴　高祝宇　曾　悠　魏　爽　吴书成

韩颂雨　马　浩　朱旻翔　胡永亮

第一作者简介

杨明，高级工程师，出生于江苏泗阳，毕业于南京信息工程大学。一直从事气象方面的大数据、云计算、机器学习理论研究及应用、气象业务系统等设计与研发工作，负责浙江气象大数据云试验平台、浙江台风业务网、浙江气象防灾减灾决策服务平台等系统自主设计与研发，开展了云计算、气象大数据和雷达等气象算法的研究与应用，参与国家气象业务内网、国家气象大数据云平台的设计与研发，具有丰富的气象大数据、气象数据分析处理、气象算法和气象业务系统等设计与开发经验。

入选中国气象局气象“十百千”人才计划青年气象英才、浙江省气象局首批“百人工程”青年英才、首批“双百”高层次人才第三层次、首批“双百”高层次人才青年英才导师、国家气象信息中心“气象数据管理技术研发创新团队”、国家气象信息中心“气象大数据云平台技术应用研究创新团队”、浙江省气象局“气象大数据创新团队”等人才和创新团队。主持或参与课题30余项，其中主持10项。

研究兴趣包括：云计算、智能算法、气象大数据云平台和气象产品算法等领域。

前 言

对各种气象数据制图分析是气象科研和业务人员的重要工作内容。为了方便气象制图分析，作者积多年的气象业务应用工作经验，结合 Surfer 工具相关资料和英文书籍写成本书。本书结合 Surfer 的强大组件库和绘图能力，深入浅出地介绍了 Surfer 气象制图的基础知识及相关理论和综合示例。本书可供使用 Surfer 的气象工作者及科研人员参考，也可作为高等院校相关专业的教学或实习用书。

全书共分 9 章。第 1 章简单介绍了气象制图工具、基础知识、网格化方法、分析方法、气象应用业务系统和 Surfer 发展历史。第 2 章全面地介绍了 Surfer 的运行环境、主要特点、功能、组成和菜单命令。第 3 章给出了 Surfer 地图绘制操作，包括地图属性、制作地图底图、叠加空白底图、绘制地形地图和导出矢量地图。第 4 章重点介绍了 Surfer 气象数据网格化文件的创建、网格化方法和网格化降水示例。第 5 章从等值线的基本概念、创建等值线、编辑等值线、叠加底图和高级操作等方面系统地介绍了气象等值线的绘制，最后给出了降水示例。第 6 章重点介绍了三维图形的基础知识、三维数据组织、绘制三维线框图的方法以及绘制三维图形的方法。第 7 章介绍了白化文件制作、添加图形标注、绘制图形比例尺、图形组合及其编辑和图形计算等高级处理功能。第 8 章介绍了三种不同高级语言(C＃、VB、Python)与 Surfer 混合编程的方式与示例。第 9 章介绍了气象业务应用综合示例的分析与设计、开发环境与开发工具、模块实现、应用发布等应用示例流程。

本书由杨明、陈晔峰总体设计和具体组织编写。第 1 章由陈晴、张志强、韩颂雨等撰稿；第 2 章由韩颂雨等撰稿；第 3 章由吴书成等撰稿；第 4 章由魏爽、吴书成等撰稿；第 5 章由杨明、马浩、吴书成等撰稿；第 6 章由曾悠等撰稿；第 7 章由高祝宇等撰稿；第 8 章由朱旻翔等撰稿；第 9 章由杨明、何文春、许小龙等撰稿；附录由胡永亮、杨明等撰稿。另外，许小龙、张志强和何文春参与分章节指导与审稿，魏爽设计了稿件模板，杨明对本书进行了统稿、修改、校对与整理，陈晴参与最终稿件校对。

本书的出版得到了浙江省气象局重点项目资助、国家气象信息中心气象大数据云平台技术应用研究创新团队大力支持；感谢浙江省气象局局长苗长明等领导与同事们的大力培养和指导；感谢国家气象信息中心及气象大数据云平台技术应用研究创新团队的多年培养和指导，尤其感谢国家气象信息中心赵立成、曾沁、罗兵、高峰、杨和平、徐拥军等领导与同事们的帮助和支持；感谢浙江省气象台赵放和浙江省气候中心金志凤两位正高级工程师的指导；感谢浙江省气象信息网络中心骆阳、吴京生、肖云、鲁奕岑、郭士鑫和浙江省气象台潘琳琳、杭州市气象信息中心王小良、舟山市气象局张骁、浙江省气候中心刘樱、王治海等同事的帮助和支持；感谢南京信息工程大学的培养和支持，感谢浙江省气象信息网络中心全体同事的辛勤付出。同时，感谢所有支持我们、关心我们的朋友和同事。

由于作者水平有限，对于书中出现不妥之外，恳请读者批评指正。

杨明

2020 年 3 月于杭州

相关附件下载

http://www.qxcbs.com/ebook/surferol/mdata.html

目 录

第 1 章　Surfer 与气象制图介绍

学习目标

Surfer 软件是美国 Golden Software 公司开发的一款以绘制各种图形(等高线、Image map、3D surface)的软件。该软件具有强大插值功能和绘制图件能力,可以轻松制作基面图、数据点位图、分类数据图、等值线图、线框图、地形地貌图、趋势图、矢量图以及三维表面图等,Surfer 软件在气象制图方面得到了广泛应用。本章将简要介绍气象制图工具、气象制图基础知识、常用的气象分析业务系统、Surfer 发展历史及主要特点与功能,旨在帮助读者对气象制图以及 Surfer 软件有一个初步的认识。

本章重点

- 了解常用的气象制图工具
- 熟悉气象制图的基础知识
- 了解常用的气象分析业务系统
- 了解 Surfer 发展历史
- 了解 Surfer 功能特点

1.1　气象制图

在气象数据的处理和应用分析中,经常需要绘制大量气象要素空间分布图和时间变化图,以便从大量的资料中提取有用的气象信息。在建立数据集、显示离散点数值、资料网格化、绘制等值线以及绘制直方图、函数图等方面都会用到气象制图(龚佃利,2000)。面对大量的气象数据,传统手工制图不仅过程繁琐效率低下,而且精准度不高,画面也较粗糙,无法适应业务发展的需要。随着计算机性能的不断提高,广大气象工作者和科研人员利用计算机绘图软件代替手工绘制,通过自动化绘图控制只需要几段程序代码即可实现各类气象要素图片的自动化生成,在此基础上进行各类气象业务的分析处理及科学研究,方便高效(马占良,2008)。

1.2 气象制图工具介绍

目前市面上应用于气象业务及科研使用的图形绘制软件系统有很多，下面简要介绍这几种常用的制图工具。

1.2.1 Matlab 简介

Matlab 是由美国 MathWorks 公司在 20 世纪 80 年代出品的商业数学软件，主要面对科学计算、可视化以及交互式程序设计的高科技计算环境。它将数值分析、矩阵计算、科学数据可视化以及非线性动态系统的建模和仿真等诸多强大功能集成在一个易于使用的视窗环境中，为科学研究、工程设计以及必须进行有效数值计算的众多科学领域提供了一种全面的解决方案，并在很大程度上摆脱了传统非交互式程序设计语言（如 C、Fortran）的编辑模式。Matlab 既具有结构化的控制语句，又有面向对象编程的特性，且编制程序限制不严格，设计自由度大。它的源程序完全开放，程序的可移植性强。

Matlab 的两个特色是图形处理能力和工具箱。Matlab 具有二维、三维乃至四维的图形表现能力，可以从线型、边界面、色彩、渲染、光线、视角等方面把数据的特征表现出来。Matlab 强大的图形功能及较强的图形处理和编辑能力是建立在一组图形对象的基础之上，因而可以通过图形对象的核心功能实现编程中图形绘制及图形处理。它的工具箱包含两个部分：核心部分和各种可选的工具箱。其中核心部分中有数百个核心内部函数。其工具箱又分为两类：功能性工具箱和学科性工具箱。功能性工具箱主要用来扩充其符号计算功能，图示建模仿真功能，文字处理功能以及与硬件实施交互功能，可用于多种学科。学科性工具箱具有较强的专业性，这些工具通常是由领域内专家编写的，用户无需编写自己学科范围内的基础程序，直接调用即可（马占良，2008）。

Matlab 在气象应用中的优势在于高效的数值计算及突出的图形表现能力，通过自动化控制可广泛用于气象数据计算模拟及图形输出方面。

1.2.2 GrADS 简介

GrADS(Grid Analysis and Display System，格点分析和显示系统）是美国马里兰大学气象系 Brian E. Doty 开发的气象数据分析与显示软件，是目前中外气象界应用较为普遍的绘图软件，它提供了一个全 32 位交互操作的气象格点数据与站点数据的分析与显示环境，通过读取格点或站点气象资料（二进制或 GRIB 码格式）进行加工处理，可实现等值线、流线、填图、地图、曲线和气象绘图等多种图形显示（龚佃利，2000）。GrADS 具有强大的气象数据分析能力，丰富的地图投影坐标，图形显示快速，以及色彩动画等功能，因此迅速成为气象数据显示的标准平台之一。

GrADS 功能强大，基本上能绘制气象领域内使用的各类图表，同时具有出图快，出图类型多样，地理投影丰富等特点。但由于操作较复杂，原始气象数据预处理复杂等原因导致其易用性较差。GrADS 能较好地与其他编程软件集成和实现后台资料处理、图形绘制等，适用于多种投影方式做图和即时快速出图的应用领域（马占良，2008）[3]。

1.2.3　IDL 简介

IDL(Interactive Data Language，交互式数据语言），是一种数据分析和图像化应用程序及编程语言，最先归美国 ITT 公司所有。最初在 20 世纪 70 年代后期用于帮助科学家分析火星探险卫星发回的数据，将浩瀚的数据转换为图形。此后，IDL 得到广泛运用，使用者日众，呈几何级别增长。IDL 使用者可以迅速且方便地运用此软件将数据转换为图像，促进分析和理解。通过软件转化的图像既可以是简单色彩，也可以是全色三维图像和模型。IDL 语言是第四代科学计算可视化语言，其主要优势在于集开放性、高维分析能力、科学计算能力、实用性和可视化分析为一体，它可以运行在多种硬件平台。IDL 语言内置了丰富的数学库函数，极大地减少了图像处理算法开发的工作量，用 IDL 语言写的程序可以运行在 IDL 的平台上，这样开发出来的软件可移植性强。由于 IDL 语言是解释性语言，其运行速度会受到影响，对于速度要求较高的功能模块可以直接用标准 C 语言编写。利用 IDL 语言与 C 语言的接口，在 IDL 语言中调用 C 语言模块中的快捷运算。IDL 语言的许多函数可以支持不同的数据类型，例如 ROT 旋转函数可以旋转字节型、整型及浮点型的矩阵数据。

IDL 语言面向矩阵的特性可以适用分析海量的数据，在图像处理分析方面功能十分强大，同时在交互式二维和三维立体图形技术、面向对象的编程、OpenGL 图形技术、数学分析功能、信号处理、数据读取输出方式相比其他编程语言优势十分明显，IDL 拥有跨平台界面工具包以及快速连接 ODBC 兼容数据库外部程序连接工具。科学家可以利用 IDL 语言快速地设计自己的数据可视化数据模型，利用该模型无需大量的代码就可以方便地实现交互式浏览和分析研究数据。IDL 在许多方面都得到了广泛的应用，例如地球信息科学、图像处理、农业、林业资源调查、医学影像、软件系统开发、气象研究、测试技术、天文数据处理、数学统计分析、海洋测量、三维模型显示、立体模型互操作、电力勘测、地质工程等领域（花春亮，2014）。

1.2.4　Surfer 简介

Golden Software Surfer（简称 Surfer）是美国 Golden Software 公司研制开发的一款基于 Windows 操作系统的地质地理气象水文类绘图软件，Surfer 的主要功能是将数字化或者人工读取、实际测绘获得的三维空间数据转换成格网数据（数字高程模型，DEM），并根据格网数据生成等高线图和地形立体图，主要用于制作等高线和三维地形立体图。

Surfer 具有的强大插值功能和绘制图件能力，使它成为用来处理 XYZ 数据以及地质工作者常用的专业制图软件。它可以轻松制作基面图、数据点位图、分类数据图、等值线图、线框图、地形地貌图、趋势图、矢量图以及三维表面图等；提供 12 种数据网格化方法，包含几乎所有流行的数据统计算法；提供各种流行图形图像文件格式的输入、输出接口以及各大 GIS 软件文件格式的输入、输出接口，大大方便了文件和数据的交流和交换；提供新版的脚本编辑引擎，自动化功能得到极大增强。

Surfer 具有强大的二维绘图和数据处理能力，具有一定的三维显示功能。利用其可完成气象常用的要素等值线图、色斑图、基面图、矢量图和地形地貌图等的绘制。Surfer 软件上手快，图形界面操作简单方便，精度高，底层及图形接口类型丰富，采用 GIS(Geographic Information System，地理信息系统)生成的图形作地图，纯数学插值方法等优点，站点数据转换成格点数据时使用纯数学方法，对离散数据插值处理有优势，适用于站点类绘图(马占良，2008)。利用 Surfer 出色的绘图功能，自动成图，提供直观清晰的图片和图表分析，改变传统的手工资料分析方式，节省大量的工作时间。

在绘图软件的应用方面，中国气象部门做了不少研究工作(黄海智，2014)。如张洁等(2010)研究的 Surfer 8 在绘制气象等值线方面的应用，为气象工作者制作决策服务材料提供了帮助。郭仁华等(2008)用 Surfer 实现地下水降落漏斗变化趋势动态显示研究。陆志波等(2005)研究 Surfer 8 在环境评价和规划中的应用，认为 Surfer 8 在环境评价和规划中极具推广价值。李学明等(2009)研究 Surfer 绘图软件在干旱预警决策服务系统中的应用，为抗灾减灾工作把握重点提供很好的指导和决策帮助。杨卫华(2003)利用 Surfer 做了大气污染物等值线绘制分析，认为结果不但保持了高精度，而且大幅度降低了绘制和分析难度。连志鸾(2006)利用 Surfer 进行二次开发，实现基于 C/S 架构的加密雨量图自动显示与输出。张宗灏等(2008)则做进一步的研究，将数据查询和图形显示模块编译成 Active X 控件，实现网页上显示任意时段的自动气象站资料图形分析结果。国际上除气象领域之外还有许多专家在应用程序中都使用 Surfer 软件，很大程度上拓展了 Surfer 的应用范围，比如 Casa 等(2003)用 Surfer 研究湿度和温度对奶业的影响。Surfer 的功能在应用过程中不断完善并越来越受各领域专家认可。

本书主要以 Golden Software Surfer 15 版本为例，介绍利用 Surfer 软件绘制气象图。

1.3　气象制图基础知识

1.3.1　常用的天气图

天气图是填绘有气象状况和气象要素的数值、符号、等值线等，用以分析和研究大气状况和特征的综合图。它描述了某一时刻某一区域的天气情况，根据天气分析原理和方法，通过分析等值线、定出天气系统、标出降水、大风等主要天气区的方式揭示主要的天气系统、天气现象的分布特征和相互关系，从而得出天气系统发展演变规律的过程。天气图是制作天气预报的基本工具之一。为了详细观察三度空间的实况，在日常业务中，除绘制地面天气图(简称地面图)外，还绘制等压面图(简称高空图)，以及剖面图、单站高空风分析图、温度-对数压力图等辅助图表。

※天气图底图

天气图底图是用来填写各地气象观测记录的特种空白地图。天气图底图上标绘有经纬度、海陆分布、地形等，以便分析时考虑下垫面对天气的影响。天气图底图上还标有气象站的区号、站号和主要城市名称，供填图和预报时使用。天气图上的范围和比例尺的大小主要根据天气分析内容、预报时效、季节和地区等而定。

※地图投影

在天气分析和数值预报工作中，需要把在地球大气中观测的气象要素填在平面图上（地图）。而把球形的地球表面情况表现在平面上，必须具有专门的投影技术。我们将地球上的经、纬线及海岸线在平面上表现出来的方法叫做地图投影。

常用的地图投影有三种：兰勃特正形圆锥投影、极射赤面投影和墨卡托投影。

兰勃特正形圆锥投影也称双标准纬线圆锥投影法，是将平面图纸卷成圆锥形，与地球仪的30°和 60°纬圈相割，并把光源置于地球中心，将经纬线及地形投影到圆锥形的图纸上，然后将图纸展开成扇形，再加适当订正，即得兰勃特投影图。在这种投影图上，经线呈放射形直线，纬线呈同心圆弧，相割的两纬圈（30°和 60°）的长度与地球仪的对应处的实际长度相符，称为标准纬线。在两标准纬线之内各纬圈的长度相应地缩小。而两标准纬线之外各纬圈的长度则相应地放大。这种图的中纬度部分基本满足正向和正形的要求，因此，最适用于作中纬度地区的天气图。欧亚高空图和地面图一般都采用这种投影。

极射赤面投影是将光源置于南极，平面图纸与北纬 60°交割，把地球表面上各点投影在此平面图纸上。用这种投影法做成的地图，其经线为一组由北极向赤道发出的放射形直线，纬线为一组围绕北极的同心圆。这种投影保持正向和正形，但放大率随纬度的不同而不同。纬度越低，放大率越大。这种图表现为高纬度地区比较真实，一般用作北半球天气图和极地天气图。

墨卡托投影法，用一圆筒面与南、北纬度 22.5°圈相交，光源放在地球中心进行投影。把圆筒展开成一张地图。在这种地图上经、纬线都是以直线表示的。由于在低纬度地区用这种投影与实况较为接近，而在高纬度地区投影面积放大倍数太大。所以这种图主要适用于赤道或低纬度地区。

※地图比例尺

地图上两点间的长度与地表上相应两点间的实际长度之比，叫做比例尺，或称缩尺。其表示法主要有三种数字式（如 1∶10000000 即地图上的 1 cm 相当于实际 100 km）、说明式、图解式（斜线图解尺、复式图解尺、直线图解尺）。

由于兰勃特正形圆锥投影图在各纬度上放大率是不同的，故需用复式图解尺表示其缩尺。其特点就是对不同的纬度用不同的缩尺来表示，使用时必须注意与纬度配合，才能正确表示出实际距离。

天气底图缩尺的大小与所要分析的天气客体的规模和底图范围有关。小缩尺的底图适宜于研究大规模的天气客体，大缩尺的底图只适宜于研究小规模的天气客体。对于我们研究大规模的天气客体来说，地图缩尺一般为千万分之一到几千万分之一。

我国天气图目前所用的通常有三种：

(1)东亚天气图的缩尺为 1∶10000000，即图上 1 cm 相当于实际 100 km；

(2)欧亚天气图的缩尺为 1∶20000000，即图上 1 cm 相当于实际 200 km；

(3)北半球天气图的缩尺为 1∶30000000，即图上 1 cm 相当于实际 300 km。

底图范围大小的选择主要视预报的时效和季节而定，就我国天气预报的实际情况而言，如用做中长期预报的底图范围就应大一些，甚至需要整个北半球地图。冬半年，高纬度大气活动(如寒潮的侵袭)对我国影响较大，故底图范围应包括极地或极地的一部分；夏半年，低纬度和太平洋上的大气活动(如台风、副热带高压)对我国影响较大，故底图上低纬度和太平洋区域应多占些面积。处于中纬度地带的我国，主要受西风带的天气系统影响和控制。为了预先考虑从西边或西北边来的天气系统的入侵，底图的范围应尽量包括我国西部或西北部地区。

1.3.2　地面天气图

※地面天气图的构成

地面天气图是填写气象观测项目最多的一种天气图。其填写要素有总云量、风向风速、气温、露点温度、天气现象、云状、能见度、降水量、变温、变压等。

※海平面气压场的分析

气压的分布称为气压场。海平面上的气压分布称为海平面气压场。气压的三度空间分布(简称空间分布，包括水平和垂直的分布)称为空间气压场。其他气象要素场的概念与此相同。

海平面气压场分析就是在地面图上绘制等压线，即把气压数值相等的各点连成线。绘制等压线后，就能够清楚地看出海平面气压场的分布情况。

■等值线分析原则

等压线是等值线的一种，具有各种等值线分析的共同规律。

(1)同一条等值线上要素值处处相等。这就是说，分析时必须使等值线通过同一要素值相等的测站。

(2)等值线一侧的数值必须高于另一侧的数值。

(3)等值线不能相交，不能分枝，不能在图中中断。

(4)相邻两根等值线的数值必须是连续的，即其数值或者相等，或只差一线间隔。

作为等值线的一种特殊形式的等压线，在分析时，除了应符合上述分析原则外，还必须遵循地转风关系，即等压线和风向平行。在北半球，“背风而立，低压在左，高压在右”。但由于地面摩擦作用，风向与等压线有一定的交角，即风从等压线的高压一侧吹向低压一侧，风向和等压线的交角，在海洋上一般为 15°，在陆地平原地区约为 30°。但在我国西部及西南地区大部分为山地和高原的情况下，由于地形复杂，地转风关系常常不能满足。

■气压场的基本形式

低压场：由闭合等压线构成的低压区。中心用“低”或“D”标注。

高压场：由闭合等压线构成的高压区。中心用“高”或“G”标注。

低压槽：从低压区中延伸出来的狭长区域，简称槽。从南伸向北的称为倒槽，从东伸向西的称为横槽。

高压脊：从高压区延伸出来的狭长区域，简称脊。

鞍形气压场：两个高压和两个低压交错相对的中间区域，简称鞍形场或鞍型区。

※锋面分析

为了不盲目地在天气图上找锋面，首先可以按照历史连续性的原则，将前6 h或前12 h锋面的位置描在待分析的图上，根据过去几张图的连续演变，结合地形条件，就可以大致确定出本张图上锋面的位置。再结合分析850 hPa锋区、卫星云图等资料，就可以基本判断出地面图上锋面的位置和类型。

1.3.3　高空天气图

为了全面认识和掌握天气的变化规律，除了分析地面天气图外，还要分析高空天气图，即填有某一等压面上气象记录的等压面图。

※等压面图的构成

等压面图的填图要素包括：位势高度、气温、风向风速、比湿、变高等。

※等压面图的分析

■等高线的分析

(1)等高线的走向和风向平行，在北半球，背风而立，高值区(高压)在右，低值区(低压)在左。

(2)等高线的疏密(即等压面的坡度)和风速的大小成正比。

(3)等高线用黑色铅笔以平滑实线绘制，间隔4 dagpm。

在850 hPa图上画等高线144，148，152……

在700 hPa图上画等高线296，300，304……

在500 hPa图上画等高线496，500，504……

■等温线的分析

(1)绘制等温线时，以0℃为基准，每隔4℃画一条。在冷、暖中心分别用“N”或“暖”和“L”或“冷”标注。

(2)除主要依据温度记录外，还可参考等高线的形势。高温区往往是等压面高度较高的区域，低温区往往是等压面高度较低的区域。因此，在高压脊附近温度场往往有暖脊存在，而在低压槽附近往往有冷槽存在。

■槽线和切变线的分析

槽线是低压槽区内等高线曲率最大点的连线。而切变线则是风的不连续线，在这条线的两侧风向或风速有较强的切变。习惯上往往在风向气旋性切变特别明显的两个高压之间的狭长低压带内和非常尖锐而狭长的槽内分析切变线，而在气压梯度比较明显的低压槽中分析槽线。

1.4　常用气象业务系统

近些年来，随着计算机与计算技术的飞速发展，数据观测和采集仪器的进步，生成了大量的气象数据，怎样充分使用这些数据进行更好的气象预报是气象工作者的一个非常具有挑战性的课题。将科学数据可视化的技术应用到气象领域，使得原本复杂、海量、晦涩的数据转变成直观的二维和三维可视化结果，有效帮助气象工作者分析气象数据和在短时间做出准确的判断(严丙辉，2013)。根据决策服务的需要，针对不同的气象数据，中国气象局已组织开发了几款面向气象业务的平台，并在实际的业务中得到了很好应用，包括 CIMISS 等数据支撑平台和 NMSP、MICAPS、SWAN、MESIS、SWAP、CIPAS 等常用的气象业务平台。

1.4.1　CIMISS 全国综合气象信息共享平台

为满足对海量气象数据管理和服务的需要，国家气象信息中心设计开发了全国综合气象信息共享系统 CIMISS(China Integrated Meteorological Information Service System)，CIMISS 连接国家和 31 个省级中心，是集数据收集与分发、质量控制与产品生成、存储管理、共享服务、业务监控于一体的气象信息共享业务系统，是国家、省级统一的数据环境，于 2016 年底投入业务运行(赵芳 等，2018)。

CIMISS 本着"统一数据来源、统一数据标准、统一数据流程、统一数据服务"的原则，从气象数据全业务流程角度，CIMISS 初步建立了气象数据标准化框架，规范了各类数据命名、格式和算法，定义了国、省一致的气象数据存储结构和数据服务接口，实现了国、省数据同步和实时历史数据一体化管理。

CIMISS 系统由数据收集与分发系统、数据加工处理系统、数据存储管理系统、数据共享服务系统、业务监控系统 5 个业务子系统组成，承担数据收集、加工处理、存储管理、共享服务和业务监控任务。系统设计和开发采用了一系列现代信息技术，包括基于消息和文件共享的平台内信息交换、气象数据标准化分类、数据处理作业调度和算法的动态扩展、元数据的设计和应用、公共配置信息管理、全流程业务监视和调度控制、面向服务的多维度数据存储策略、全局数据访问视图和统一访问接口设计等。该系统为我国国家级和省级气象业务提供了统一规范的气象数据使用环境(熊安元 等，2015)。

CIMISS 业务化标志着支撑气象核心业务系统的数据生态初步形成。以此为基础，应用云计算、大数据、物联网、移动互联等技术，依托"专有＋公共"的混合云架构实施技术升级，构建具备数据融合汇集、一体化加工处理、分布式存储管理、标准化接口服务和统一运维监控能力的开放互联的气象大数据平台，为观测智能、预报精准、服务开放、管理科学的智慧气象发展提供有力支撑，是 CIMISS 下一步发展的方向和目标。

1.4.2　NMSP 国家气象业务内网

为改变气象系统内部服务平台分散的现状，国家气象信息中心对各国家级气象业务中心原先自建的气象、气候、观测、服务等若干小系统进行整合，构建国家气象业务服务平台 NMSP(National Meteorological Service Platform)——国家气象业务内网，形成气象系统内部统一的国家级气象服务平台，提供一个浏览、检索与显示实况监测、预报预测、预警信息、历史气候资料以及信息网络等业务信息的共享平台。这个平台涵盖了探测、天气、气候等 6 大核心服务栏目、近 100 个子模块、近 2000 余种业务产品，对各类气象业务起到了有效的支撑作用。6 大核心服务栏目如下(张志强 等，2016)：

1. 实况观测版块：实现包括中国气象局气象探测中心、国家卫星气象中心、中国环境监测总站、水利部等涉及地面、高空、辐射、农气、海洋、雷达、卫星等 10 大类近 50 小类观测数据可视化展示。

2. 气候业务版块：实现包括国家气候中心主要业务产品，涉及气候检验、气候预测、影响评估、气候变化、气候模式、气候服务等相关业务产品的发布服务和可视化展示。同时为了提高气候业务效率，针对过去依靠文档提交的相关填报内容，基于业务内网实现在线填报功能，同时实现了填报结果的自动在线格式检查，提高了填报效率。

3. 天气业务版块：实现国家气象中心的主要预报产品的可视化展示。按照时间尺度涵盖中长期预报、短期预报、短时临近预报产品，按照预报方式涵盖主观预报、客观预报产品。此外，针对灾害预警、决策服务等重要内容设立专题版块提供服务。

4. 人工影响天气版块：实现包括人工影响天气中心主要预报与检测产品包的可视化展示，其中预报产品包括 GRAPES_CAMS 模式产品、MM5_CAMS 模式产品等相关模式产品，检测产品包括相关地面观测以及卫星反演产品。

5. 数据服务版块：实现包括信息收集、整理以及制作的主要中国以及全球数据产品在线服务，涵盖地面、高空、海洋、辐射、农气、数值预报、大气成分、雷达、卫星、气象服务产品、历史气候代用资料、气象灾害、气候产品、交换资料等，提供数据分类导航、定位和数据检索下载以及数据接口服务。

6. 业务管理版块：构建信息上传下达的渠道和功能完善的业务管理平台，围绕数据管理与应用服务为各级业务管理部门提供在线信息服务、统计分析以及辅助决策功能，包括全球、周边、中国区资料的收集，业务传输质量通报、高性能计算资源管理、业务技术文档、会议在线以及业务进展等相关信息。

1.4.3　MICAPS 预报业务系统

以往天气预报主要依赖预报员的经验和主观判断，随着高分辨率数值预报技术和集合预报技术的发展，预报员的价值逐渐体现在对数值预报模式结论的改进和修订等方面。以往我们获取的多是单点或落区预报产品，而现在则更趋向于高分辨率格点化预报产品。

MICAPS(Meteorological Information Comprehensive Analysis and Processing System，气象信息综合分析处理系统)是中国气象局自主开发的现代化人机交互气象信息处理和天气预报制作系统(高嵩 等，2017)，已成为全国天气预报制作的业务平台，在天气预报及气象服务中发挥了重要作用。MICAPS 对于格点化、概率化预报的支持是它最为核心的应用功能。MICAPS 能够在可视化的界面上实现各种天气实况和预报资料的快速显示和人机交互分析，作为预报员分析天气形势、制作天气预报产品并进行气象信息发布的业务平台。MICAPS 提供了丰富的图形显示处理功能，按照 MICAPS 数据格式要求建立数据文件，可实现气象填图，绘制等值线、$T-\ln p$ 图、空间剖面图等多项功能，旨在为预报员提供一个专业的气象数据综合分析与显示平台，一方面能够协助预报员全面、准确掌握大气三维结构以及运动情况，另一方面也能为预报员提供预报产品的交互制作与产品发布功能。MICAPS 主要功能包括：①快速处理和融合海量不同类型的复杂数据，②呈现清晰的四维(空间及时间)大气物理结构和运动图像，③利用先进的人机交互技术支撑天气预报的快速制作，④快速自动生成数字化、文字化、图形化的产品并及时服务于科研与公众，⑤提供将先进的天气分析与预报技术进行集成的平台。

中国气象局自 1994 年起组织 MICAPS 研发，至 2007 年 12 月，先后共发布了 4 个版本，最新为气象信息综合分析处理系统第四版(MICAPS4)，解决了气象大数据的高效处理、存储、快速检索以及高效分析显示和应用。该系统采用“SOA＋微内核”技术，实现 MICAPS 系统框架的更新换代，提升系统二次开发的支持能力；研发了海量气象数据实时流式解析技术，建立了气象业务大数据实时数据环境，集合预报处理时效提高 2 h 以上，实现数据到达即可访问，数据检索性能比原系统提升两个数量级以上，面对数百人并发访问时可提供 10 ms 量级的高性能响应；研发高效图形渲染引擎，发挥 GPU 硬件渲染能力，优化气象数据的显示效率与效果，图形绘制效率比 MICAPS3 提高 10 倍以上；开发和集成多种气象数据分析和客观预报算法，提升数据的智能应用能力和业务流程的智能化程度，基于分布式计算技术，提高模式时序分析、交互式模式探空、剖面分析等功能模块效率，开发短时临近、台风海洋一体化和精细化预报订正平台等专业版本，提高专业预报制作效率。该系统技术成熟，适用于中国气象局各级天气预报核心业务，也可在民航、水利、海洋等相关行业及国外气象部门应用，能够满足气象核心业务应用的安全需求。MICAPS4 已在全国气象业务部门推广应用，在业务应用中取得了良好的经济和社会效益。MICAPS4 及其专业版本为各级台站的气象预报服务提供强有力的支持，为统一全国天气预报工作平台，实现预报平台开发集约化、天气预报业务的规范化和流程的现代化奠定了基础(高嵩 等，2016)。

1.4.4　SWAN 强对流天气短时临近预报系统

近年来，随着强对流天气预报技术、综合多源数据的监测技术和高分辨率数值模式的快速发展及短时天气预报、分类强对流预报需求不断增长，多源观测数据和高分辨率数值模式融合的短时临近系统逐渐开始发展。

SWAN (Severe Weather Automatic Nowcasting，灾害天气短时临近预报系统)是中国气象局建设的面向短时临近监测、分析、预报、预警制作等功能于一体的业务平台(韩丰 等，2018)。SWAN 系统侧重于实时性和时效性，支持台站将气象预报和服务从传统的中期、短期扩展到短时临近的实时监测和强对流天气预报上，可实现实时连续的高频次监视，结合多种资料，充分发挥了雷达、自动气象站的作用；以拼图为基础，实现大范围的雷达监测；具有良好扩充性算法平台，可方便地进行本地化二次开发。SWAN 以雷达观测数据和自动气象站观测数据为基础，提供三维雷达拼图、自动气象站实况、降水估测等监测产品以及基于交叉相关法运动矢量和风暴识别技术的临近预报产品。SWAN 系统已经在全国大多数省级气象台投入业务应用，并在 2010 年上海世界博览会和 2009 年第十一届全国运动会的气象保障工作中发挥了重要作用。

SWAN2.0 是 SWAN 系统的最新版本，基于 MICAPS4 二次开发框架进行设计开发，切合短时临近预报业务的新需求，引入数值模式产品的显示分析，基于雷达观测的分类强对流识别和风场反演产品等，并改善 SWAN 原有版本的应用问题，如报警资料的应用不灵活、缺乏有效的预警信息联动机制等问题，新增了三维变分风场反演、基于分雨团技术的雷达降水估测、冰雹识别等方法，实现了算法管理、产品生成、分析处理、资料检索显示、实时监控报警、预警产品制作等功能。SWAN2.0 业务系统已在全国试用，在强对流天气监测、分析和短时临近预报预警中发挥了重要作用。

1.4.5　MESIS 决策气象服务信息系统

随着科学的进步、时代的发展，人们对气象服务的要求越来越高、越来越精细化。气象服务是所有气象业务产品向社会提供服务的出口，是气象工作的出发点和归宿。因此，如何提高气象服务就成为气象事业发展的一项重大任务。气象资料种类众多，数据量非常庞大，如何有效使用这些资料也成为业务和科研的重点。

MESIS(Meteorological Service Information System，决策气象服务(信息)系统)是中国气象局面向决策与公众气象服务人员的新一代业务服务系统，运用了 GIS、数据库、可视化、多媒体和 WEB 等综合技术实现了决策气象服务产品的共享体系，实现了服务产品的显示与综合集成功能、统计分析检索功能、服务产品制作功能、服务产品分发功能以及重大气象灾害辅助决策支持与气象应急服务功能(吕终亮 等，2012)。基于数据库技术以及地图可视化技术的专业应用软件，其主要特点是地理信息丰富，高质量制图与输出，基于空间分析技术的气象信息分析(向一鸣，2009)。MESIS将气象信息检索及可视化制作系统作为平台的核心应用部分重点进行了建设，其中，为增强检索和统计能力，系统大幅度扩充了实时气象数据和历史气象数据的内容，扩充了对历史资料的统计、实况与历史资料比对等功能，并提供了可灵活增加检索功能的接口为解决功能动态扩展的能力。本系统采用了插件式的架构体系，使得用户能够根据业务的变化灵活扩充功能模块，快速响应新的需求。同样，本系统利用技术实现了高质量的专题产品制作，包括曲线图和分布图等，显著提升了产品的制作效率，大幅度缩短了预报员的主观分析时间，扩充了产品制作范畴，丰富了产品的类型，同时能够有效地利用历史资料进行统计分析；增加了对网格产品制作的支撑能力，提高了精细化地理信息资料在各业务部门的使用。

MESIS 气象服务信息系统逐步适应了服务产品制作周期短、要求效率高、无人工干预的要求，在国家级业务单位的天气实况分析、预报产品加工、空间分析等方面发挥了重要作用。

1.4.6　SWAP 卫星天气应用平台

随着我国空间测控卫星技术的发展，气象卫星系列化、业务化的逐步实现，利用卫星获取和接收的气象资料极为丰富，其中高时、空分辨率的静止气象卫星云图及其产品在气象业务领域得到了广泛的应用，成为天气分析和预报制作的重要依据(李林惠 等，2016)。

SWAP(Satellite Weather Application Platform，卫星天气应用平台)旨在为一线业务人员提供交互式的气象卫星天气应用专业分析工具，可以实现多源卫星资料的快速处理与动态显示，提供卫星观测资料与雷达、常规观测资料和模式资料的自动匹配与综合分析功能，它同时提供了遥感数据处理、遥感信息提取、地理信息综合应用等多项功能。SWAP 投入业务应用，首次为气象卫星遥感应用提供了一体化的业务系统，实现了从数据调度、处理，到信息提取、产品制作，再到发布的全数据链路和业务流，解决了业务系统零散、数据格式和产品无统一标准和规范、难以管理等问题，有力推进了卫星遥感应用业务和气象现代化的发展。SWAP 可处理中外共计 11 类 34 颗气象及高分辨率卫星观测资料，实现海量卫星遥感数据的快速处理。SWAP 集成了项目组自主研发的 16 种卫星定量应用产品算法，包括台风定位定强、强对流云团监测追踪、海温、海风、沙尘、大雾、火情、地表温度等，监测精度在 80%以上。SWAP 同时具有卫星遥感决策服务、公共服务、专业服务等各类专题产品和报告的标准化生成及实时发布能力。

卫星天气应用平台为中国气象局各业务单位、各省市气象局提供静止气象卫星观测资料的应用支持。该平台主要面向国家级、省地级气象局及县级气象台站一线业务人员，为其提供交互式的静止气象卫星观测资料和产品专业分析工具，以实现各种静止气象卫星观测资料和产品在天气分析和预报中的应用。多省以 SWAP 系统为基础建立了省内遥感业务体系，达到了向基层推广应用的辐射效应。基于遥感应用平台，各级气象部门制作完成了大量卫星遥感监测产品，在重大气象灾害和环境事件监测服务中发挥了重要作用。同时，系统已在天气、气候、农业、林业、环保、水利、海洋、航空等行业和军事部门推广，在防灾减灾、生态环境保护和治理、交通安全等方面的应用中取得了显著效益。

1.4.7　CIPAS 气候信息交互显示与分析平台

国家气候中心经过多年发展已逐步建成了集气候系统监测、气候诊断、气候预测、气候影响评估和气候变化研究为一体的业务科研支撑体系。但随着现代气候业务的不断发展，这种以现代气象资料综合应用和气候综合信息分析处理为技术支撑的发展思路，表现出了基础信息平台支撑能力的严重不足。

CIPAS(Climate Interactive Plotting and Analysis System,气候交互式绘图分析系统)设计为面向气候监测、诊断、预测等基本业务需要,着力实现软件设计通用化、数据共享集约标准化、系统结构网络化、交互工具人性化等基础目标。是集气候监测、诊断、预测等功能于一体的基础业务平台。CIPAS 综合运用了数据库、三维可视化、地理信息系统、计算机分布式等多项信息技术。CIPAS 使用了具有三维特性的显示引擎,从而奠定了二维、三维一体化气候信息综合可视化基础。平台采用了分布式软件架构,保证了服务器与客户端资源的分布高效利用,实现了较好的负载均衡;设计了面向气候业务应用的集约化基础数据环境,内容涵盖全时间序列的地面常规观测、指数资料、再分析资料以及数值预报产品等并提供基于要素、层次、时间、范围、种类等查询参数的统一、简单的访问接口(API);设计采用多层次分布式架构并形成轻量级客户端,而客户端则采用组件化和插件化设计方法,涵盖数据、图形、分析处理、版面制图、配置管理等核心组件形成可扩展和组装的基础业务功能模块及二次开发接口,并以工具箱的形式提供各种气候业务分析能力(吴焕萍 等,2013)。

CIPAS 初步具备了气候资料综合检索、多维显示、统计诊断分析产品生成等综合业务功能,通过不断的滚动发展逐步满足全国气候业务部门的气候资料综合检索、多维显示、统计诊断分析、产品生成、信息标准化,并兼顾系统运行维护、平台定制和二次开发等多类用户的多层次需求。其建设成果在国家级和试点省份的试用显示出较好的业务应用能力与发展前景。

1.5 Surfer 发展历史

Surfer 是美国 Golden 软件公司的产品,主要用于绘制等值线图及相应的三维图形,是科技工作者经常用到的软件。Golden 软件公司是由 Dan Smith 和 Patrick Madison 1983 年在美国创立的。该公司一直致力于图形软件的开发,于 1985 年推出 Surfer,后又于 1986 年推出 Grapher,1990 年推出了 Map Viewer,1996 年推出了 Didger。现在,Golden 软件公司在科学图形软件领域处于领先地位,上述的四个绘图软件已在全世界被广泛应用,用户涵盖了矿业、工程、医药、地学、生物等领域的研究人员、工程师和科学家。

Surfer 是 Windows 操作系统下最强大的、最灵活的和较易使用的绘制等值线图及三维立体图软件包之一。自 1984 年以来,在各国科技工作中使用越来越普遍,当前全世界有几十万科学家和工程技术人员使用 Surfer 软件,越来越多的地质学家、地球物理学家、水文学家、工程师、考古学家、海洋研究学家、生物学家、林业人员和气候学家等利用 Surfer 简单易操作和强大的绘图功能开展研究和业务工作。

1.6 Surfer 主要特点

- Windows 界面,方便通用。
- 具有很好的导入、导出图形接口,方便输出。

· 可绘制平面图(等值线图、影像图、阴影图和立面图),经适当处理还可绘制剖面图、平剖图和断面图。

· 可以做图形的各种处理(添加各种符号、汉字、图形以及合成)。

· 可以做数据处理(网格化、光滑以及网格化数据的合成)。

1.7 Surfer 功能介绍

Surfer 的主要功能是绘制等值线图并是具有插值功能。因此,即使数据是不等间距的,依然可以用它制图。此外,它还可以绘制等值线图、分类张贴图、矢量图、影像图、线框图、3D 表面图等形式的图形,其功能比较强大。

软件本身带有电子表格,它能对原始数据进行全面的处理,比如能对原始数据进行统计、排序、数据格式调整以及对列进行计算等,其操作与 MS Excel 类似。

软件能对格网化后的数据进行圆滑、函数计算、转换及进行残差分析。

· 能形象地以三维形式显示立体表面,并能自由旋转和进行体积(土方)计算。

· 对给定数据定义坐标系统并可以进行投影转换。

用户可以利用脚本语言(CS Scripter)通过编程方便地控制 Surfer 绘图,可从编程语言(如 C、Python 或 Perl 等)进行调用,或在其他应用程序中调用 Surfer 绘制的图件。

Surfer15.0 新增功能

Surfer15.0 新增了 3D 视图、基础地图符号学和创建泰森多边形功能,让用户能够利用新的 Point Cloud 层进行 LiDAR 数据处理,使区域内的所有空间都更接近关联的点对象,并将网格数据处理速度提升至原来的 5 倍。具体功能如下。

1. 3D 视图

以 3D 查看和探索数据。创建地图的三维视图以沿着地表行走,旋转地图以从任何视角查看表面,显示和调整水位,调整垂直夸大,并创建并记录直通视频。地图可以包含光栅、图像和矢量数据,所有数据都将显示在 3D 视图中供检查。

2. 利用新的 Point Cloud 层进行 LiDAR 数据处理

将 LiDAR 数据可视化为新的点云层。选择一个(或多个)LAS 或 LAZ 文件来创建点云。利用多点过滤选项(分类、返回类型、源代码等)来导入需要的点。来自所有选定的 LAS/LAZ 文件的数据合并到一个点云层中。

3. 基础地图符号学

将符号系统应用于基础图层,并根据属性值将颜色和符号分配给对象。可使用属性字段中的值为基础地图中的对象着色代码。可为某些图纸属性分配唯一值,也可以根据数据中的数值范围分配图纸属性。例如,将 SHP/DBF 加载到冲浪者中,并将符号属性分配给所有样品位置,并将不同的符号属性分配给所有钻井位置。不仅如此,还可以自动创建图例来显示这些属性和关联的属性值。

4. 创建泰森多边形

自动创建区域，使区域内的所有空间都更接近关联的点对象，而不是任何其他点。泰森多边形可以有助于邻近分析和计算影响区域。加载数据点作为基础层，选择点并使用“Features|新功能|泰森多边形”命令用于在与数据点相同的图层上或在新图层上创建多边形。创建多边形后，使用它们的属性值为它们使用符号系统进行颜色编码。

5. 创建 Delaunay 三角形

在数据点之间自动创建三角形多边形，以便数据点不在任何三角形内。加载数据点作为基础层，选择点并使用“Features|新功能|三角测量”命令在与数据点相同的图层上或在新图层上创建 Delaunay 三角形多边形。

6. 多线程网格化和颜色释放生成

网格数据处理是多线程的，可利用计算机上更多的内存。大多数方法的网格数据处理速度比之前快5倍。

7. 坐标系改进

添加了新的坐标系 ETRS89/ETRS-UTM 26N-39N 区。

1.8 小结

本章介绍了利用计算机绘图软件实现气象制图的意义，目前市面上常用的包括 Matlab、GrADS、IDL、Surfer 在内的应用于气象业务及科研使用的几款绘图软件以及气象制图中涉及到的气象基础知识；接着简要介绍了包括 CIMISS、NMSP、MICAPS、SWAN、MESIS、SWAP、CIPAS 等几款在气象系统内业务常用的气象分析系统；最后介绍了 Surfer 的发展历史、主要特点和功能。

第 2 章　Surfer 基础知识

学习目标

本章主要介绍了 Surfer 的安装与运行环境、Surfer 界面组成、各个菜单命令操作、常用数据格式、绘制流程、图像类型、脚本使用和简单示例等内容，帮助读者对 Surfer 在数据、绘图和菜单命令操作等方面有一个基本的认识。

本章重点

- 熟悉 Surfer 安装与运行环境
- 了解 Surfer 系统组成
- 了解 Surfer 菜单命令
- 了解 Surfer 使用流程
- 练习 Surfer 简单示例

2.1　介绍

Golden Software Surfer（以下简称 Surfer）是一款绘制二、三维图及地质常用图形（等值线、三维表层图、矢量图等）的专门软件，是美国 Golden Software 公司开发的系列绘图软件之一。该软件简单易学，可以在几分钟内学会主要内容，且其自带的英文帮助文件（help 菜单）是相当完美且容易阅读的，对如何使用 Surfer 解释得很详细（Golden Software，2017）。

2.2　Surfer 安装与运行环境

Surfer 的安装比较简单，在 Windows 操作系统下（Win7，Win8，Win10）只要按其提示缺省安装即可，如图 2-1 所示。

Surfer15.0 安装软件的大小约为 140 MB，一般的计算机硬件均能顺利安装运行该软件，需要 1024×768 或更高的屏幕分辨率支持，在 Windows 分区至少需要 500 MB 的剩余磁盘空间，最小内存为 512 MB，推荐使用 1 GB 或更大的内存。

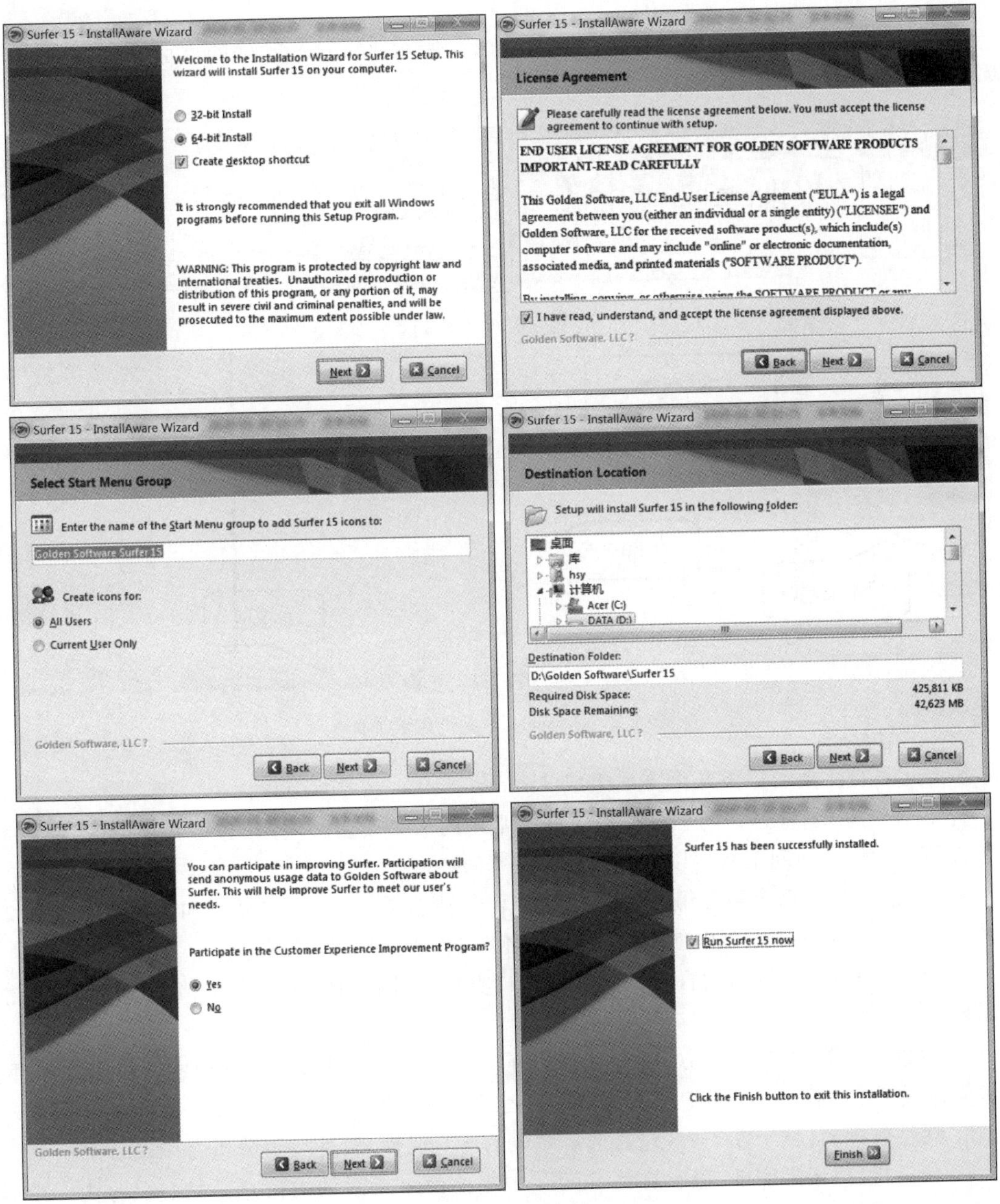

图 2-1　Surfer15.0 软件安装示意

2.3 Surfer 系统组成

安装好 Surfer 以后，其用户环境界面如图 2-2 所示。Surfer 软件的界面非常友好，具备 Windows 操作系统软件的特点。

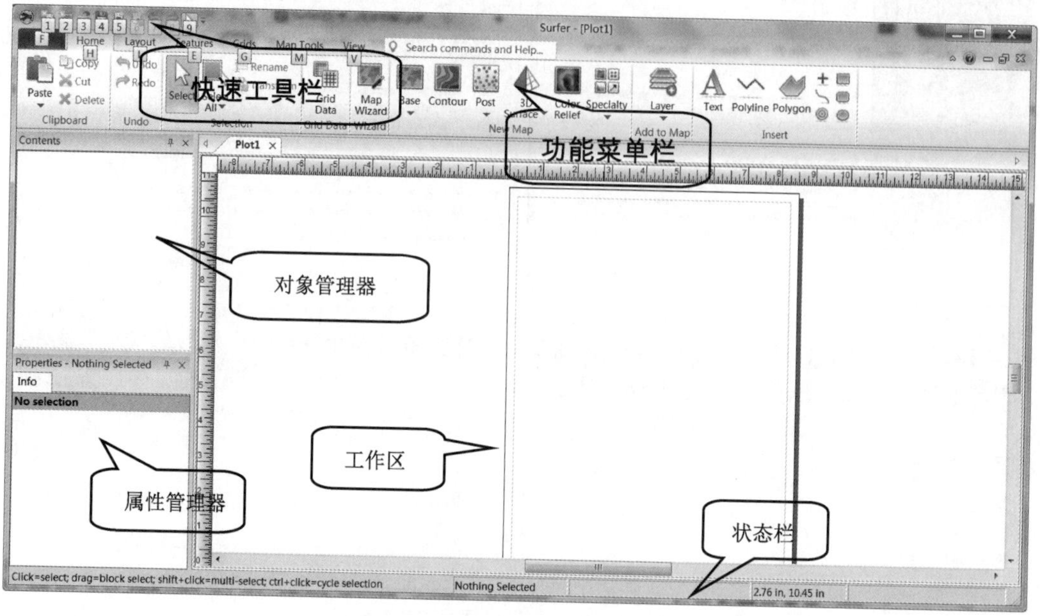

图 2-2 Surfer15.0 系统组成界面

Surfer 系统主要由以下几个方面组成(Golden Software，2017)。

1. 快速工具栏：快速访问工具栏包含许多常用的命令按钮。使用“自定义功能区”命令按钮可以自定义快速访问工具栏以添加或删除某个“命令”。

2. 功能菜单栏：命令被分组在“文件”菜单和各种选项卡下，某些命令和选项卡仅在特定视图中可用。功能区命令可以使用“自定义功能区”命令修改和重新排列。

3. 文档窗口(工作区)：包含了四种文档窗口类型：绘图文档、工作表文档、3D 视图和网格编辑器。

4. 对象管理器：位于左上方，所有对象的分层列表以树状的形式显示图中的打印文档、网格编辑器或三维视图窗口，可以选择、添加、排列或编辑对象。

5. 属性管理器：位于左下方，包含选定对象的所有属性，属性按页分组。

6. 状态栏：位于最底部，显示有关 Surfer 中当前命令或活动的信息。状态栏分为 5 个部分，这些部分显示基本打印命令和说明、选定对象的名称、光标地图坐标和单位、光标页面坐标和选定对象的尺寸、对应点的位置信息。

2.4　Surfer 菜单命令

下面详细介绍各个命令菜单的主要内容。菜单列表如表 2-1 所示。

表 2-1　命令菜单

菜单项	描述
File(文件)	文件操作、导入导出、打印设置、系统设置等
Home(主页)	复制粘贴、撤销重做、选择、网格数据、地图向导、增加图层、插入等
Layout(布局)	页面设置、显示设置、位置、大小、排列等
Features(特征)	插入、组合、类型变更、编辑特征、编辑线条、新建特征等
Grids(网格)	新建、编辑、计算网格数据等
Map Tools(地图工具)	增加到地图、视角、地图工具、图层工具、编辑图层等
View(视图)	缩放、手势、重绘、显示/隐藏、窗口等
Help(帮助)	提供 Surfer 使用帮助

2.4.1　文件菜单(F)

"File"(文件)菜单如图 2-3 所示，主要是对文件进行操作，如文件的建立、关闭、保存、导入导出、打印设置、系统设置等功能。

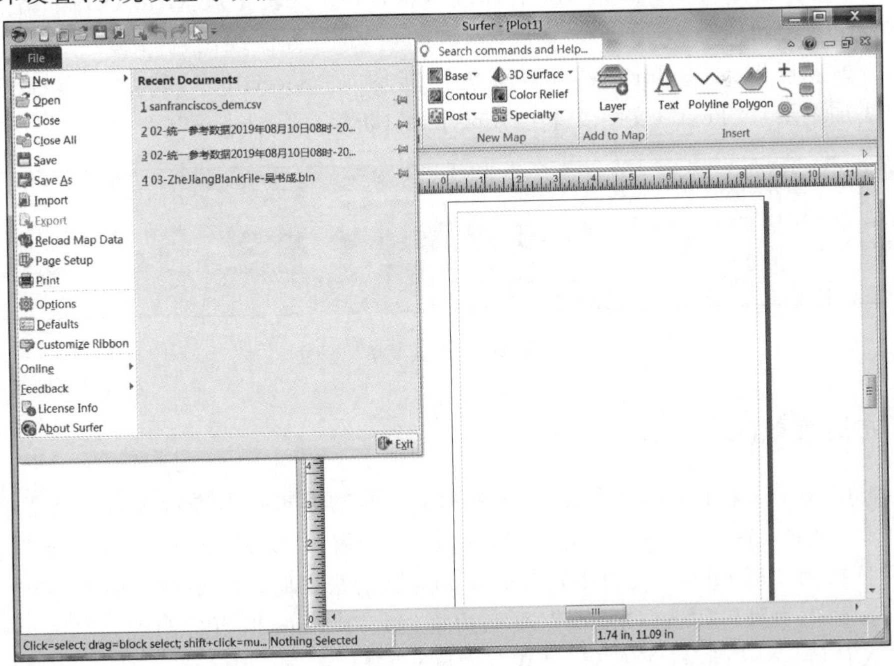

图 2-3　文件菜单

新建 New — 用来新建一个工作窗口。
打开 Open — 打开一个已经存在的 Surfer 可以识别的文件。
关闭 Close — 关闭当前窗口。
保存 Save — 保存当前窗口内容。
另存为 Save As — 将当前窗口内容另存为其他文件名。
输入 Import — 输入 Surfer 识别的图形格式。
输出 Export — 将窗口内容输出到图形等格式文件。
页面设置 Page Setup — 设置当前页面的尺寸等属性。
打印 Print — 打印当前窗口内容。
参数选择 Options — 设置 Surfer 的默认属性，包括缺省单位、线型、字体等。
退出 Exit — 退出 Surfer。

2.4.2 主页菜单(H)

"Home"(主页)菜单如图 2-4 所示，该菜单包含了"Clipboard"(剪贴板)、"Undo"(取消/重做)、"Selection"(选择)、"Grid Data"(格点数据)、"Wizard"(绘图向导)、"New Map(新建绘图)"、"Add to Map"(添加图层)、"Insert"(插入)子项，功能项依次为："Paste"(粘贴)、"Copy"(复制)、"Cut"(剪切)、"Delete"(删除)、"Undo"(撤销)、"Redo"(重做)、"Select"(选择)、"Select All"(选择全部)、"Rename"(重命名)、"Transform"(转化)、"Grid Data"(格点数据)、"Map Wizard"(绘图向导)、"Base"(基底图)、"Contour"(等值线图)、"Post"(离散图)、"3D Surface"(3D 表层图)、"Color Relief"(彩色浮雕图)、"Specialty"(其余几个种类图像)、"Layer"(添加图层)、"Text"(文字文本)、"Polyline"(折线)、"Polygon"(多边形)。

图 2-4　主页菜单

2.4.3 布局菜单(L)

"Layout"(布局)菜单如图 2-5 所示，主要对 Surfer 的编辑页面进行设置。该菜单包含了"Page Setup"(页面设置)、"Display"(显示)、"Position"(位置)、"Size"(大小)、"Arrange"(排列)子项，功能项依次为："Margins"(页边距)、"Orientation"(纸张方向)、"Size"(页面大小)、"Header"(页眉)、"Footer"(页脚)、"Page Outline"(页面边框线)、"Margins"(页边距线)、"Units"(标尺)、"X"(原点 X 位置)、"Y"(原点 Y 位置)、"W"(宽度)、"H"(高度)、"Bring to Front"(置于顶层)、"Send to Back"(置于底层)、"Size both"(居中)、"Align"(左对齐)、"Free Rotate"(自由旋转)。

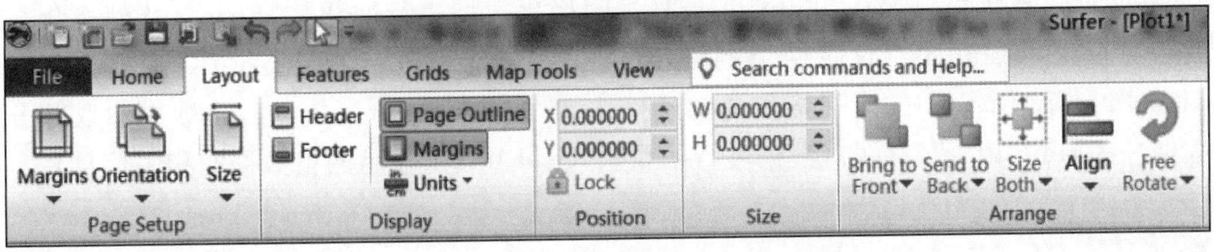

图 2-5　布局菜单

2.4.4　特征菜单(F)

"Features"(特征)菜单如图 2-6 所示，该菜单包含了"Insert"(插入)、"Group"(分组)、"Change Type"(变换类型)、"Edit Features"(编辑特征)、"Edit Polylines"(编辑线段)、"New Features"(新特征)、"Islands/Lakes"(岛屿/湖面)子项，功能项依次为："Text"(文字文本)、"Polyline"(折线)、"Polygon"(多边形)、"Start Editing"(选择编辑)、"Group"(组合)、"Ungroup"(分离)、"Change Type"(变换类型)、"Reshape"(编辑单个定点)、"Thin"(线条变细)、"Smooth"(线条平滑)、"Connect Polylines"(连接线段)、"Break Polyline"(分离线段)、"Break at Intersections"(分离连接点)、"Union of Polygons"(组合多边形)、"Intersect Polygons"(连接多边形)、"Difference of Polygons"(重建多边形)、"Buffer"(对象内部创建多边形)、"Intersection Points"(创建相交点)、"Triangulation"(三角测量)、"Thiessen Polygons"(泰森多边形)、"Split"(分离)、"Combine"(结合)。

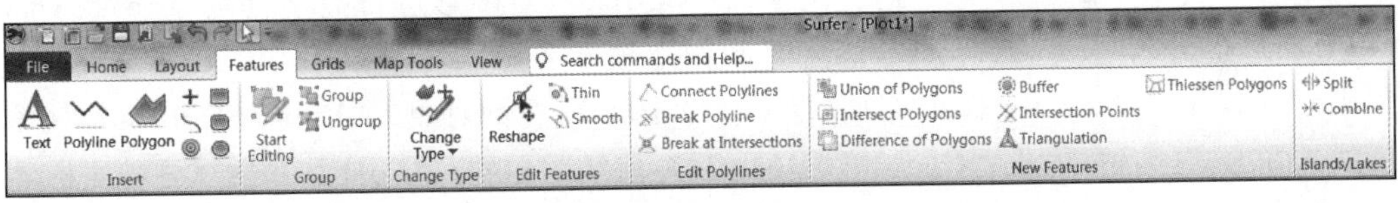

图 2-6　特征菜单

2.4.5　网格菜单(G)

"Grids"(网格菜单)如图 2-7 所示，该菜单包含了"New Grid"(新建网格)、"Edit"(编辑)、"Calculate"(计算)、"Resize"(调整大小)、"Editor"(编辑网格)、"Info"(相关信息)子项，功能项依次为："Grid Data"(网格化数据)、"Grid from Server"(在线网格数据)、"Grid from contours"(等值线网格数据生成)、"Function"(采用函数生成网格文件)、"Variogram"(变化图命令)、"Assign NoData"(定义空白点数据进行白化)、"Filter"(滤波)、"Convert"(将网格化数据转化成其他格式)、"Spline Smooth"(对网格数据进行样条光滑)、"Assign Coordinate System"(对网格数据定义坐标系)、"Project"(转化投影网格到不同的坐标系)、"Calculus"(对网格文件进行微分、地形建模、积分和 Fourier 谱分析)、"Volume"(计算网格化数据的体积)、"Math"

(对网格文件进行数学操作)、"Transform"(对网格化数据进行变化)、"Slice"(从网格化数据中取一剖面)、"Residuals"(计算两个网格化数据的残差)、"Point Sample"(标记样本格点)、"Mosaic"(合并两个以上的同网格范围的网格化文件)、"Extract"(从网格化数据中取部分区域数据)、"Grid Editor"(对网格数据进行编辑)、"Grid Info"(显示网格数据的相关信息)。

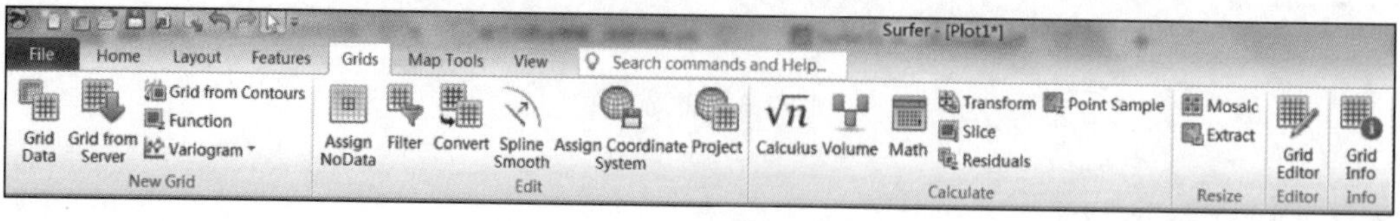

图 2-7　网格菜单

2.4.6　地图工具菜单(M)

"Map Tools"(地图工具菜单)如图 2-8 所示。该菜单包含了"Add to Map"(添加图层)、"View"(视图)、"Map Tools"(绘图工具)、"Layer Tools"(图层工具)、"Edit Layer"(编辑图层)子项,功能项依次为:"Layer"(添加图层绘制底图、等高线图、绘制散点图和分类散点图、绘制 3D 表面图和带线框架图、绘制彩色和阴影地貌图、绘制一维或二维向量图)、"Scale"(绘制地图比例尺)、"Legend"(添加图例)、"Graticule"(添加图像网格点)、"Profile"(添加垂直剖面)、"Axis"(对坐标轴线进行操作)、"Trackball"(对图形进行旋转调整)、"3D View"(三维观看图像)、"Set limits"(设置图像的坐标显示范围)、"Measure"(测距)、"Overlay Maps"(按坐标重叠图形)、"Stack Maps"(水平对齐图形)、"Digitize"(对图形进行数字化)、"Break Apart"(将重叠图形拆分)、"Georeference Image"(制作地理参考图)、"Open Attribute Table"(打开特征表)、"Track Cursor"(光标跟踪)、"Query Objects"(查询对象)、"Export Contours"(导出等值线)、"Grid"(编辑格点)、"Contour Labels"(等值线图标签)、"Post Labels"(分类图标签)。

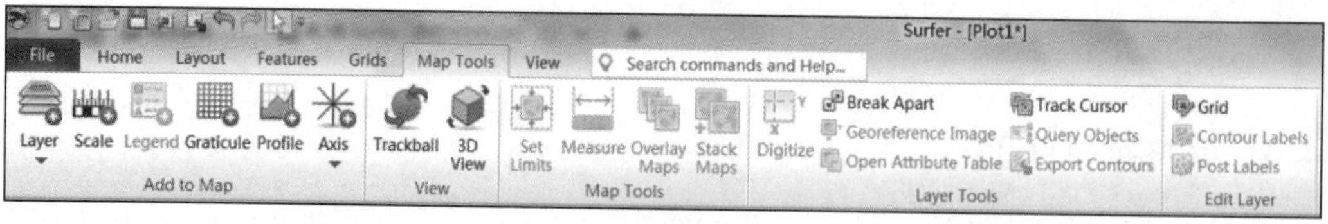

图 2-8　地图工具菜单

2.4.7　视图菜单(V)

"View"(视图)菜单"如图 2-9 所示,该菜单包含了"Zoom"(缩放)、"Pan"(漫游)、"Redraw"(更新图像)、"Show/Hide"(显示/隐藏)、"Windows"(窗口)子项,功能项依次为:"Fit to Window"(适应窗口)、"Page"(显示整个页面)、"In"(放大)、"Out"(缩小)、"Selected"(选择)、"Realtime"(滚轴放大)、"Rectangle"(选择框线放大)、"Actual Size"(显示图像实际比例)、

"Full Screen"(全屏)、"Pan"(漫游)、"Redraw"(更新图像)、"Auto Redraw"(自动更新图像)、"Rulers"(显示页面标尺)、"Grid"(显示页面格点)、"Status Bar"(显示状态栏)、"Contents"(显示目标栏)、"Properties"(显示属性栏)、"New Window"(对当前窗口的内容重新在新窗口生成)、"Cascade"(重叠显示窗口)、"Arrange Icons"(排列窗口底部的图标)、"Tile Horizontal"(窗口水平显示)、"Tile Vertical"(窗口垂直显示)、"Reset Windows"(默认窗口显示结构)。

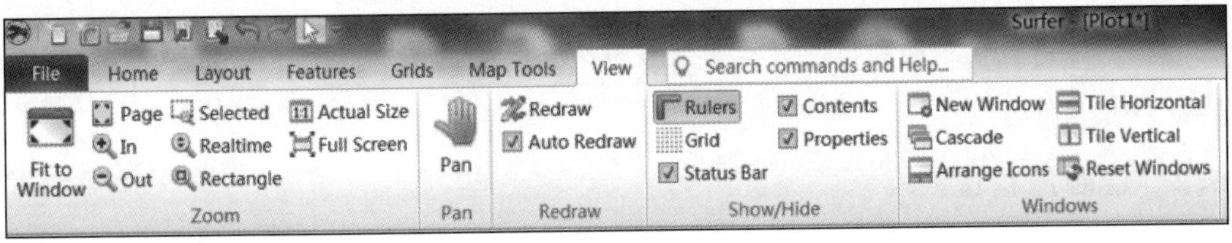

图 2-9 视图菜单

2.4.8 帮助菜单(H)

"Help"(帮助)菜单在整个界面的右上方,点击问号图标,或按 F1,即会直接弹出帮助页面,用户可以通过它访问 Surfer 在线帮助和在线教程。

小提示:如果菜单的某项呈暗灰色,则说明该菜单命令此时不可用。

2.5 Surfer 使用介绍

2.5.1 文件类型说明

Surfer 使用四种基本文件类型:data、grid、base map 和. srf 文件(Golden Software,2017)。

1. 数据文件

数据文件用于生成网格文件、在地图上发布数据点或生成残差日志。在整个帮助中,这些文件通常称为 XYZ 数据文件或数据文件,数据可以是从各种文件类型中读取的。大多数数据文件包含数值 XY 位置坐标和可选 Z 值。Z 值包含要建模的变量,例如高程、浓度、降雨量,或类似类型的值。XYZ 数据文件包含 Surfer 解释以生成网格文件的原始数据。要创建网格文件,必须从 XYZ 数据文件开始。XYZ 数据文件以列和行格式组织。Surfer 要求 X、Y 和 Z 数据位于三个单独的列中。

2. 网格化文件

栅格文件生成几种不同类型的基于栅格的地图,用于执行栅格计算,并进行网格操作。栅格文件是 Z 值的规则间隔矩形阵列列和行。网格文件可以在 Surfer 中使用"Home|Grid Data|Grid Data"创建命令或可以从多种源(如 WCS 服务器或其他)导入应用。

3. 基本地图文件

基本地图文件包含 XY 位置数据，如航空摄影、边界、河流等。基本地图文件可用于创建覆盖在其他地图类型上的图层，或指定 NoData 值、特征线或切片计算的限制。底图可以从多种矢量和图像格式创建文件。基本映射文件可以是在帮助中称为矢量数据文件、光栅数据文件和图像或图像文件，具体由基本映射文件中的数据类型决定。

4. Surfer 文件

[.SRF]文件保留打印窗口中包含的所有对象和对象设置。这些文件在整个文档中称为 Surfer.SRF 文件。

2.5.2　绘制流程说明

图 2-10 的流程图说明了 XYZ 数据文件、网格文件、矢量数据文件、图像文件和各种画图的关系。这个示例只显示一个基于网格化文件的画图，即等值线图。

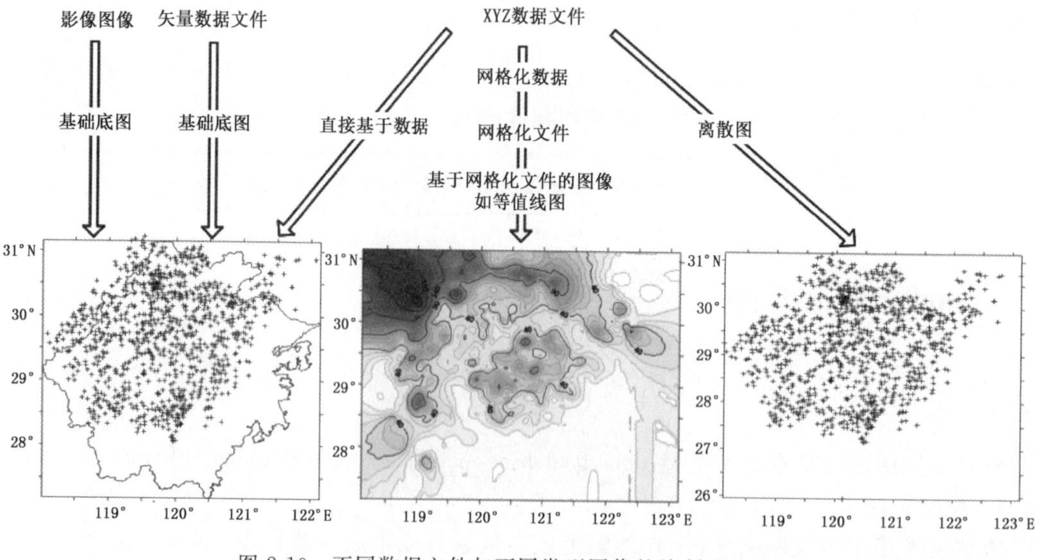

图 2-10　不同数据文件与不同类型图像的绘制流程说明

Surfer 最主要的功能是绘制等值线图，但并不是有了数据文件就可以直接绘制等值线，Surfer 要求绘制等值线的数据有特殊的格式要求，即首先要将数据文件转换成 Surfer 认识的“网格化文件”格式，才能绘制如等值线、框架图和 3D 表层图等。而影像图像、矢量数据文件可以作为基础底图，XYZ 数据文件可以直接绘制离散图。

2.5.3　不同类型图像介绍

1. 基础底图(Base Map)

基础底图主要显示地理的一些必要的信息，如道路、水流、湖泊、行政区等边界，为气象分析提供一些重要的信息。如图 2-11 创建的基础底图为浙江区域的行政边界图。

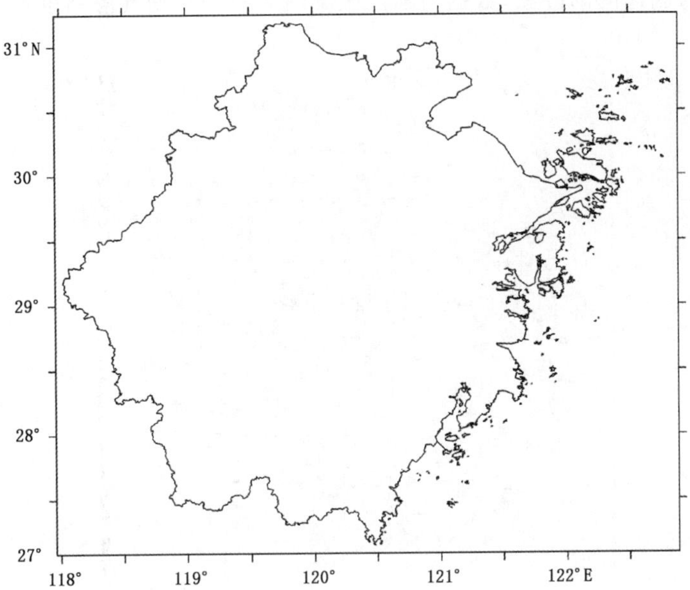

图 2-11 创建的基础底图

2. 等值线图(Contour Map)

如图 2-12 为创建的等值线图,数据为台风"利奇马"过程的多个自动气象站降水量。

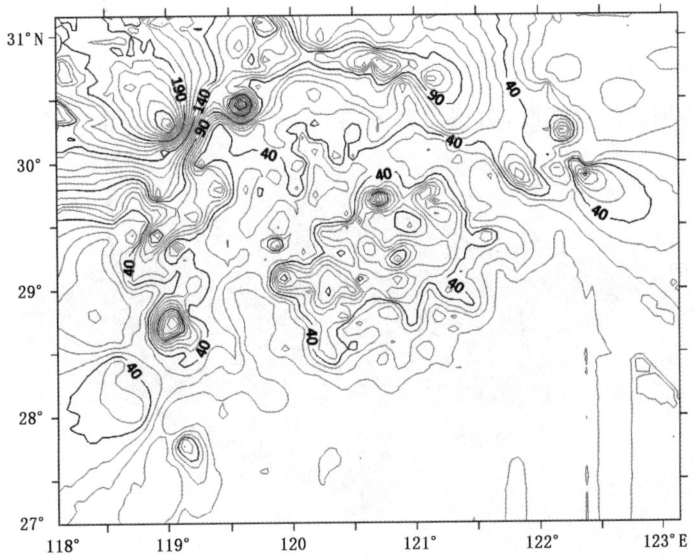

图 2-12 创建的等值线图

3. 离散图(Post Map)

如图 2-13 为创建的离散图,数据为浙江区域内的一些自动气象站位置。

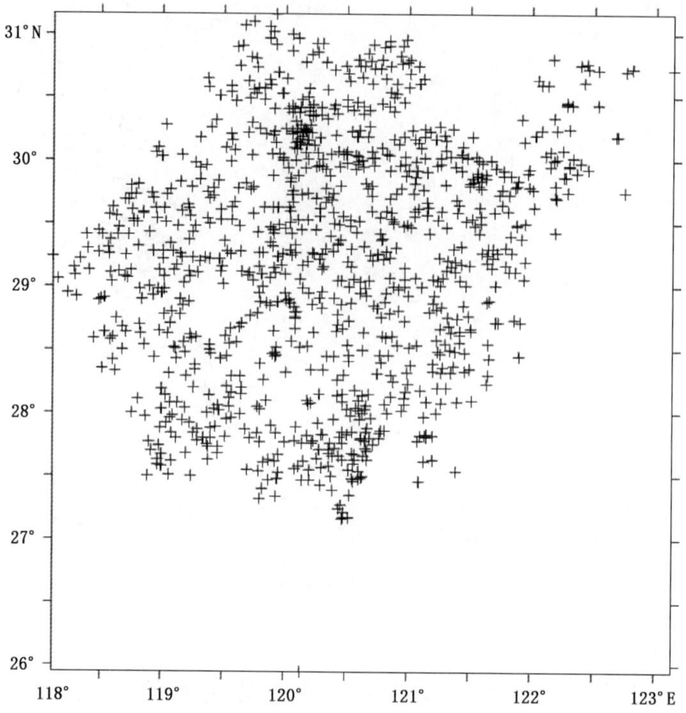

图 2-13　创建的离散图

4. 框架图(Wireframe)

如图 2-14 为创建的框架图,数据为台风“利奇马”过程的多个自动气象站降水量。

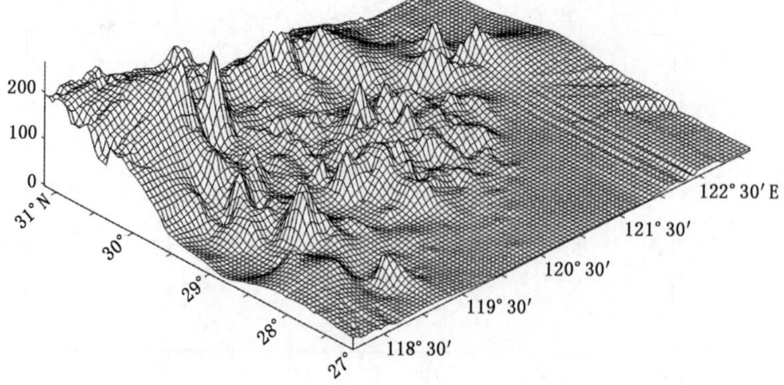

图 2-14　创建的框架

5. 表层图(Surface)

如图 2-15 为创建的表层图,数据为美国旧金山的地形高程数据。

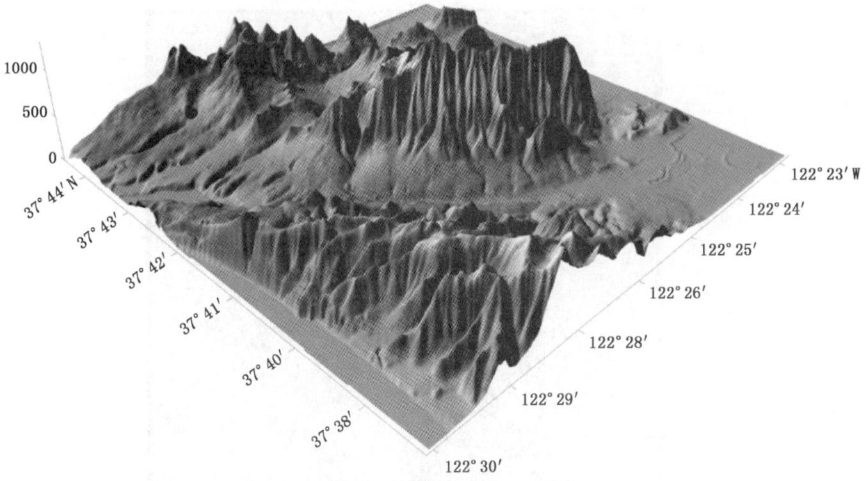

图 2-15　创建的表层图

6. 彩色浮雕图(Color Relief Map)

如图 2-16 为创建的彩色浮雕图,显示了美国旧金山的海拔变化。

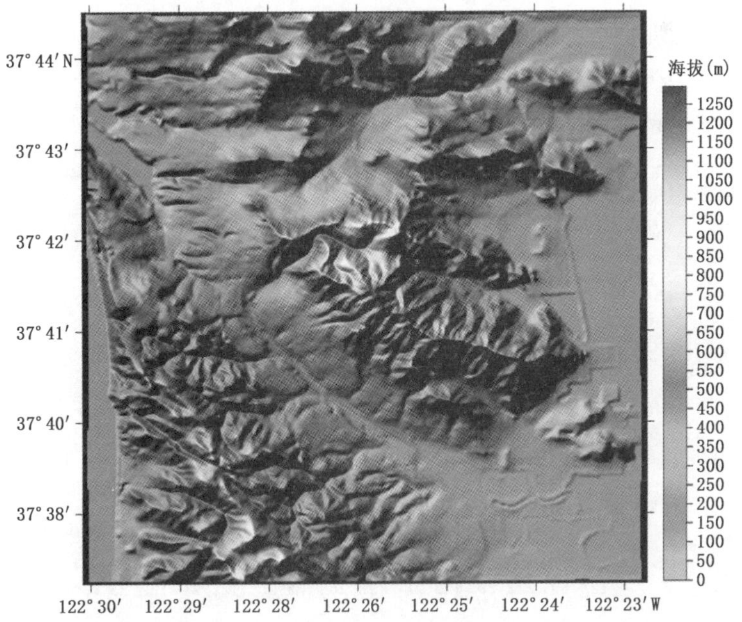

图 2-16　创建的彩色浮雕图

7. 地形阴影图(Shaded Relief Map)

如图 2-17 为创建的地形阴影图,显示了美国旧金山地区的地形、地貌。

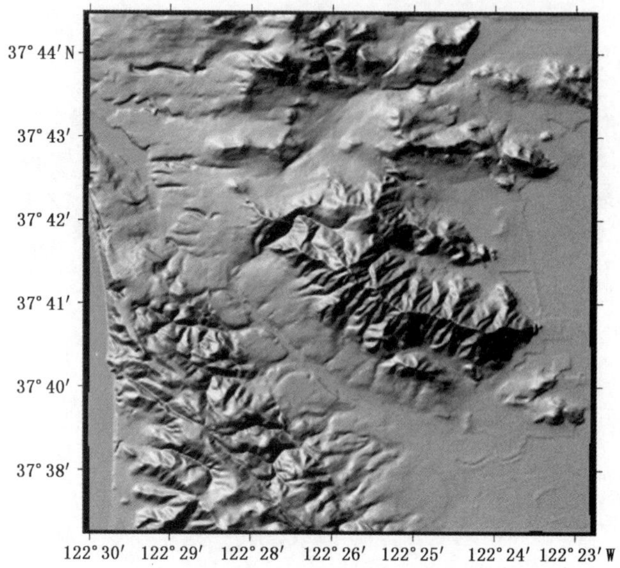

图 2-17　创建的地形阴影图

8. 网格值映射图(Grid Values Map)

如图 2-18 为创建的网格值映射图,显示为网格点位置所赋的值。

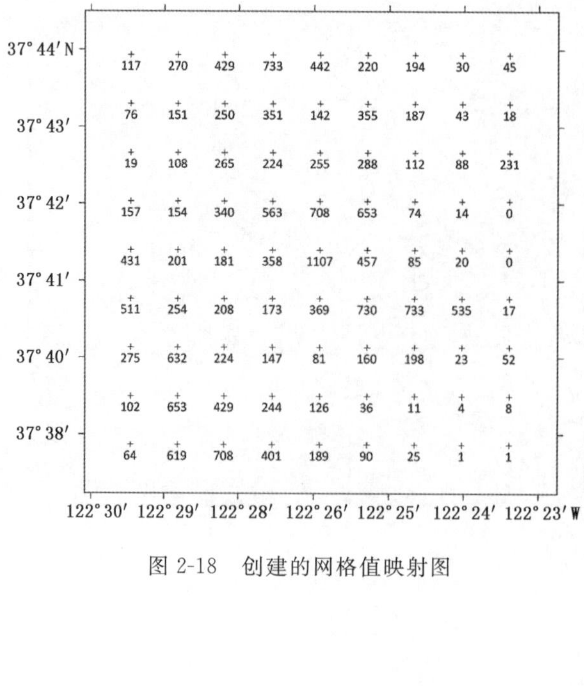

图 2-18　创建的网格值映射图

9. 流域图(Watershed Map)

如图 2-19 为创建的流域图,显示为区域内的水系流域分布。

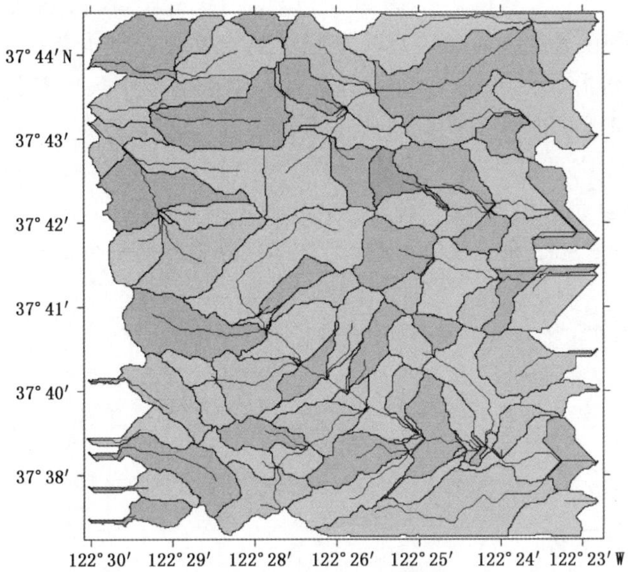

图 2-19 创建的流域图

10. 风矢量图(Vector Map)

如图 2-20 为创建的风矢量图,显示为水平风速的流场分布。

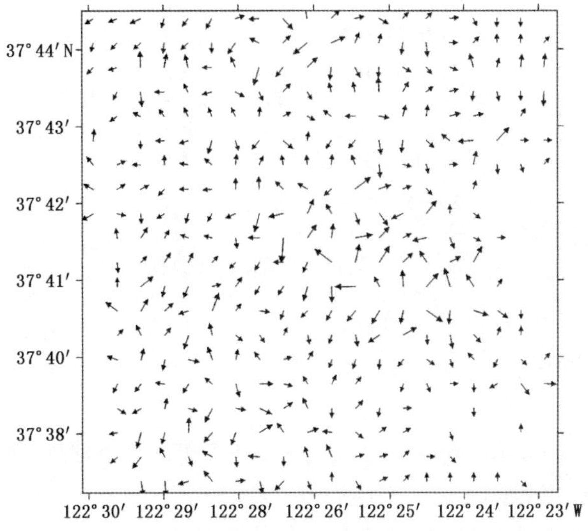

图 2-20 创建的风矢量图

2.5.4　使用脚本介绍

使用 Golden Software 公司的脚本编辑器或任何与 ActiveX 自动化兼容的客户端（如 Visual Basic）脚本程序在 Surfer 中都可以实现任务的自动化。脚本是一个文本文件，包含运行脚本时执行的一系列指令。在 Surfer 中，脚本可以用来执行任务。脚本对于自动化重复的任务和固定的一系列步骤是非常有用的。脚本编辑器与 Surfer 安装在同一个位置。

运行示例脚本文件：

1. 在安装文件夹目录下打开脚本编辑器，[Program Files]\Golden Software\Surfer15\Scripter。鼠标右键单击 Scripter. exe 应用程序文件并以管理员身份运行。

2. 选择“File|Open”命令。

3. 选择一个示例脚本“[. BAS]文件”。文件位于[Program Files]\Golden Software\Surfer15\Samples\Scripts 文件夹中。

4. 单击“Script|Run”命令执行脚本。大多数示例脚本为打开 Surfer，并在窗口中绘制一张地图。

2.6　Surfer 简单示例

1. 首先创建 XYZ 数据文件，可以在 Surfer 工作表窗口输入，也可打开来自 ASCII 文本编辑器或者 Microsoft Excel 的数据文件，如图 2-21 所示。

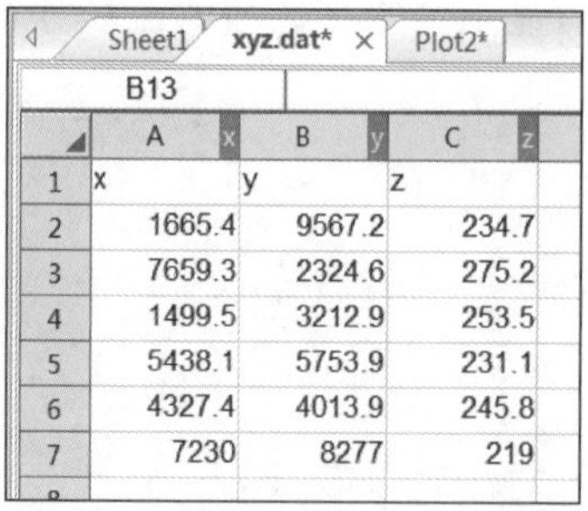

	A x	B y	C z
1	x	y	z
2	1665.4	9567.2	234.7
3	7659.3	2324.6	275.2
4	1499.5	3212.9	253.5
5	5438.1	5753.9	231.1
6	4327.4	4013.9	245.8
7	7230	8277	219

图 2-21　创建三维的 XYZ 数据

2. 点击“Home|Post”（主页|离散图）命令，显示这些数据点，如图 2-22 所示。

3. 点击“Home|Grid Data|Grid Data ”（主页|格点数据|格点数据）命令，建立[. grd]网格文件，如图 2-23 所示。

4. 点击“Home|New Map|Contour ”（主页|新建绘图|等值线图）命令，选择已生成的网格文件，即可绘制等值线图，如图 2-24 所示。

5. 点击图层显示其属性窗口，可以根据需要设置所需要的属性。如图 2-25 所示等值线图层填充了色阶。

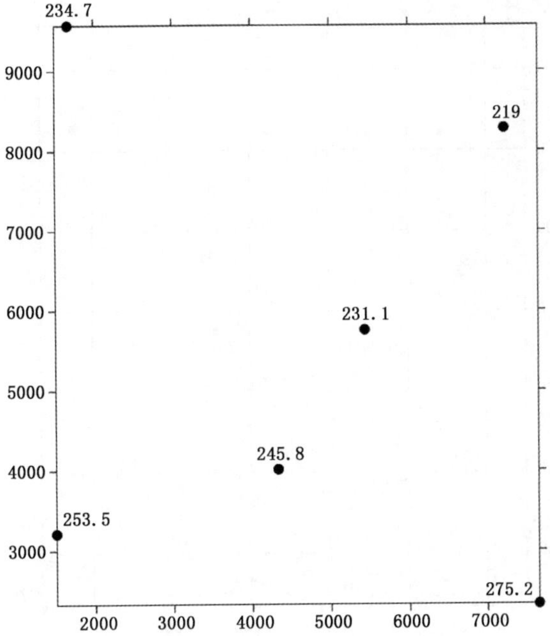

图 2-22　XYZ 数据散点图

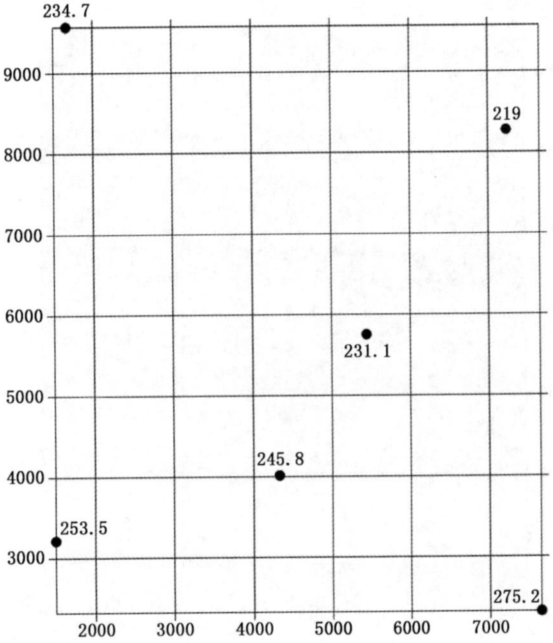

图 2-23　将 XYZ 数据点插值到每一个网格格点

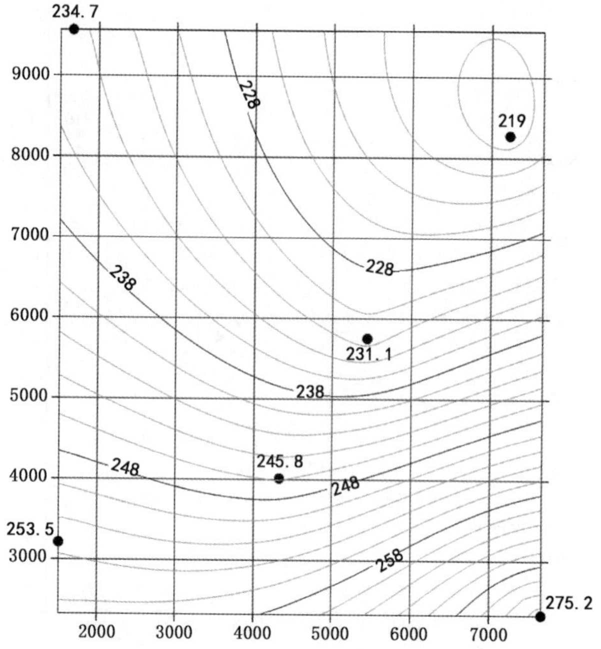

图 2-24　离散点图层显示原始数据点，等值线图层显示基于格点的等值线

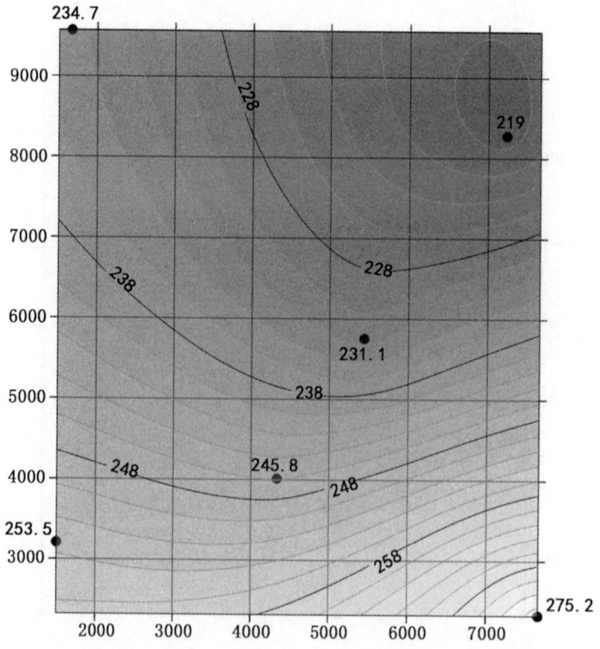

图 2-25　填充了色阶的等值线图

6. 单击“File|Save”(文件|保存)命令将工程保存为包含创建地图所有信息的[.srf]文件。

2.7　小结

本章介绍了 Surfer 的安装与运行环境，Surfer 在 Windows 环境下即可运行，且具有很好的导入、导出图形接口，方便输出。Surfer 软件界面由快捷工具栏、命令菜单栏、文档窗口(工作区)、对象管理器、属性管理器组成部分，菜单栏中提供了文件菜单、主页菜单、布局菜单、特征菜单、网格菜单、地图工具菜单、视图菜单、帮助菜单等菜单命令。

本章还介绍了 Surfer 支持的数据格式、绘制流程、图像类型和脚本，Surfer 创建的基础底图、等值线图、离散图、框架图、表层图等不同类型图层，以及脚本使用的简单操作，最后以一个实例介绍了简单绘制示例，旨在使读者对 Surfer 有基本的了解和认识。

第 3 章　Surfer 地图绘制

学习目标

本章是 Surfer 制图的基础章节。Surfer 制图提供基础的地图底图，提高气象分析的直观性。本章的主要内容包括 Surfer 的地图属性、地图底图制作、叠加空白底图、绘制地形地图和导出矢量地图等，旨在帮助读者利用 Surfer 绘制地图底图，以适合不同绘图的需要。

本章重点

- 了解地图属性知识
- 熟悉制作地图底图
- 熟悉叠加空白底图
- 熟悉绘制地形地图
- 理解导出矢量地图

3.1　地图属性介绍

一张地图一般来说具有视图（View）、比例尺（Scale）、边界范围（Limits）、框架（Frame）及坐标系（Coordinate System）这些属性，这些属性都可以在 Surfer 软件的属性窗口界面上进行设置，在一个地图框架上可以叠加多个图层（Layers），当你选中一个图层时，就可以对这些地图属性进行设置，并把这些设置应用在当前图层或所有图层上。下面用实例进行简要介绍。

3.1.1　视图

设现在我们有一个浙江省的底图边界文件 ZheJiangBlankFile. bln。

1. 选择"File|New|Plot Document"（文件|新建|布局文档）新建一个文件，如图 3-1 所示。

2. 点击上方工具栏上的"Base"（基础地图）图标，其下拉框有 4 个选项 base、base from data、base from server、empty basemap，选择第一个 base 选项，加载我们的底图边界文件

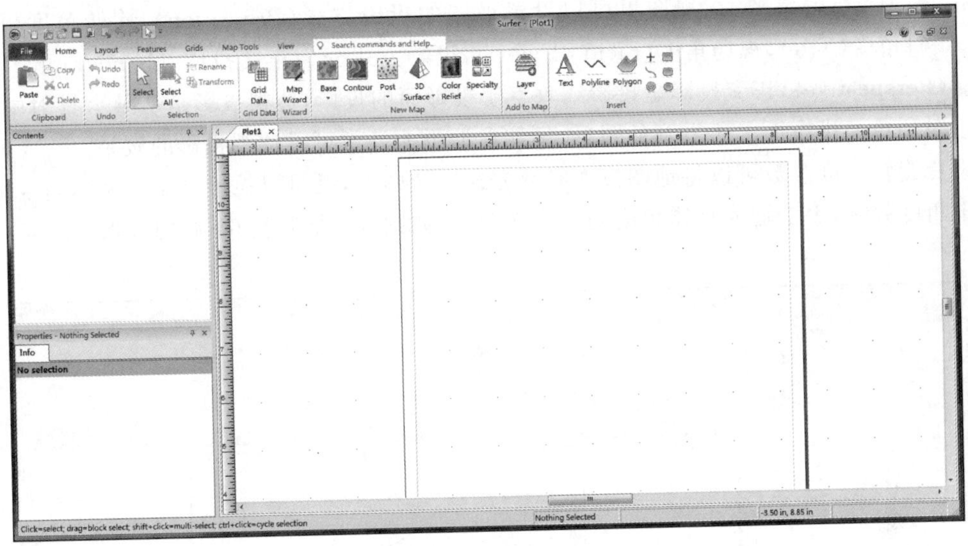

图 3-1　新建文件

ZheJiangBlankFile. bln，此时会显示浙江省的边界图。再单击左上角的“Map”菜单，此时会在左侧面板上显示地图属性窗体，如图 3-2 所示。

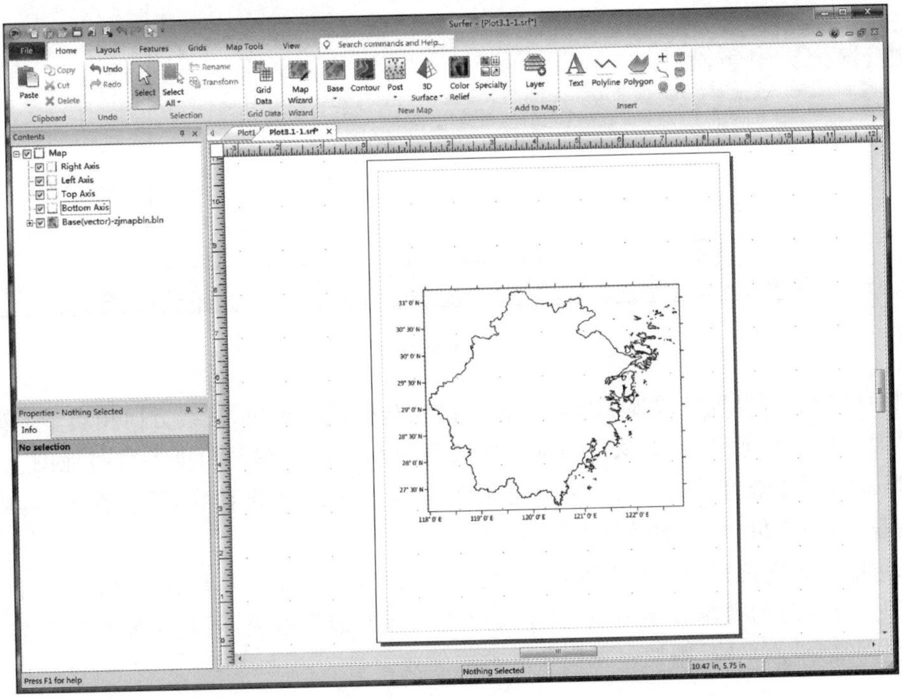

图 3-2　加载文件

3. 视图(View)参数:在视图里可以设置地图的投影方式(Projection)、旋转角度(Rotation)、倾斜角度(Tilt)、视场角度(Field of view),投影方式分为正交投影(Orthographic)与透视投影(Perspective),正交投影是投影线垂直于投影面的投影,透视投影是从某个投射中心将物体投射到单一投影面上所得到的图形,例如在油画上经常可见透视投影的效果。

设置旋转角度参数可以将地图按逆时针方式旋转图形,既可以拉滚动条来调整角度,也可以双击角度数字,手工输入具体角度的方式来调整,如图 3-3 是调整 60°后的效果。

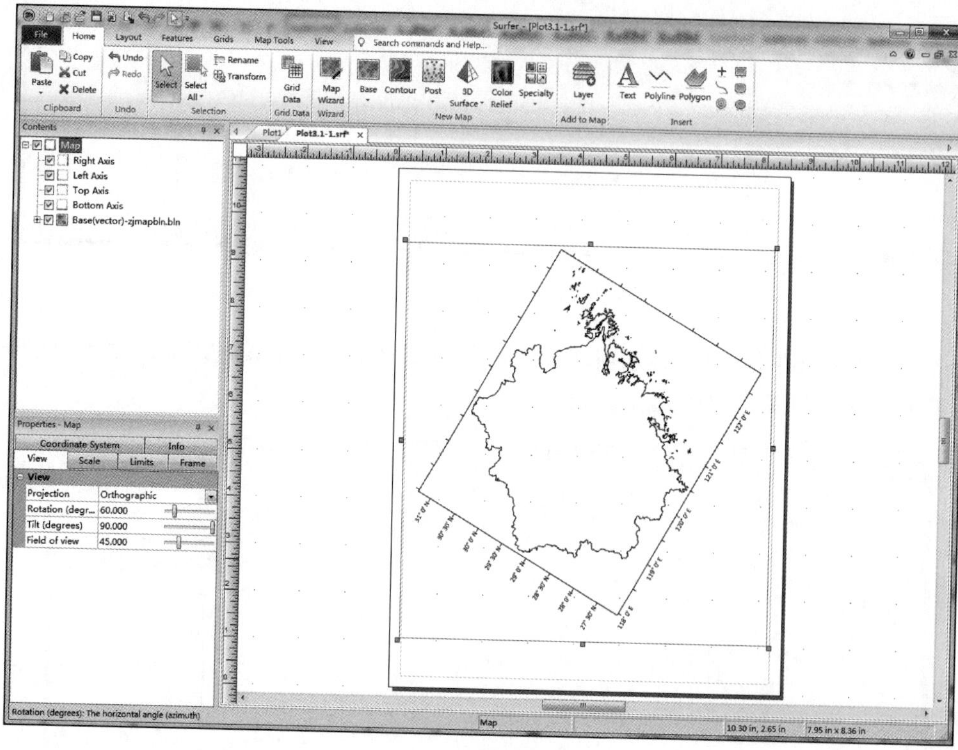

图 3-3　旋转地图

倾斜角度参数可以理解成地图所在平面的法线与屏幕的夹角,法线方向相当于 z 轴,默认时地图平面与屏幕平面平行,即法线与屏幕的夹角为 90°,调小倾斜角度参数时地图上侧会朝屏幕内侧转动,同样既可以拉滚动条来调整角度,也可以双击角度数字,手工输入具体角度的方式来调整,例如夹角为 30°时效果如图 3-4 所示。

视场角度参数在透视投影时有效,对正交投影无效,一个观察者离地图距离不同且地图是倾斜状态时,其眼睛的视场大小不同,会呈现出不一样的透视效果,若地图倾斜角度为 90°,即地图平面与屏幕平面平行,则调整视场角度参数无效。

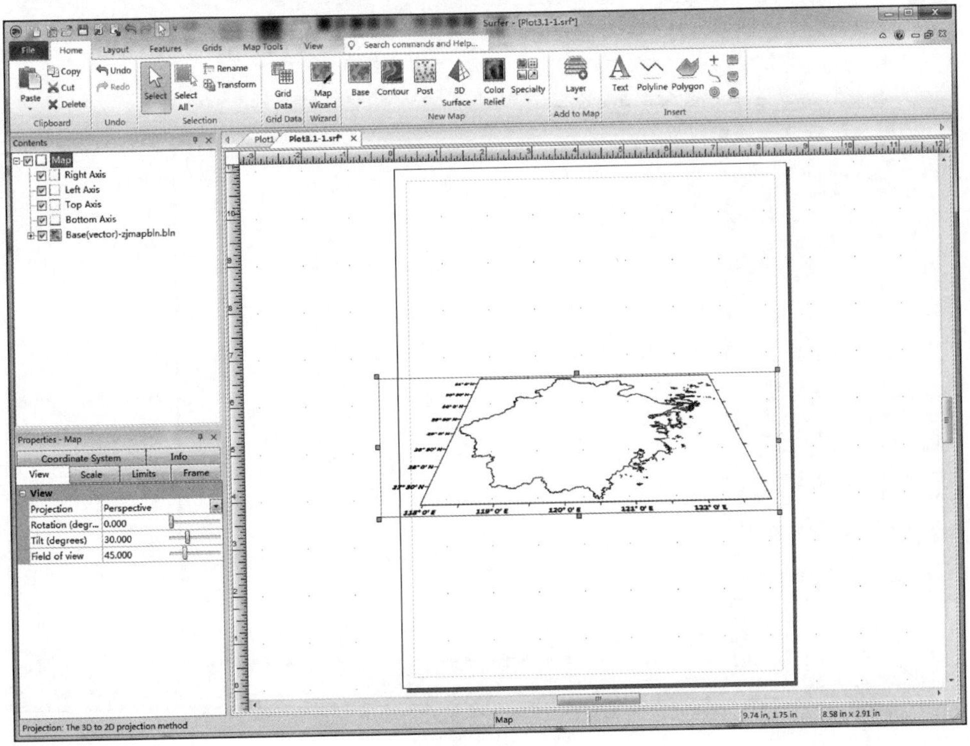

图 3-4　倾斜地图

3.1.2　比例尺

比例尺属性窗口用来设置 x、y 轴方向的缩放因子，其各参数为：

1. Proportional XY Scaling 参数用于设置 x、y 轴是否同比例缩放，若打上勾即表示 x、y 轴同比例同时调整缩放因子，否则可以单独设置某方向上的缩放因子。

2. Scaling Ratio 参数即缩放因子，相当于比例尺 1∶N，其值为 1 时表示没有缩放，值大于 1 时表示缩小，例如等于 2 时表示地图缩小至 1/2(1∶2=0.5)。值小于 1 时表示放大，例如等于 0.5 时表示地图放大至 2 倍(1∶0.5=2)。

3. X Scale 选项有 2 个参数 Map Units Per In. (cm.)和 Length (Page Units)，Map Units Per In. 表示 x 轴方向上每英寸*(厘米)长度分割成几个地图单位，其实即 x 轴方向上的缩放比例。Length (Page Units)表示该方向上的实际长度。例如缩放比例参数设为 2 时，其效果如图 3-5 所示。

* 1 英寸=2.54 cm。下同。

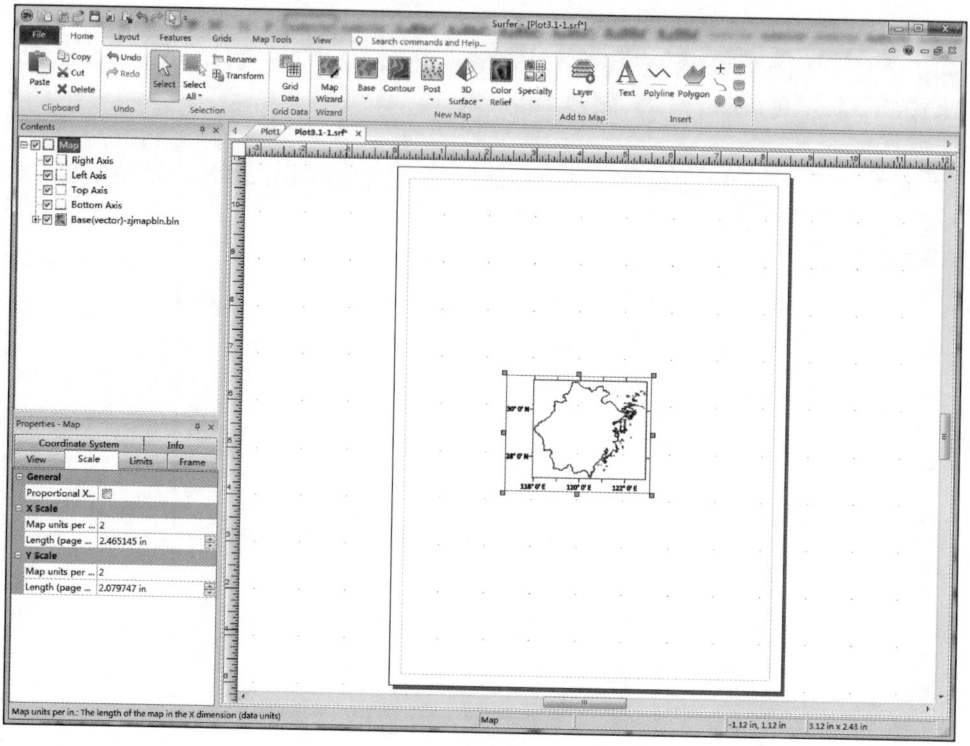

图 3-5　缩放地图

3.1.3　边界范围

边界范围用来控制地图的边界经纬度，分别由 x 轴方向的最小值与最大值，y 轴方向的最小值和最大值 4 个参数来设定地图范围。一般 x 轴是经度方向，y 轴是纬度方向。例如示例文件 ZheJiangBlankFile. bln 的经度从 118. 018606°E 到 122. 1393°E，纬度从 27. 183068°N 到 31. 147789°N，若把最大经度 xMax 的值设为 120，即舍去浙东地区，只保留浙西部分地图，如图 3-6 所示。同理，若把最小纬度 yMin 的值设为 29，即舍去浙南地区，只保留浙北部分地图。

Use data limits 参数表示使用地图文件本身自带的经纬度范围，例如刚才的浙北地图操作后，把 Use data limits 打勾，即恢复了原始地图边界范围。

3.1.4　框架

框架属性是指地图的边框样式，可以设置边框的线型（Style）、颜色（Color）、透明度（Opacity）、宽度（Width）等。例如线型设为虚线，颜色设为红色，透明度设为 53%，宽度设为 0. 05 英寸时，地图边框的效果如图 3-7 所示。

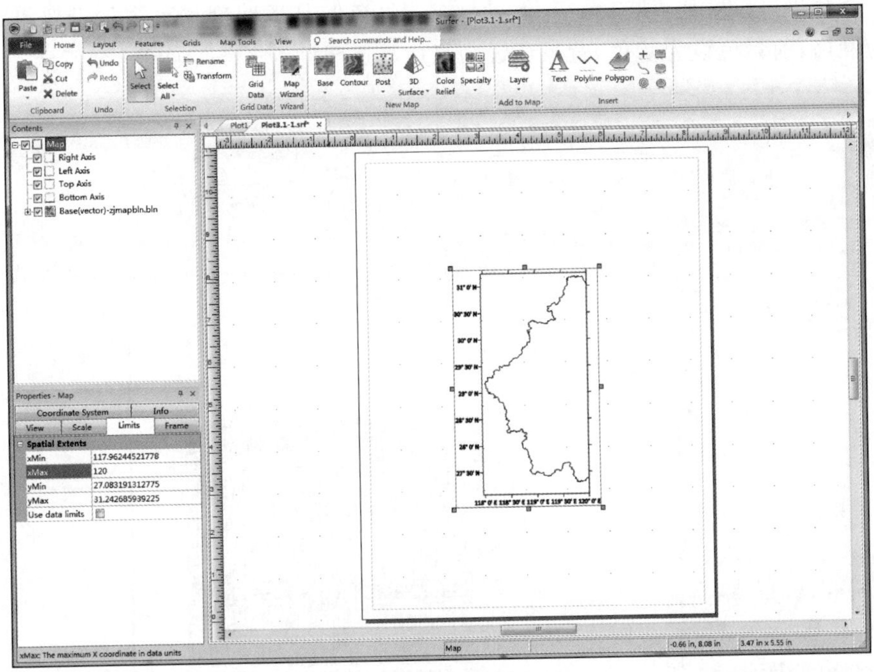

图 3-6　调整边界

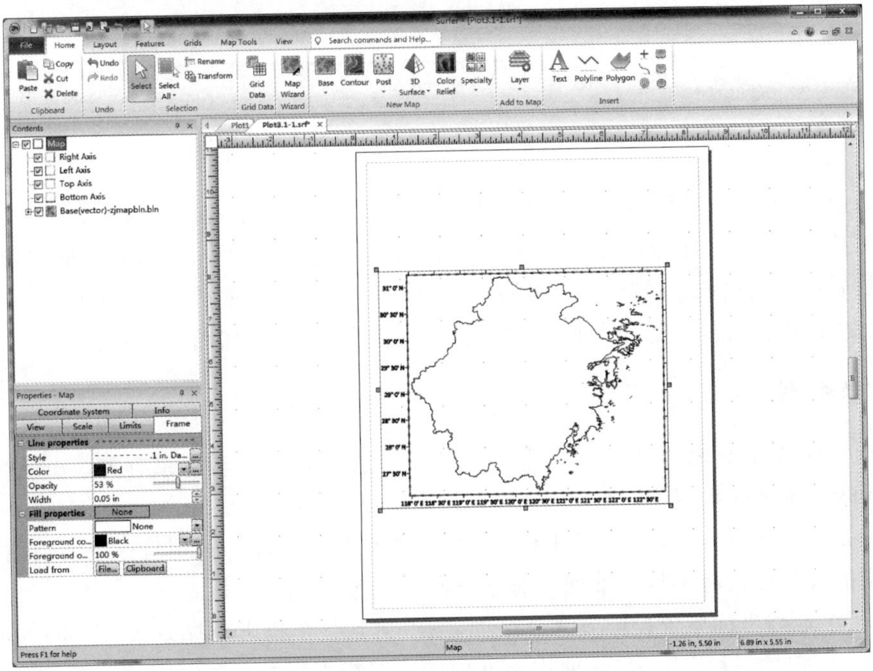

图 3-7　设置边框样式

地图背景也可以着色、填充图案、前景色或背景色及其透明度均可自行设置，例如将填充模式设为网格，前景色设为蓝色，背景色设为绿色且透明度为 54%，如图 3-8 所示。

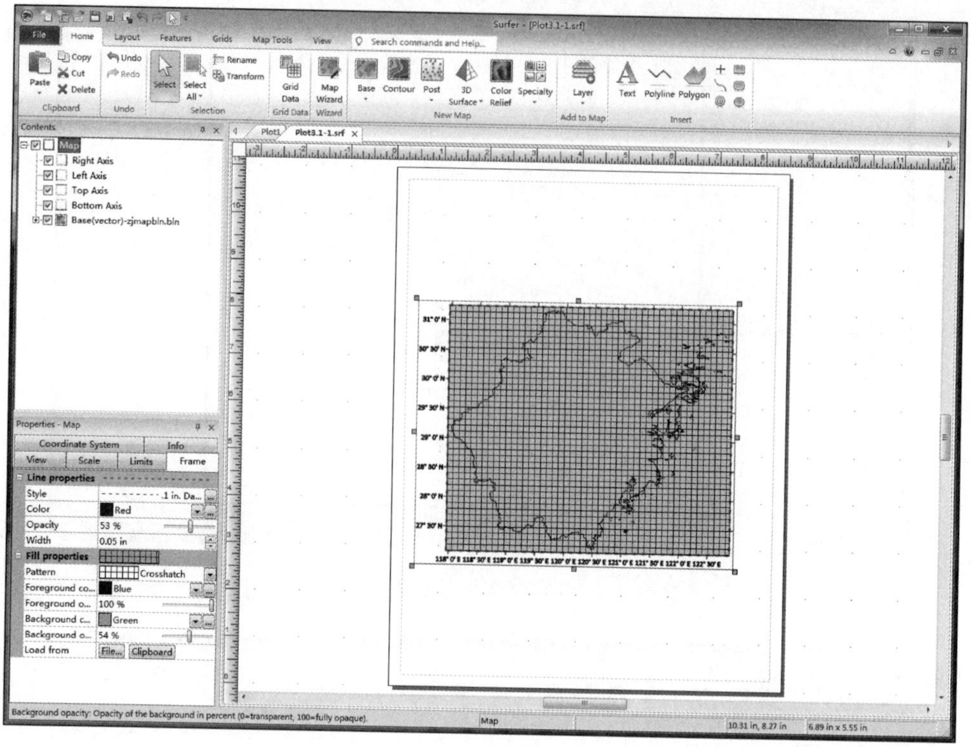

图 3-8　加载图案背景

当然，地图的背景也可以用图片，点击“Load from”（从…导入）选项的“File…”（文件）按钮，可以加载指定图片。例如，我们加载一个浙江省 jpg 地图文件 zj. jpg，此时地图背景就变为图片了，然后可以通过调整该图片的偏移量（Pattern Offset）及缩放比例（Pattern Scale）调整图片大小，使地图的经纬度边框与图片的省界基本重合，其效果如图 3-9 所示。

3.1.5　坐标系

一个点的位置以何种方式显示在地图上，与该地图采用什么坐标系有关，Surfer 提供了一些预定义的地理坐标系统，地理坐标系统（Geographic Coordinate System）是一种球面坐标（由于地球是一个椭球体，实际有多种不同的椭球体模型），不同的地理坐标系统使用不同的基准面，相同的经纬度值将根据基准面绘制在不同的位置。

若把某个地理坐标系统投影到某个平面，则就得到一个投影坐标系统（Projection Coordinate System），它是一种平面坐标，使用 x、y 值确定二维平面的位置。投影坐标系由一个投影

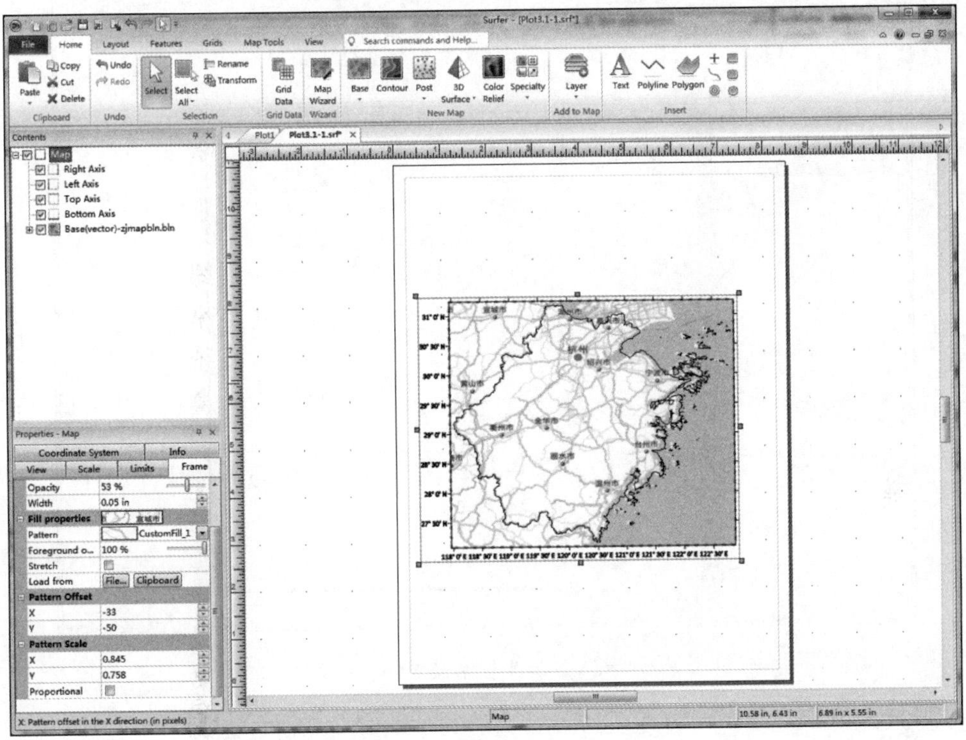

图 3-9　加载图片背景

和一个基准面组成，基于指定的椭球面和基准面，每种投影方式都会导致地图的一部分被扭曲，即引起失真。投影坐标可以是经纬度、米等单位。

在 Surfer 中，数据、网格、地图层和地图可以有一个各自的相关坐标系统。所有由数据、网格和地图层定义的坐标系统都被动态地转换为地图的目标坐标系统。

上面的例子中，示例文件 ZheJiangBlankFile. bln 是未引用的局地坐标系，可以给它设置一个坐标系。

点击地图上的空白部分，左下角会出现属性框，再点击“Set”（设置）按钮，如图 3-10 所示，在弹出“Assign Coordinate System”页面上，依次点击“Local System”“New Geographic System”，如图 3-11 所示。此时会出现常用的地理坐标系“World geodetic system 1984”，点击“OK”完成设置，相关信息会显示在参数栏里，如图 3-12 所示。

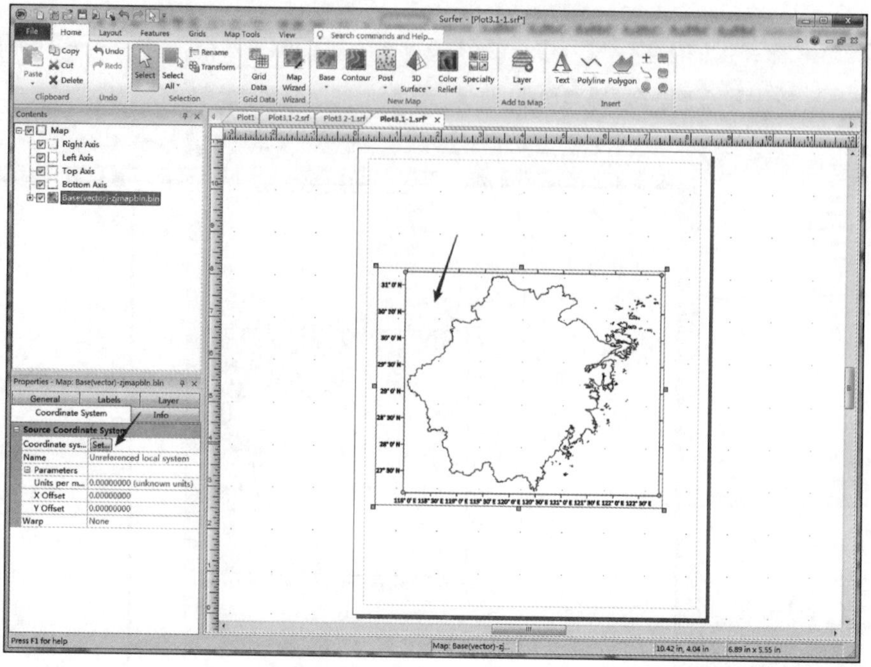

图 3-10　坐标系设置(一)

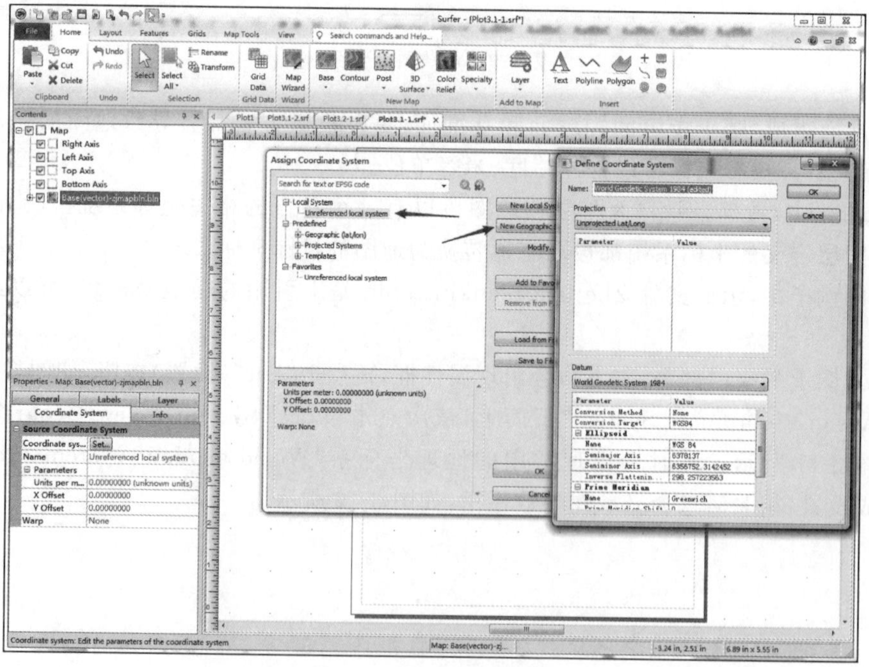

图 3-11　坐标系设置(二)

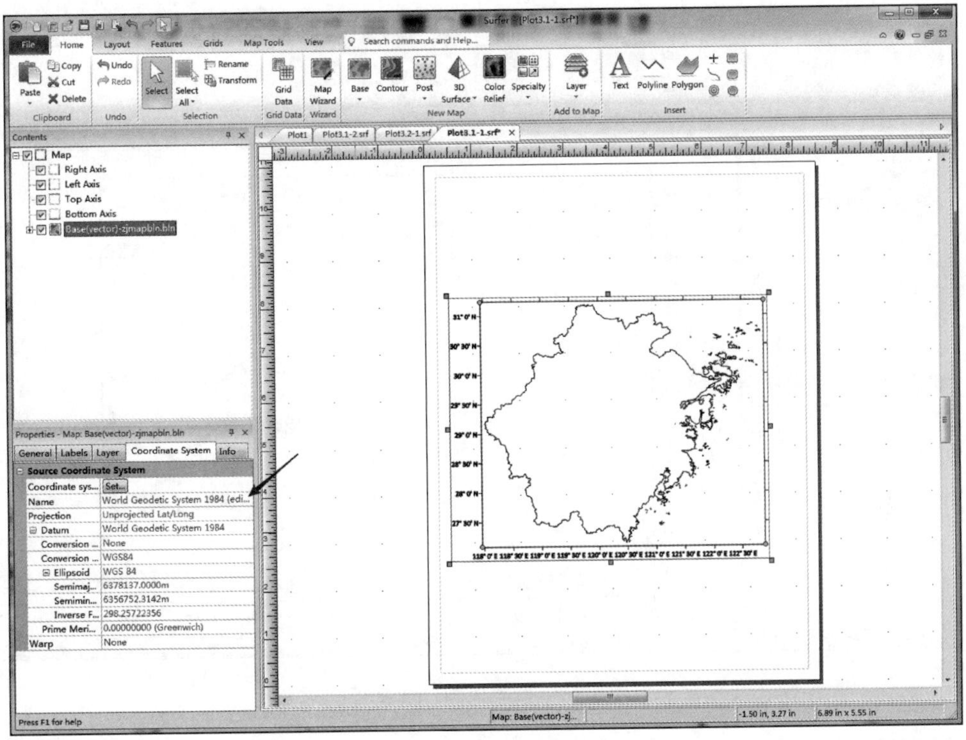

图 3-12　坐标系设置(三)

3.2　制作地图底图

Surfer 的底图一般采用. bln 格式文件，制作. bln 文件的方法很多，这里介绍一种原始但简单的制作方法，可以用以下步骤在 Surfer 里制作. bln 文件。假设现在要制作杭州市桐庐县的边界文件，可以先在网上截取一张桐庐县的. jpg 地图文件，加载进 Surfer，并适当放大，如图 3-13 所示。

选中图片，右键选择菜单里的“Digitize”进行边界数字化，如图 3-14 所示。

仔细描着桐庐县的边界线点击一圈，越密越好，每点击一次，地图上会出现一个小十字，同时会弹出坐标小窗体，记录下每次点击的数字，如图 3-15 所示。

完整的边界线点击完成后，点击小窗体上的“File|Save”(文件|保存)保存，此处我们保存成 tl. bln 文件。用文本编辑工具例如 Notepad＋＋打开该文件，可以发现它是一个文本格式数据文件，首行是参数，有 2 个数字，第 1 个数字表示刚才手动描边的点击数，即经纬度格点数，每 1 行 1 个格点，这些格点组成了一个闭合的多边形，由于手动点击描边时第一次点击的点与最后一次点击的点常常不会完全重合，因此要观察一下文件里第 2 行的数字与最后 1 行

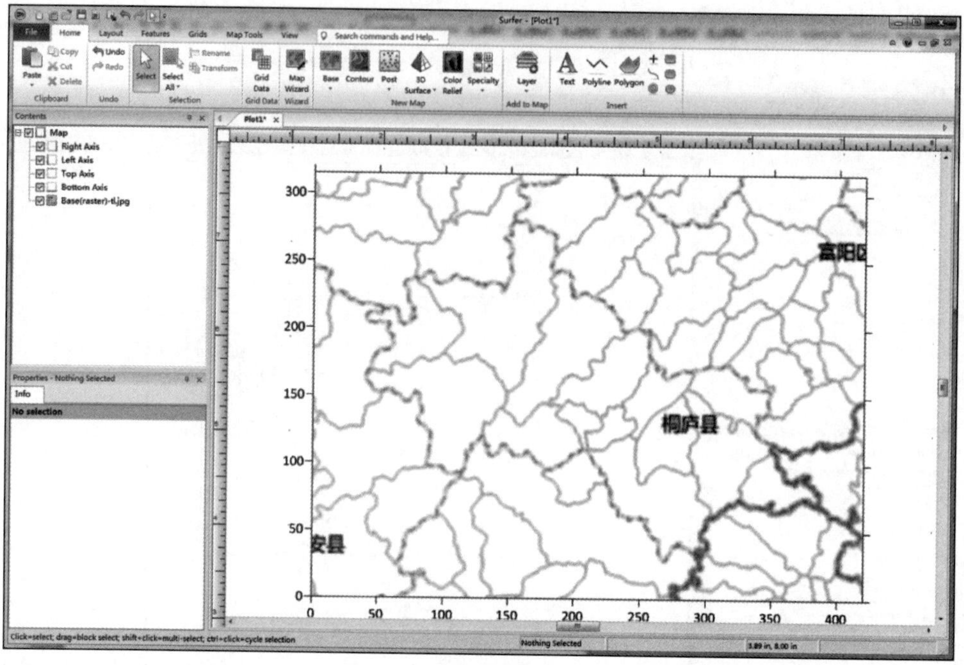

图 3-13　加载地图.jpg 文件

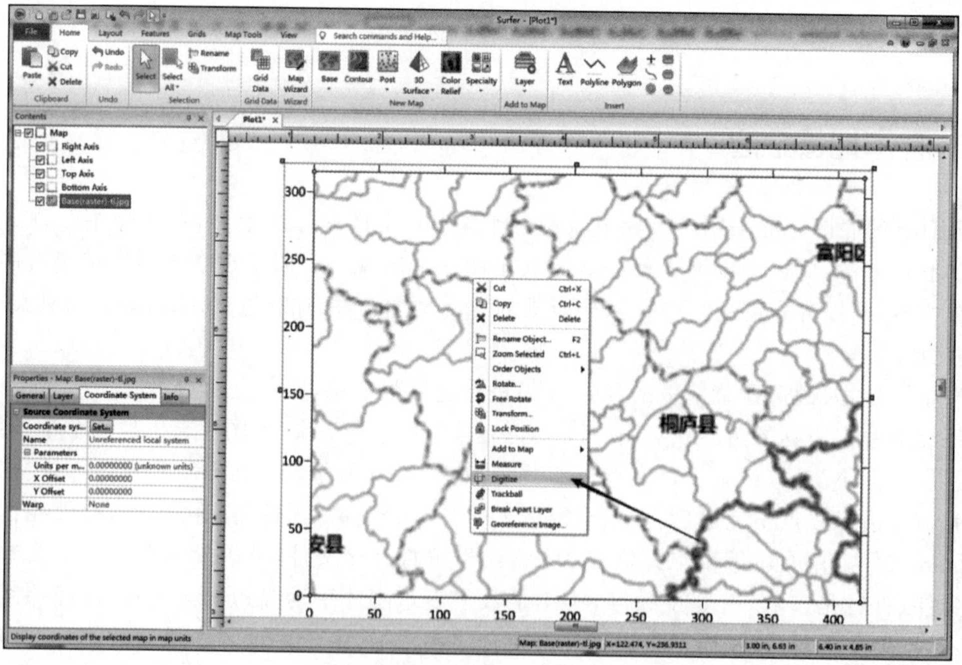

图 3-14　准备数字化边界

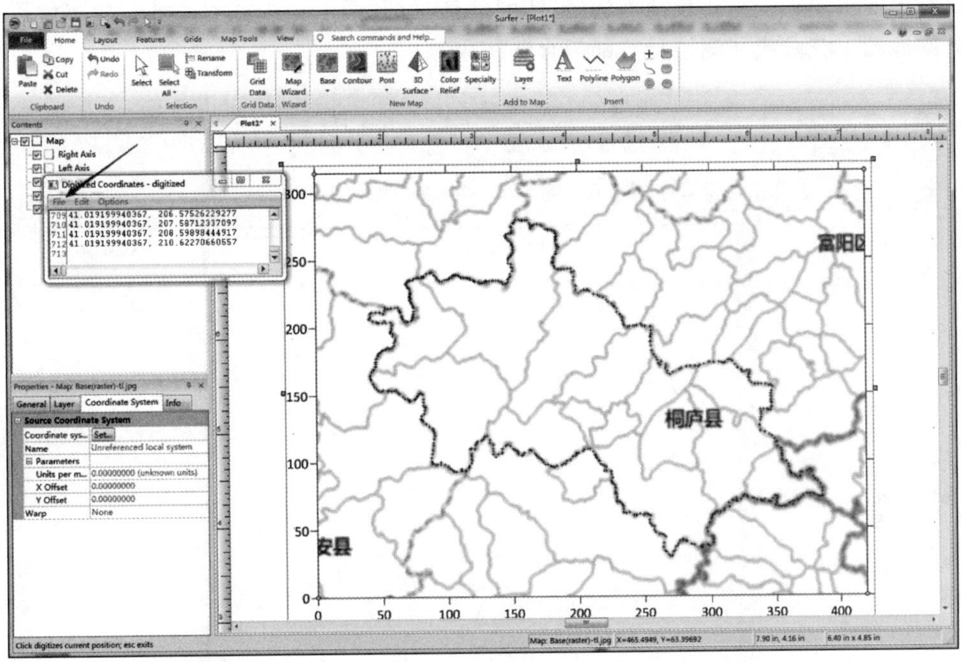

图 3-15　地图描边

的数字是否完全一样，若不一样则可以复制第 2 行内容添加到文件末尾，以形成闭合的多边形，同时修改第 1 行第 1 个数字(行数加 1)。

第 1 行的第 2 个数字表示白化方式(默认为 1)，若为 1 则表示白化多边形内部，若为 0 则表示白化多边形外部，例如对我们这个桐庐县边界底图文件来说，我们只关注桐庐县域内部，所以白化方式改成 0 并保存。

重新用 Surfer 打开该 tl. bln 文件，其效果如图 3-16 所示，桐庐县的边界线已经展示出来了。但仔细观察可以发现，该地图的 x、y 轴并不是实际经纬度数字，还需进一步修正。

在图 3-17 里，有 A、B 两点，分别是左下角及右上角，其矩形框刚好把桐庐县包含进去，在百度地图(或高德地图等其他地图)里找到这两点，并记下其经纬度，此处分别为 A(119. 0°E，29. 3°N)、B(120. 2°E，30. 2°N)。需要特别指出的是，在百度地图或高德地图等其他地图上显示的经纬度不是真实的经纬度，国际通用的经纬度坐标之一为 WGS-84 标准，例如谷歌地图即采用 WGS-84 标准，其经纬度信息是原始定位经纬度。因为我国法律规定互联网上的地图坐标不能采用真实的经、纬度，而是要在真实经纬度的基础上进行加密处理，因此我国国家测绘局在 WGS-84 标准的基础上进行加密制定了 GCJ-02，即每个坐标点加了随机偏移值，这套加密后的经纬度坐标俗称“火星坐标系”。百度或高德等地图服务商在火星坐标系的基础上又使用自己的算法进行加密偏移，例如百度采用的 BD09 坐标系是在 GCJ-02 坐标系基础上再次加密形成的，所以此处的 A、B 两点的坐标并不是真实的坐标，但对我们关注的等值线绘图等操作没有大的影响。若需要较准确的经、纬度信息，A、B 两点至少需要小数点后多位数字，可以从外网地图上获取或从测绘局等部门合法获取。

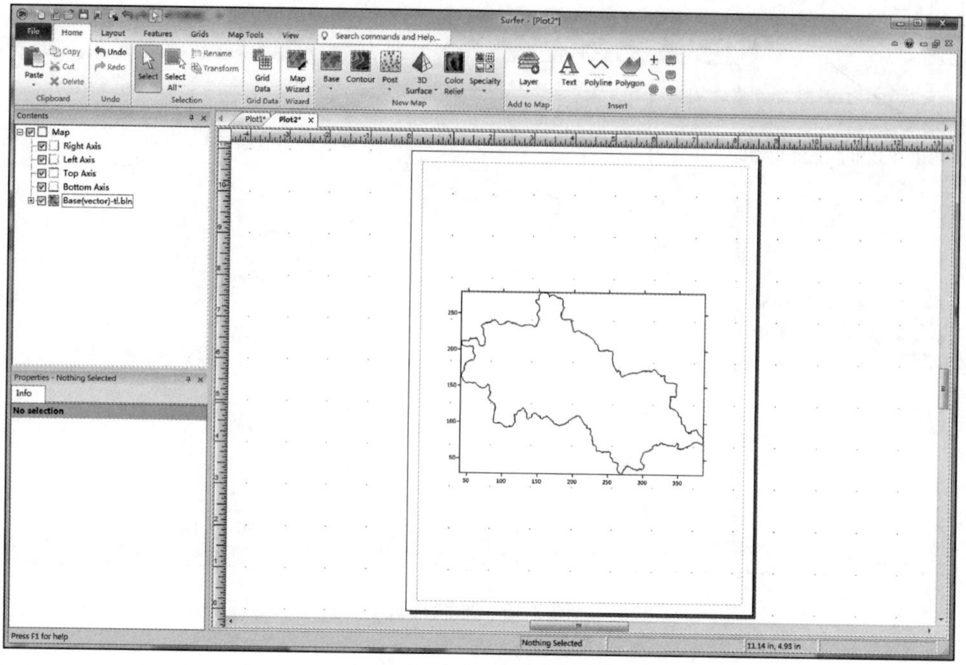

图 3-16　原始底图边界文件

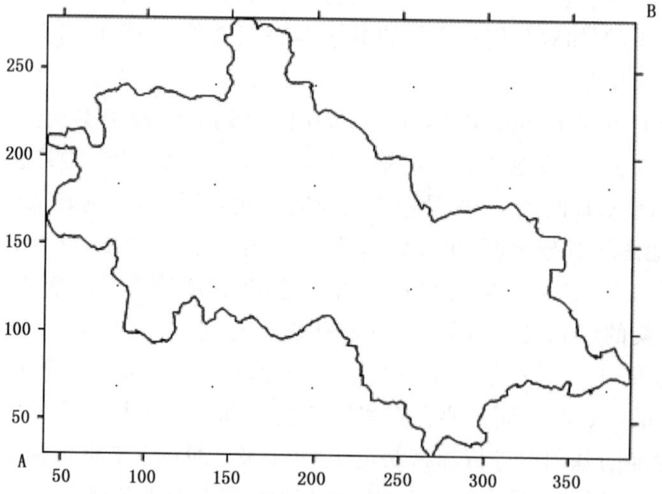

图 3-17　选择经纬度范围控制点

回到 Surfer 界面，把左上角“Map”选项里的四个边框都去掉勾，使地图没有边框，点击“File | Export”(文件|导出)导出为新文件，命名为 new_tl. bln，此时会弹出参数设置窗体。左边是原来的坐标系，右边是用经纬度表示的坐标系，在右边的文本框里输入 A、B 两点的经纬度，X 是经度，Y 是纬度，如图 3-18、图 3-19 所示。

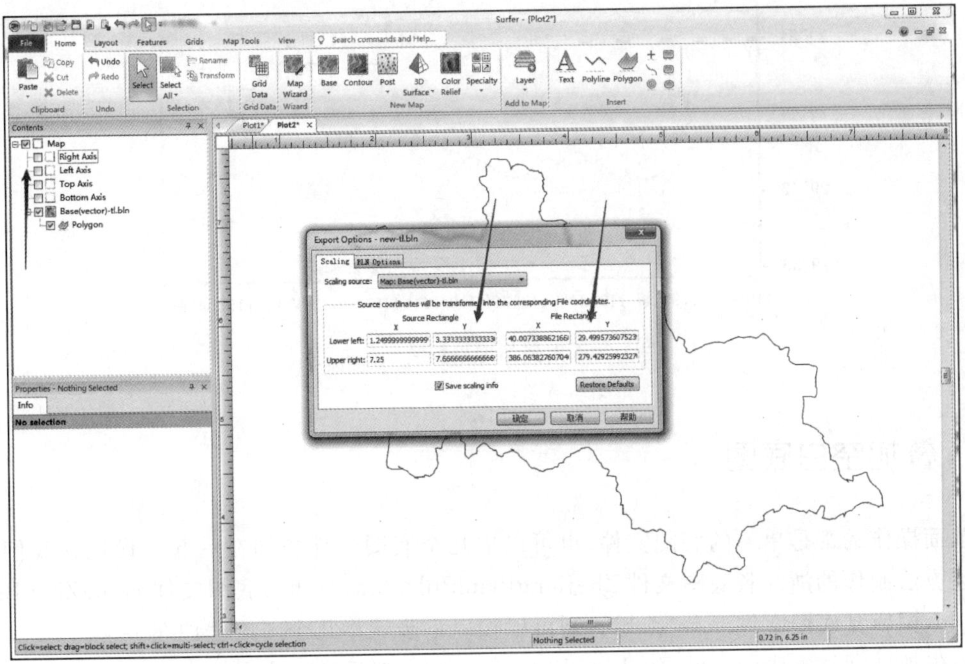

图 3-18　坐标系设置(一)

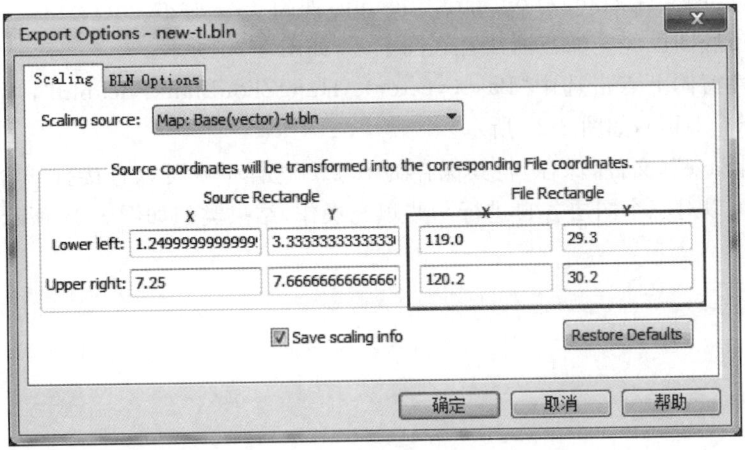

图 3-19　坐标系设置(二)

再次加载该 new_tl. bln 文件，可见其 X、Y 轴已经改成经纬度表示了，如图 3-20 所示。

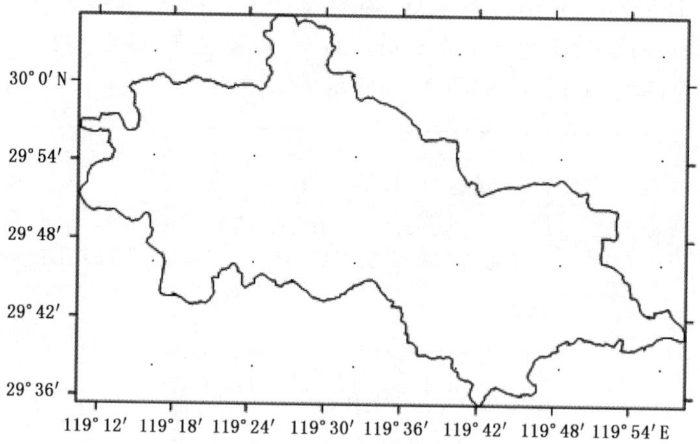

图 3-20　用经纬度坐标表示的底图

3.3　叠加空白底图

前面操作的都是单一的底图文件，也可以把几个底图文件叠加在一起。设现在我们有按照上述方法制作的浙江省底图文件 ZheJiangBlankFile. bln，杭州市底图文件 HangZhouBlankFile. bln，桐庐县底图文件 new_tl. bln，则可以按以下步骤将几个图层叠加在一起。

首先加载浙江省底图文件 ZheJiangBlankFile. bln，然后在左边属性窗体上点击选中“Base (vector)－ ZheJiangBlankFile. bln”，右键弹出菜单选择“Add to Map ｜ Base”（添加到地图|基础）加载杭州市底图文件 HangZhouBlankFile. bln，如图 3-21 所示。

此时杭州市底图已经叠加在浙江省底图上了，如图 3-22 所示。

在左边属性窗体上点击选中“Base(vector)- HangZhouBlankFile. bln”，再同样加载桐庐县底图文件 new_tl. bln，如图 3-23 所示。

点击“File|Save”（文件|保存）将其保存为 tl. srf，这样下次可以直接打开含有三个图层的该文件了。也可以对三个图层各自进行一些填充操作，结果类似如图 3-24 所示。

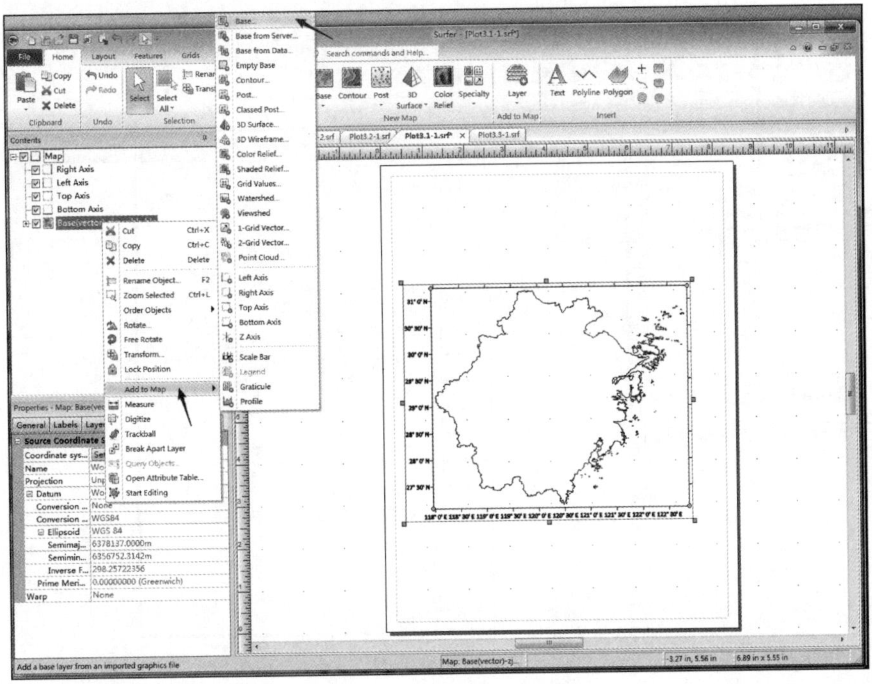

图 3-21　加载浙江省底图

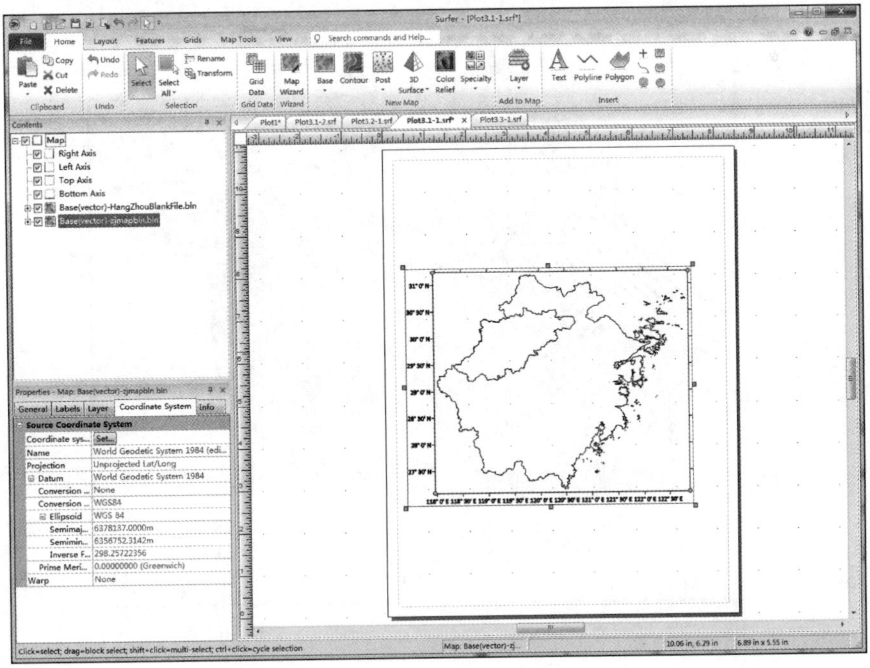

图 3-22　加载杭州市底图

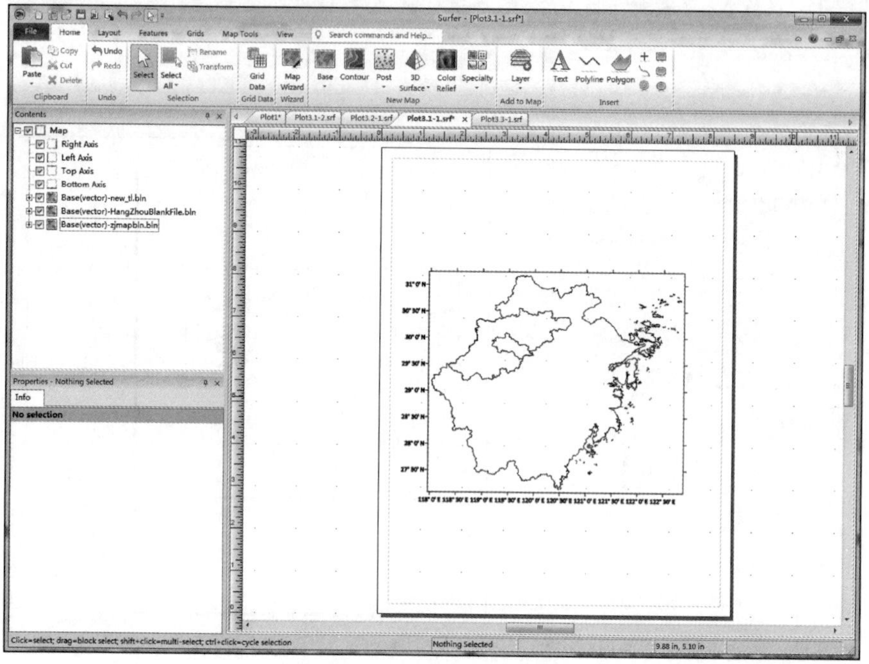

图 3-23　加载桐庐县底图

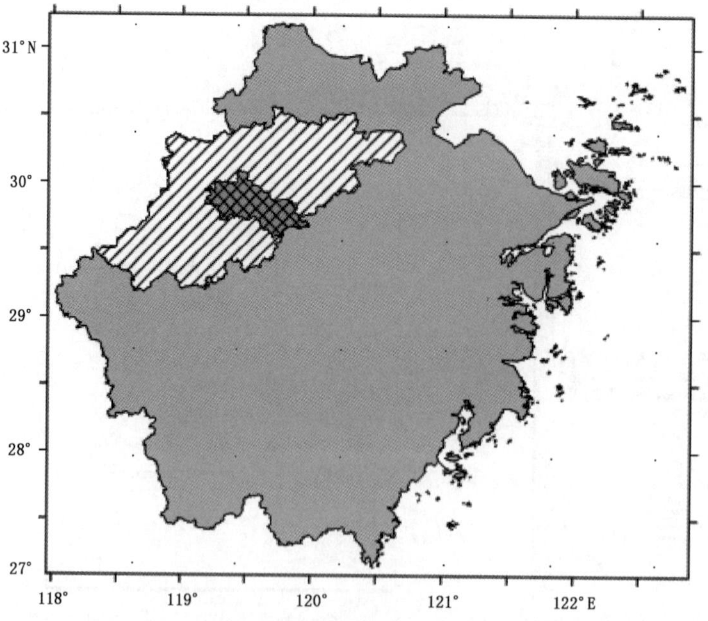

图 3-24　底图分别着色

3.4　绘制地形地图

地形图可以直观反映某地的丘陵、河流、平原等地表信息，也常常应用于气象绘图。由于地形图绘制需要地表高程数据，可以从谷歌地球全球数字高程数据模型 DEM(Digital Elevation Model)获取相关数据文件。DEM 数字高程模型是三维数据，其数据能够反映一个区域一定分辨率的局部地形特征，通过 DEM 可提取地表地势形态信息用于绘制等高线、坡度图等，在气象领域也有广泛应用。

从谷歌地球下载 DEM 数据后，可以借助专用工具软件把高程数据导出为.tif 格式，虽然其已为二维数据，但借助 Surfer 的地形晕渲图仍然可以简单直观地分辨出丘陵、河流、平原等地形、地貌。现在假设我们已经下载了浙江省的 DEM 数据文件，包括“浙江省谷歌地球高程 DEM 数据 .dat”“浙江省谷歌地球高程 DEM 数据 .idx”和“浙江省谷歌地球高程 DEM 数据 .kml”三个文件，再借助专用工具软件把高程数据导出为 L15 级的“浙江省谷歌地球高程 DEM 数据 .tif”文件。

在 Surfer 的“File|Open”(文件|打开)加载“浙江省谷歌地球高程 DEM 数据 .tif”文件，如图 3-25 所示。再用“File|Save as”(文件|另存为)将文件另存为 grd 格式文件，此处命名为“浙江省谷歌地球高程 DEM 数据 .grd”文件。

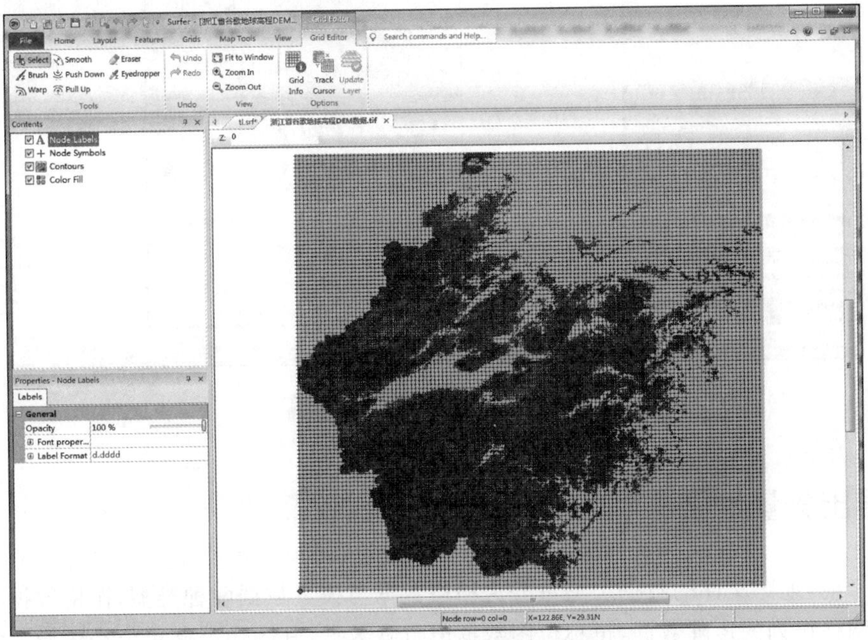

图 3-25　加载 tif 文件

在 Surfer 中新建一个“Plot Document”(布局文档)文件,点击顶部工具栏的“Color Relief”(彩色浮雕图)以彩色浮雕图形式加载“浙江省谷歌地球高程 DEM 数据 . grd”文件,此时浙江省的地形、地貌状况就展示出来了。

可以在此图上叠加行政边界,为此选中左边属性框里的“Color Relief－浙江省谷歌地球高程 DEM 数据 . grd”,通过右键弹出菜单“Add to Map|Base”(添加到地图|基础)加载浙江省底图文件“ZheJiangBlankFile. bln”,同理再加载杭州市底图文件“HangZhouBlankFile. bln”、桐庐县底图文件“new_tl. bln”,这样一幅带地形地貌的浙江省地形图就制作完成了。

当然,也可以根据自己的喜好调整下参数,例如,可以加上山脉的坡面阴影,即把“Enable hill shading”打上勾,把背景光照强度“Ambient light intensity”从 0.1 调到 0.7,此时其效果如图 3-26 所示。

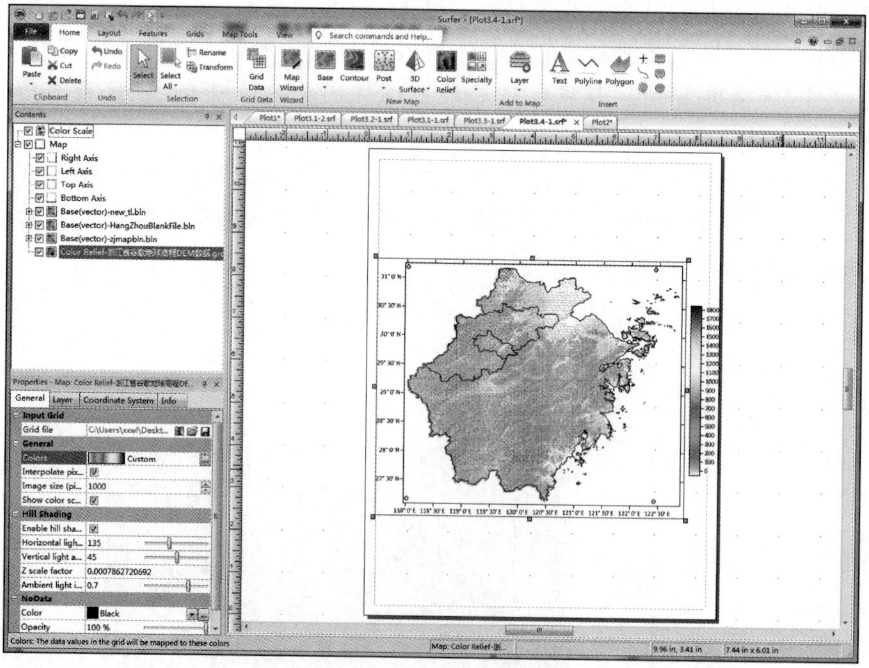

图 3-26　在地形图上叠加边界

3.5　导出矢量地图

一般来说,地图文件的数据类型可分为栅格数据与矢量数据两种类型,栅格数据是按行和列组成的网格排列的矩阵数据,也称位图数据或点阵数据,其图像存储单位是图像上每一点的像素值,只要不同色彩的像素足够多,就可以逼真地再现色彩丰富的真实图像,因此常常其图像文件都很大。矢量是一种既有大小又有方向的量,也称为向量,例如气象上观测的风,既有风速大小也有风的方向。矢量图本质上通过一系列由线连接的点来描述图像，由称为对象的图形元素组成，每个对象可以是点、线、矩形、多边形、圆或弧线等几何类型，具有颜色、形状、轮廓、大小等属性。矢量图文件的特点是占用的存储空间较小，因为图像保存的是线条和图块的信息，所以其图像可以无级缩放，在进行缩放、旋转或变形操作时不会产生锯齿效果。栅格数据与矢量数据在气象上都有很广泛的应用。

[. svg]是一种矢量图形格式，可以很方便地在浏览器里直接打开查看，Surfer 可以将图像导出为[. svg]格式，例如我们将上面制作的“tl. srf”导出为[. svg]格式文件，可以用“File | Export”（文件|导出）文件类型选择为[. svg]，保存为“tl_svg. svg”文件，可以直接用浏览器打开该文件，如图 3-27 所示。

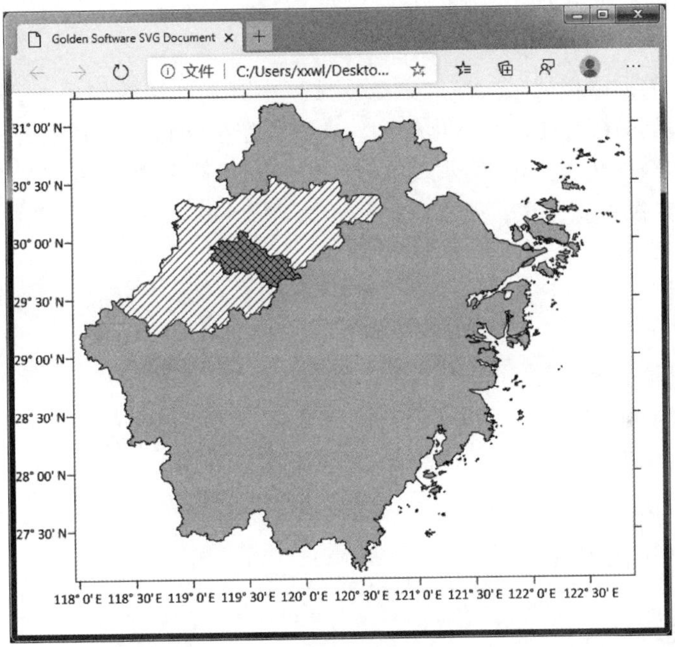

图 3-27　在浏览器显示导出的 svg 文件

3.6　小结

本章简要介绍了 Surfer 软件里地图的视图、比例尺、边界范围、框架、坐标系等属性及其配置参数，讲解了地图底图制作、底图的叠加、地形地图绘制、矢量地图的导出等内容，这些内容都是 Surfer 地图绘制的基础知识，在讲解过程中尽量从实际业务需要的角度把完整过程呈现出来。由于 Surfer 软件功能非常丰富，本章仅仅介绍了其中一部分常用的功能，要熟练掌握绘制方法与技巧，就要多练手，以实际业务中的个例来练习。

第 4 章　Surfer 气象数据网格化

学习目标

Surfer 软件的数据网格化功能在气象数据处理中有基础性的作用，当采集的数据不是等间距时，就需要使用 Surfer 进行网格化处理。本章介绍了网格化的基本概念、网格操作、常用网格化插值算法和网格化操作示例，掌握这些知识有利于读者使用 Surfer 软件进行气象数据网格化，适应日常工作需要。

本章重点

- 了解网格化相关概念
- 熟悉网格化的基础操作
- 熟悉数据网格化方法
- 掌握网格化方法选取
- 掌握气象网格化示例

4.1　基本概念

4.1.1　网格化

网格化是通过对数据进行插值或外推，在每个网格节点获取不规则间距的 XYZ 数据并生成规则间距的 Z 值网格的过程。除了网格数据，Surfer 还可以直接使用各种其他网格文件。通过一定的插值方法，将稀疏的、不规则分布的数据插值加密为规则分布的数据，以适合绘图的需要。

自动气象站获取的气象要素数据是一个稀疏的、不规则分布的 XYZ 数据，气象数据网格化就是将这些气象要素数据进行数据网格化。根据不同的气象要素场特点和区域地理环境特征，分析和研究不同的网格化方法、适应范围及参数设置，对于客观、正确地描述研究对象有重要的意义。

4.1.2　网格文件

网格文件是规则矩形网格的三维数组 XYZ 数据文件，是产生一个基于网格图形的必须文件，后缀为[.grd]。

4.1.3　网格文件格式

自 Surfer7 开始网格文件格式已经更新，默认设置是使用双精度保存数据信息，在保存数据时要注意保存为文件名后缀为[.grd]。Surfer 支持以下 3 种网格文件格式：

1. 默认的 Surfer7(*.grd)格式是使用双精度值的二进制格式，包括被用来新建网格的"Fault"(折断线)信息在内。它不兼容 Surfer 的更低版本(白世彪 等，2005)；

2. GS Binary(*.grd)格式是使用单精度值的二进制格式，与现有的和更低的 Surfer 版本都兼容。该格式生成的网格文件最小，但这种格式里不包括"Fault"(折断线)信息；

3. GS ASCII(*.grd)格式是 GSBinary(*.grd)格式的 ASCII 版本，它使用单精度值，与现有的和更低的 Surfer 版本均兼容。这种格式比 GSBinary(*.grd)格式文件大，但能在 Surfer 工作表或一个文本编辑中编辑它。Surfer 还有一种常用的 ASCII XYZ 格式的[.dat]文件，该文件在 A 列里是 X 坐标(行)，B 列里是 Y 坐标和 C 列里是 Z 值。在 Surfer 的"Plot"(绘图)窗口中选择菜单命令"Grid convert"(网格转换)可以在 GS Binary(*.grd)格式、GS ASCII(*.grd)格式、ASCII XYZ(*.dat)、和 Surfer(*.grd)等格式之间实现转换。转换生成的 Surfer ASCII 网格文件格式如表 4-1 所示。

表 4-1　网格文件格式

行号	内容	注释说明
1	DSAA	必须大写，且从第一行第一列开始，前面不能有空格
2	nx ny	X 和 Y 方向网格点的个数
3	xmin xmax	X 方向网格点的最小值和最大值
4	ymin ymax	Y 方向网格点的最小值和最大值
5	zmin zmax	Z 方向网格点的最小值和最大值
6	grid row 1	Z 值在点(x1,y1)，(x2,y1)，…，(xn,y1)
7	grid row 2	Z 值在点(x1,y2)，(x2,y2)，…，(xn,y2)
…	……	
n	grid row n	Z 值在点(x1,yn)，(x2,yn)，…，(xn,yn)

4.1.4　网格平滑

网格平滑是通过把一个过滤矩阵(权重矩阵)覆盖在一个已存在的网格上，来平滑这些网格点，并根据过滤矩阵的权重计算位于其中心点的源矩阵的节点数值，模型移动并重复，直到整个网格被处理。

4.2　网格操作

在 Surfer 中有许多操作网格文件的方法，包含网格文件创建、分配 NoData 值、网格文件转换、网格平滑、网格计算和网格提取等命令，这些方法被用于气象网格分析和制图等方面。

4.2.1　创建网格文件

等值线图、彩色模型图、阴影地貌图、矢量图、流域图、三维框架图、以及三维曲面图都需要在 Surfer 中创建网格。网格文件是用首页中“Grid Data”(网格数据)命令创建的，“Grid Data”命令所需要的数据包含以下三个数据列：一列包含 X 轴的数据，一列包含 Y 轴的数据以及一列包含 Z 轴的数据。接下来以我们提供的“RainData. csv”文件为例，介绍 Surfer 是怎样产生网格文件的。

1. 使用“New plot”(新布局)命令或“File | New | Plot Document”(文件 | 新建 | 布局文档)来创建一个新的场景窗口，如图 4-1 所示。

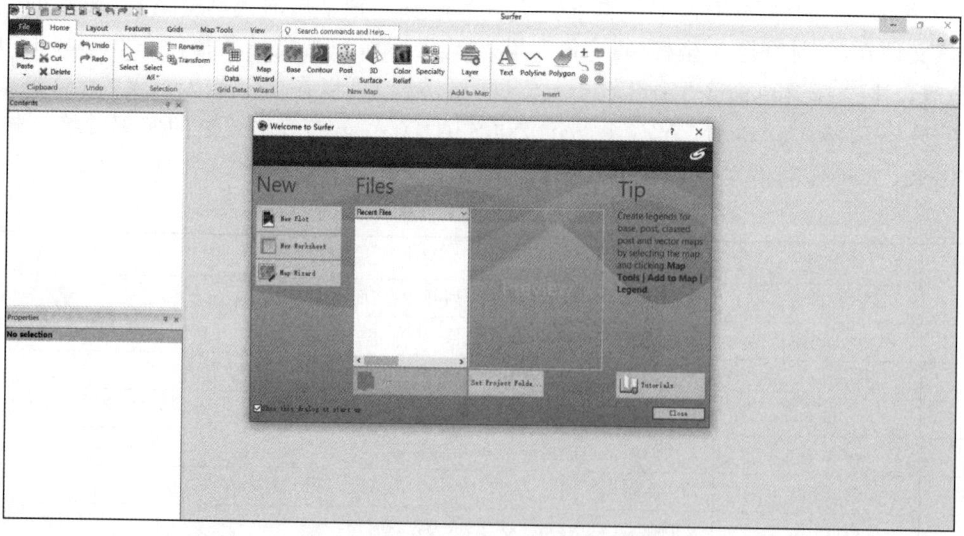

图 4-1　Surfer 界面——新建场景窗口

2. 在场景窗口中，点击“Home | Grid Data”(主页 | 网格数据)命令，或者“Grid | Grid Data”(网格 | 网格数据)命令，选中打开数据对话框，如图 4-2 所示。

除了创建 Surfer 的网格文件，它还可以直接读取许多常见的网格文件格式，但无法保存无数据的网格。

3. 在打开数据的对话框中，单击该文件“RainData. csv”。可以在文件列表部分中选择，或者在打开的对话框中单击这个文件名，单击“打开”或者双击数据文件的名称。

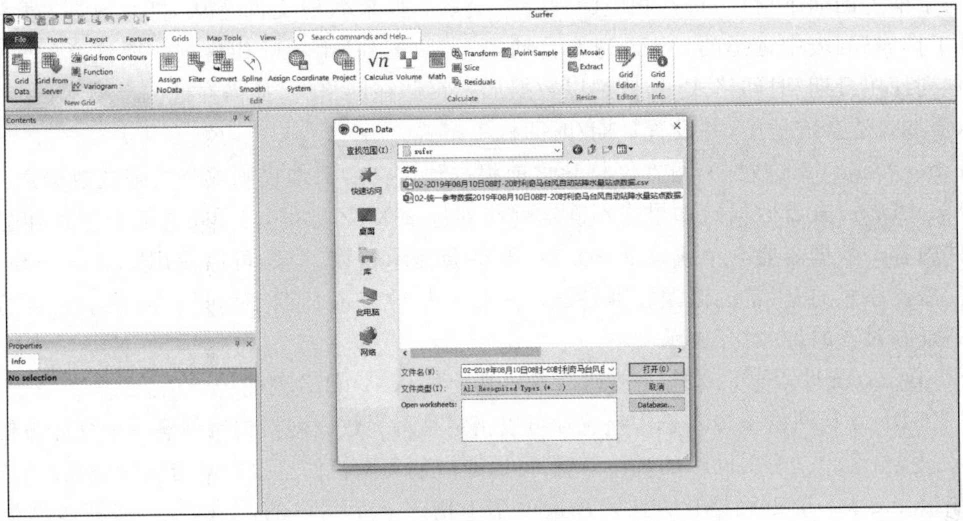

图 4-2　Surfer 界面——打开数据对话框

4. 显示“Grid Data”(网格数据)对话框，如图 4-3 所示。“Grid Data” 对话框允许修改一些参数，但采用默认参数创建一个可接受的网格文件时，不要更改有关参数。具体参数说明如下。

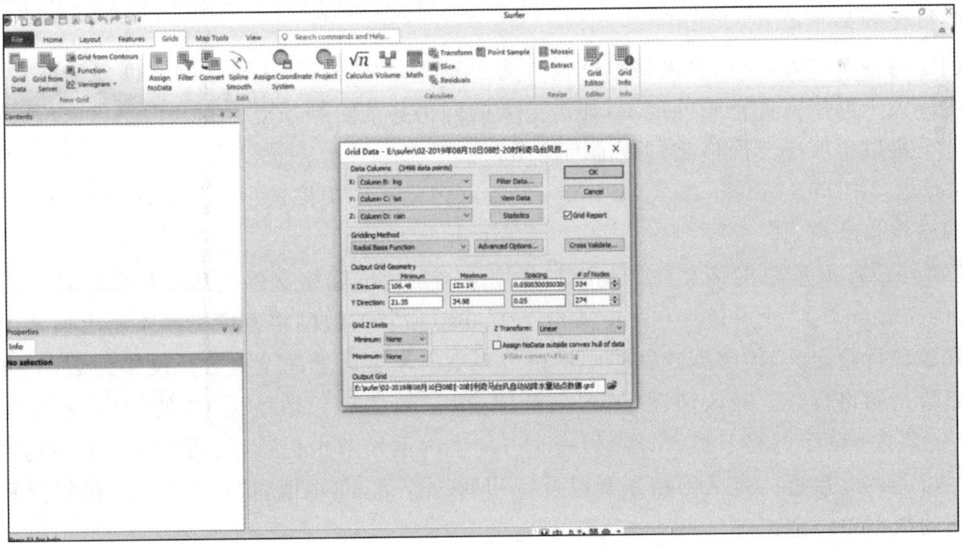

图 4-3　“Grid Data”对话框

Data Columns(数据列信息)：是用来指定数据文件中含有 X、Y 坐标数据列，以及 Z 值数据列。Surfer 默认为 X：Column A，Y：Column B，Z：Column C。但数据可以在任意三列，单击每个框上的向下箭头，选择相应的列每个变量。如果数据文件是从“打开数据”对话框的“打开工作表”列表中选择的，XYZ 列将自动填充“数据列”组中的相应列。要注意的是，对任何数据列使用日期/时间格式时，值都以数据形式存储在网格中，如需在地图上显示日期/时间格式，需选择适合的地图，并设置日期/时间标签格式。

Filter Data(筛选数据)：可在网格化之前根据预定义的筛选规则或公式筛选数据集。

View Data(查看数据)：如果你不确定哪些列包含 XYZ 数据，可单击查看数据按钮显示数据文件内容。数据需要 3 个或以上三元组，不足会提示错误信息，可以使用“View Data”按钮检查。需要注意的是，常见错误原因是数据内容不是数字或日期/时间格式；数字类型的数据所有列是右对齐的，左对齐表示文本。

Statistics(统计信息)：单击此按钮会显示选定的 X、Y 和 Z 列的统计信息。

Grid Report(网格报告)：选中该选项可以指定是否为数据网格化时创建一个统计报告并显示出来。报告还包括有关网格的统计信息，可以通过创建网格信息报告来访问网格统计信息。

Gridding Method(网格化方法)：该选项用于指定一个网格的插值算法，多种数据插值算法将在 4.2 节中详细介绍。

Advanced Options(高级选项)：指定所选择的插值算法的高级设置。

Cross Validate(交叉验证)：是评估数据集网格参数的客观方法。

Output Grid Geometry(网格线特征)：可设置好 X、Y 轴向的最大、最小值限制，网线的间隔和网格节点数(也称行和列)。Surfer 会默认 XYZ 数据文件中的最大和最小 X 和 Y 值作为网格的最大和最小值。

创建网格文件时，可以将网格范围设置为要用于地图的 X 和 Y 范围。创建网格文件后，不能生成大于网格文件范围的地图，如需更大的网格必须重新填充数据。但是，可以读入网格文件的子集以生成小于网格文件范围的地图。

Assign NoData outside convex hull of data(白化)：选中该选项使数据区域以外的任何位置的网格点自动空白。

Output Grid(输出网格文件)：此编辑框用来确定生成网格文件的路径和文件名。

Spacing and # of Nodes (Grid Density)(间距和节点数网格密度)：网格密度通常由网格中的列数和行数定义，能够反映网格中网格节点数。X 方向上的节点数是网格列数，Y 方向上的节点数是网格行数。默认情况下，覆盖范围更大(数据单元数量更多)的方向(X 方向或 Y 方向)分配了 100 个网格节点。计算另一个方向上的网格节点数，以使两个方向上的网格节点间距尽可能彼此接近。定义网格限制以及行和列的数量，间距值将自动确定为相邻行和相邻列之间的数据单位距离。

需要注意的是，虽然网格密度越高平滑度越好，但网格节点数量增加会成比例地增加网格化时间以及绘制时间和网格文件的大小，同时，网格密度取决于计算机中的可用内存量。一个网格文件中最多包含 2 147 483 647 行和列。网格化开始时，状态栏会显示预计完成的时间，如果网格化时间过长，可以在绘图窗口中单击取消。

下面给出大网格文件所需的内存量示例。

- 10 000×10 000 的网格需要 763 MB
- 15 000×15 000 网格需要 1.7 GB
- 20 000×20 000 网格需要 3 GB

一个 2 147 483 647×2 的网格需要 32 GB 的连续 RAM(大多数计算机最多包含 16 GB 不连续存储的 RAM)可以使用“Grid|Spline Smooth”(网格|样条平滑),“Grid|Extract”(网格|提取),或者“Grids|Resize|Mosaic”(网格|调整|镶嵌)命令调整网格密度。

如图 4-4 所示,Y 方向的数据范围是 0 到 25,X 方向的数据范围是 0 到 10。这两个示例在网格化过程中使用了不同数量的网格节点或网格间距。

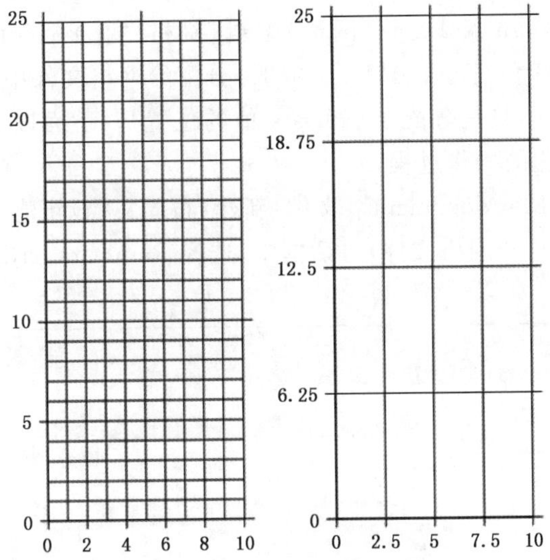

图 4-4　两个不同的网格化示例

在图 4-4 左侧的示例中,网格间距在 X 和 Y 维度上设置为大致相等(每个单位一个),但 X 和 Y 维度上的网格节点数量不同。在图 4-4 右侧的示例中,在两个维度中指定了相同的节点数,但二维数据单元的间距不相等。

图 4-5 显示了在“Grid Data”对话框中指定的“Output Grid Geometry”(输出网格几何形状)信息。

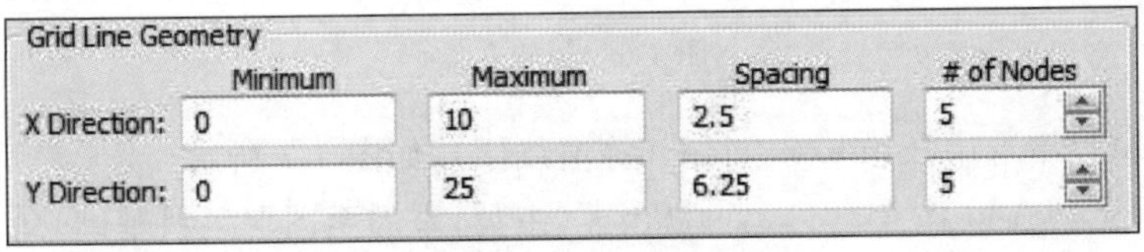

图 4-5　两个不同的网格线特征

Grid Z Limits(网格数据限制):某些情况下,网格插值和外推法可能会导致产生无效值,例如,在无法实现负值的情况下,会产生负数。网格数据限制选项将网格输出限制为特定的最小和最大值。最小值可以在 Minimum 设置,下拉框选择“None”“网格最小值”或“自定义”值,“自定义”值在右侧框中填入数据,最大值设置相同。

插值操作执行后,Surfer 查找小于最小值的任何网格值,并将其替换为数据最小值或自定义值,将大于“最大值”的网格值替换为“数据最大值”或“自定义”值。

Z Transform(Z 变换):可更改 Z 值的网格化方式。可选线性(默认)和对数两种方式。某些场景 Z 值变化区间较大,以对数表示效果更好,此时可选择对数方式。

4.2.2 网格白化值

使用“Grid|Edit|Assign NoData”(网格|编辑|网格白化)命令可以删除无效数据。Assign NoData 命令将 NoData 值(1.70141e+0.38)分配给网格文件中的指定数据(注意新网格与原始网格的数据值相同,只是分配了 NoData 值的位置)。下面以 RainData.csv 文件为例,演示地图范围外网格白化的操作过程。

1. 选择“File|New|Plot document”(文件|新建|布局文档)新建一个文件,如图 4-6 所示。
2. 在“Open Grid”(打开网格文件)对话框中,选择 RainData.grd 示例文件。

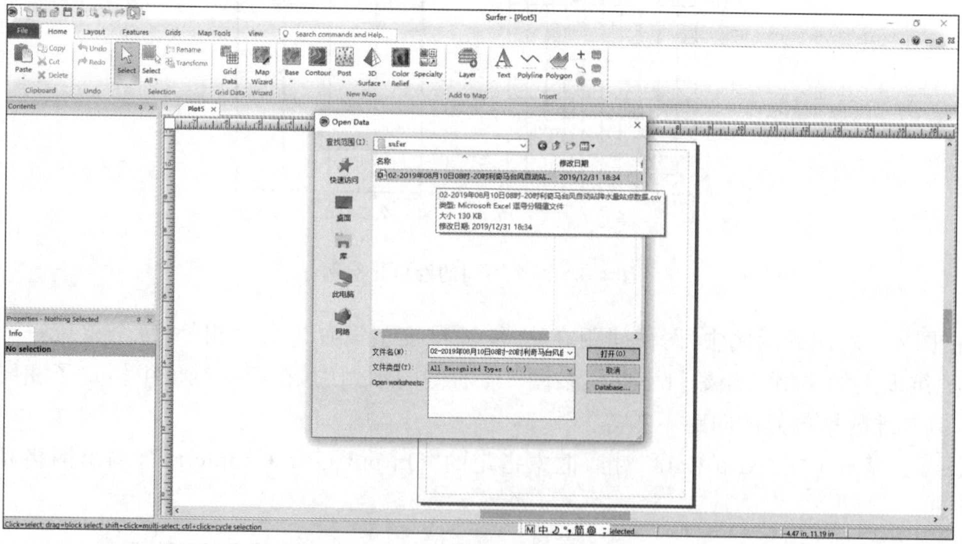

图 4-6　新建文件

3. 在绘图窗口中选中“Contour Map”(等值线图),如图 4-7 所示。
4. 点击“Home|Add to Map|Layer|Base”(主页|添加至图层|层|基础)命令。

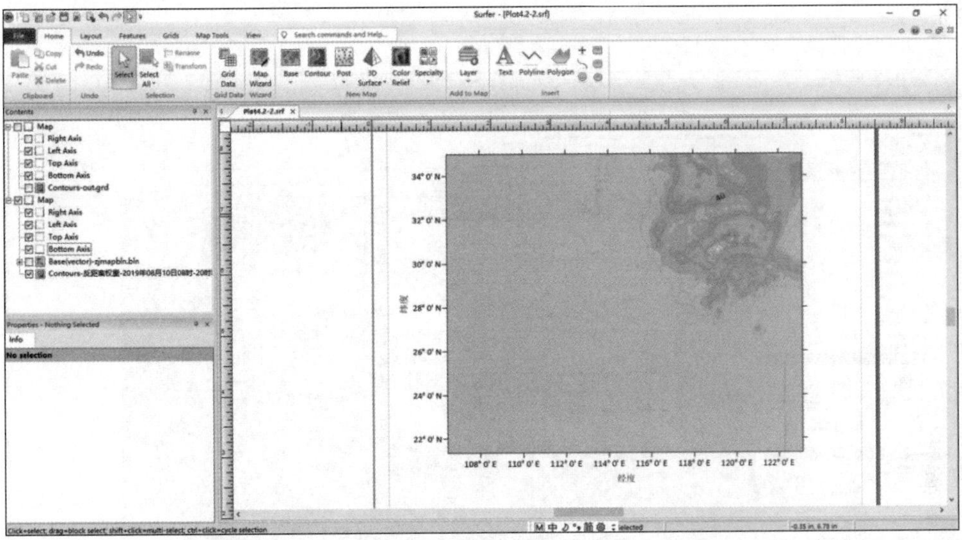

图 4-7　选择[. grd]文件

5. 在“Import”对话框中，选择 ZheJiangBlankFile. bln 文件，如图 4-8 所示。

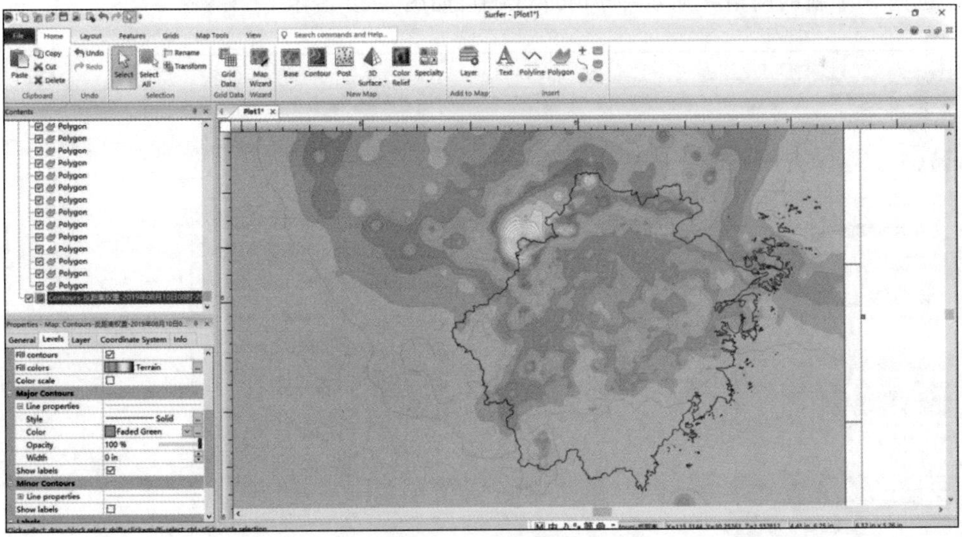

图 4-8　叠加地图文件

6. 在“Grid|Edit|Assign NoData”(网格|编辑|分配 Data 值)对话框中，单击“Input Grid”对话框中的＜None＞并选择 RainData. grd，单击“NoData Polygons Boundary”(无数据多边

形边界)对话框中的＜None＞并选择“ZheJiangBlankFile. bln”，选择 NoData Outside，如图 4-9 所示。

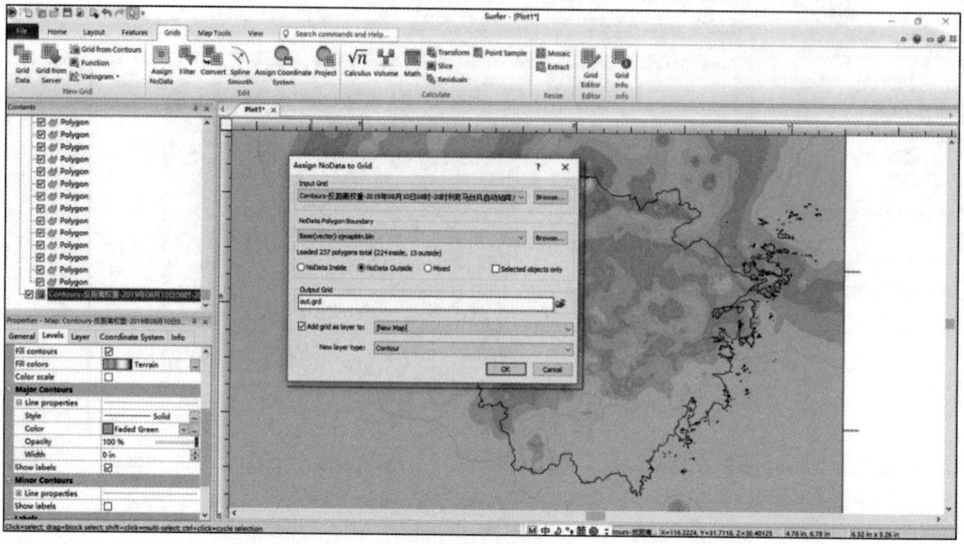

图 4-9　网格白化值

7. 创建一个新的网格并显示在 Plot 窗口中，如图 4-10 所示。

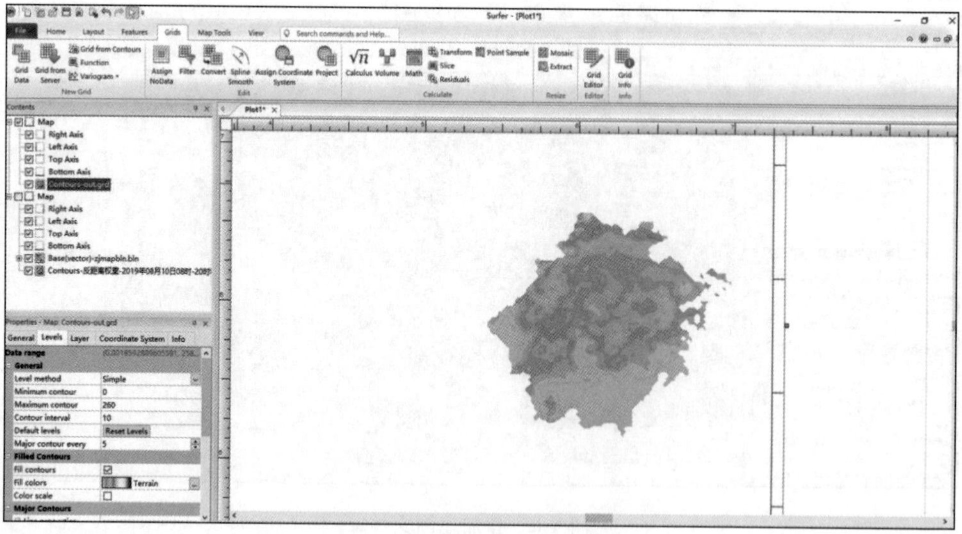

图 4-10　新网格文件创建的地图

4.2.3　网格文件格式转换

Surfer 支持多种类型的[.grd]文件，使用“Grid|Edit|Convert”（网格|编辑|转换）命令将网格文件转换为以下 4 种[.grd]文件之一。

1. GS 二进制文件 .grd。
2. GS ASCII 文件 .grd。
3. ASCII 码 XYZ 数据文件 .DAT。
4. Surfer7.grd。

二进制的[.grd]文件转换成 ASCII .grd 文件后，可以用 Surfer 工作表或任何的 ASCII 编辑器进行修改。ASCII 码 XYZ 数据文件 .DAT 包括了网格所有节点的 X、Y、Z 数据。

转换网格方式如下。

1. 点击“Grid|Edit|Convert”（网格|编辑|转换）命令。
2. 在“Open Grid”（打开网格文件）对话框中选择一个网格文件并单击“打开”。
3. 在“Save as”（另存为）对话框中，在“文件名”框中输入文件名。
4. 从“另存为类型”列表中选择文件格式。有关可用格式的列表可参考“Save Grid As”页面。
5. 单击“Save”按钮创建新文件。

4.2.4　网格样条平滑

对网格做样条平滑操作时，原始网格节点保留，在现有网格节点之间添加新的网格节点，其中，X 和 Y 的扩展系统与在 X 与 Y 各自方向上已存在的网格点之间插入的点的数量有关。样条平滑步骤如下。

1. 点击“Grids|Edit|Spline Smooth”（网格|编辑|样条平滑）命令。
2. 在“Spline Smooth”（样条平滑）对话框中，在“输入网格”部分中，从网格文件中输入指定网格。
3. 单击“Method”（方法）部分中的“插入节点”选项。
4. 在“Number Nodes to Insert”（要插入的节点数）部分中，输入要插入的节点数。或者使用向上和向下箭头来更改值，在最终的网格大小部分中显示平滑网格中生成的行和列的数量。
5. “Final Grid Size”（行与行之间）框指定要插入网格文件中现有行之间的行数。行对应于常数 Y 的网格节点。
6. “Between Cols”（列之间数量）框可指定要插入网格文件中现有列之间的列数。列对应于 X 的网格点；“Between Rows”（行之间数量）框可指定要插入网格文件中现有行之间的行数，行对应于 Y 的网格点。
7. 如需更改经过平滑处理的网格文件的名称，单击输出网格文件中的按钮。在“另存

为网格"对话框中指定路径和文件名，然后单击"另存为"，单击 OK，创建平滑的网格，如图 4-11 所示。

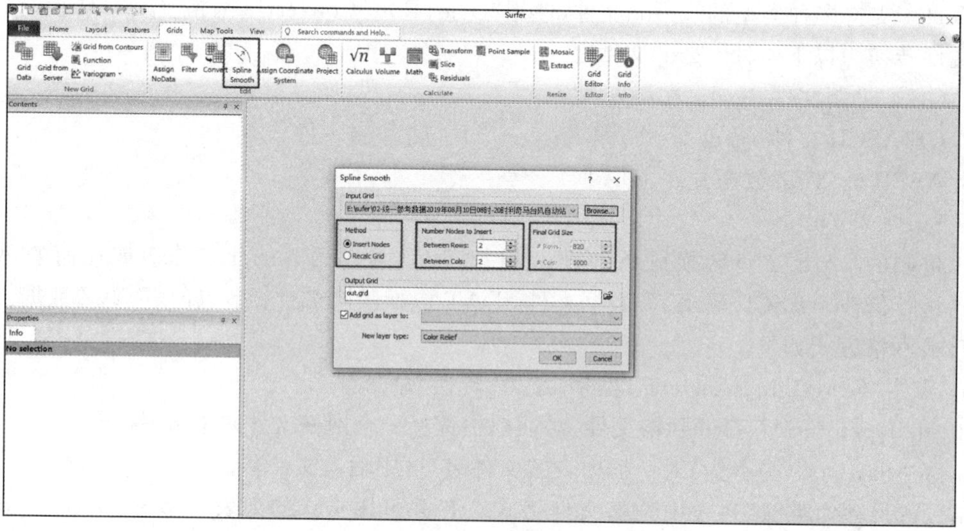

图 4-11　网格平滑操作步骤

4.2.5　网格计算

"Calculus"（网格计算）命令可以定义和量化网格文件中的特征，通过这些特征查看网格的轮廓或 3D 线框。该命令生成的网格文件使用与原始网格文件相同的维度，但根据输出类型可能使用不同的数据范围。

点击"Grid|Calculate|Calculus"（网格|计算|计算）命令，打开"Grid Calculus"（网格计算）对话框，如图 4-12 所示。

网格计算对话框分为四个部分：方向导数、地形建模、微分和积分算子、傅里叶和谱分析，步骤如下。

1. 输入网格文件。单击"Browse"使用"Open Grid"对话框加载网格文件。

2. 在"Output Grid"（输出网格）中输入文件路径和文件名，包括文件类型扩展名，或者在"Save Grid As"（另存为网格文件）对话框中指定网格文件的路径和文件名。

3. 添加新的图层。选中"Add grid as layer to"（将网格添加为图层）复选框，将创建的网格自动添加到新地图或现有地图中，在"Add Grid as"（添加网格）字段中选择[New Map]，创建一个新的 Map。

4. 选择计算类型，如 Terrain Slope。

5. 可以选择设置操作选项。

6. 单击"OK"创建新的网格文件。

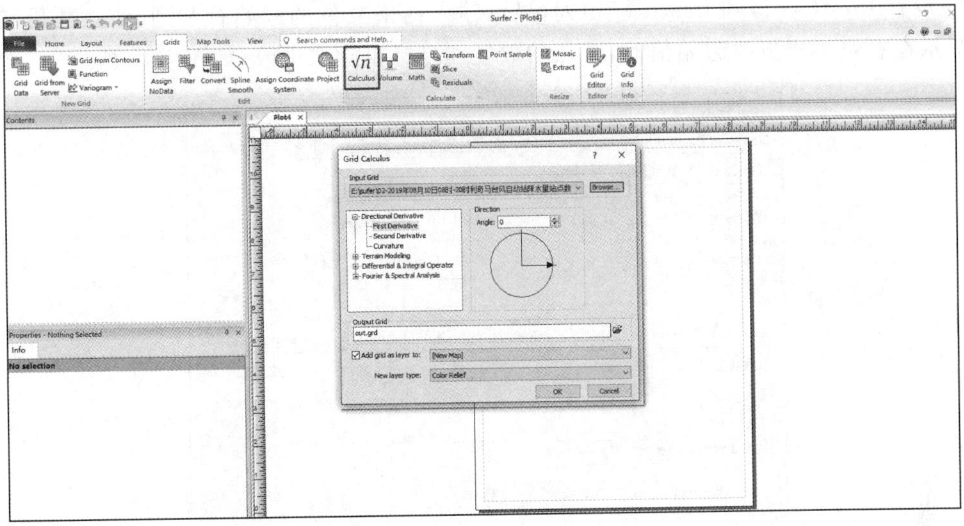

图 4-12　网格计算步骤

4.2.6　网格提取

“Grids|Resize|Extract”(网格|调整|提取)命令能够创建一个现有网格文件的子集,由包含 Z 值的行和列(常量 Y 和 X 值的行)组成。当你从网格文件中提取信息时,可以指定要提取的起始行和结束行以及列,例如可以通过指定原始网格的中间列和行来创建只包含现有网格的中心部分的新网格文件。

现有一个有 100 行和 100 列的网格文件,如果要创建一个包含从第 25 行到第 75 行和从第 25 列到第 75 列的信息网格,可以将 25 指定为要提取的第一行和第一列,将 75 指定为要提取的最后一行和最后一列。在本例中创建的网格文件将包含 51 行和 51 列数据(包括 25 到 75 行和 75 列)。

子集还可以为输入网格文件中读取的每个第 n 行或列,从而降低网格的密度。可以指定一个步骤因子,它在从原始网格文件读取信息时跳过行和列。网格提取步骤如下。

1. 单击“Grids|Resize|Extract”(网格|调整大小|提取)命令,打开网格对话框。选择一个网格文件并单击“Open”以打开“Extract Grid”对话框。

2. 输入网格文件。单击当前选择并从列表中选择一个网格文件。在输入网格部分,列出了关于网格的文件名和统计信息。这些信息包括节点的数量、X 和 Y 方向上的最小值、最大值和间距。这仅作为调整输出网格的信息,不能更改。

3. 输出网格,在“Output Grid”(输出网格)字段中键入文件路径和文件名(包括文件类型扩展名),或单击按钮,并在“Save Grid As”(另存为网格)对话框中指定网格文件的路径和文件名。

4. 设置 First(第 1)和 Last(最后)列,显示输入网格文件的起始行和列,节点数量和地图坐标显示在右侧。当更改起始值时,节点的数量和坐标也随之更改,如图 4-13 所示。

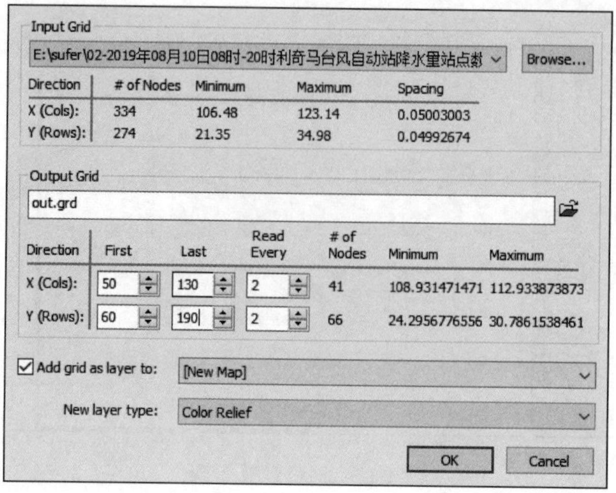

图 4-13　Extract Grid 对话框设置起始行和列

5. 设置"Read Every"(跳过因子)列,值"1"读取选定范围内的每一行或每一列。值"2"每隔一行或一列读取一次,依此类推。

6. 添加新的图层。选中"Add grid as layer to"(将网格添加为图层)复选框,将创建的网格自动添加到新地图或现有地图中,在"Add Grid as"字段中选择[New Map],创建一个新的 Map。

7. 单击"OK",提取网格,如图 4-14 所示。

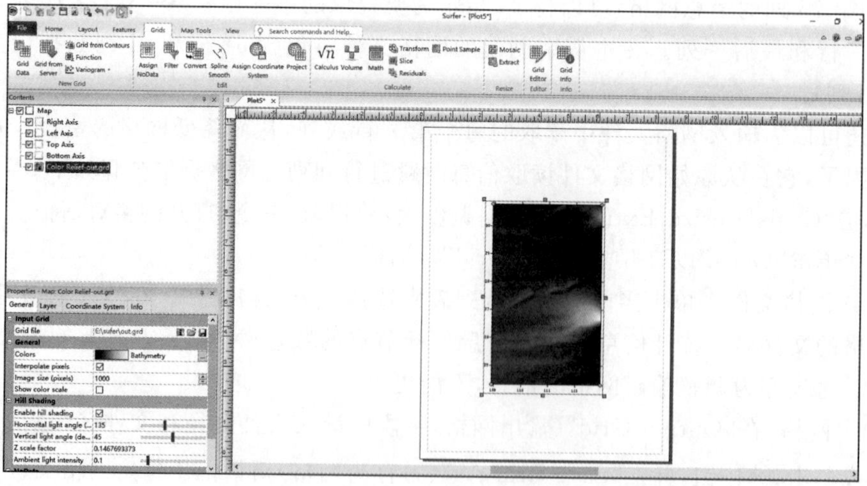

图 4-14　提取的网格结果

4.2.7　网格变换

网格变换命令包含几种选择，可以在网格文件内修改网格节点 X、Y 值，但不改变 Z 的值。变换命令是在网格文件内对网格节点值进行偏移、成比例变换、旋转、X 或 Y 镜像等操作。

如图 4-15 所示，点击“Grids | Transform”(网格 | 变换)命令，选取要进行变换操作的网格文件，显示网格变换对话框。

其中，“Operation”下拉框可选择变换操作的方法；

Scale 为以一定的倍率改变 X 或 Y 的值；

Rotate 使网格旋转 90、180 或 270°；

Mirror X 建立一个以 X 为轴的镜像网格文件，输出的网格文件使用与输入网格文件相同的 X 和 Y 范围。

Mirror Y 建立一个以 Y 为轴的镜像网格文件，输出的网格文件使用与输入网格文件相同的 X 和 Y 范围。

Offset 沿 X 或 Y 方向增加或减去的数据单位数目，可使用正的或负的数据单位。

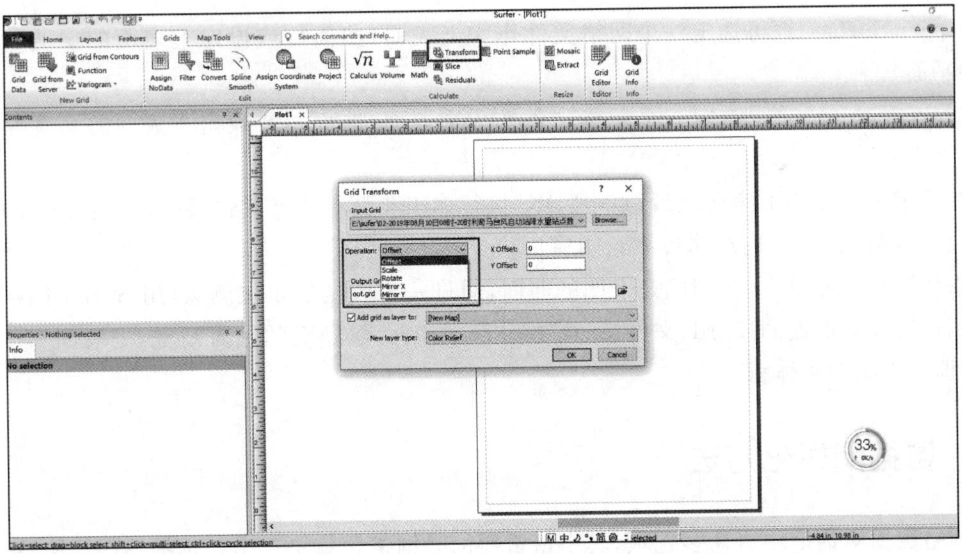

图 4-15　网格变换操作

4.2.8　体积计算

利用“Grids | Volume”(网格 | 体积)选取要进行体积计算的网格文件，显示 Grid 网格体积对话框，如图 4-16 所示。

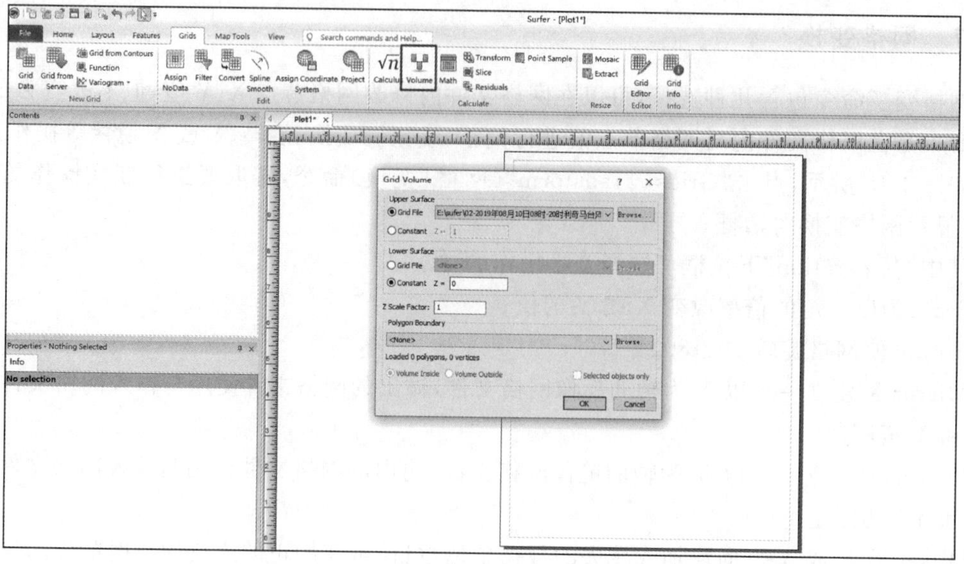

图 4-16　计算网格体积

Upper Surface 框可选定一个网格文件作为上表面(曲面);或设定上表面的 Z 为常数值(水平平面)。

Lower Surface 框可选定一个网格文件作为下表面(曲面),或设定下表面的 Z 为常数值(水平平面)。

在选定上表面和下表面之后,点击“OK”执行体积和面积计算,结果显示在编辑器窗口,可保存成 ASCII 文本文件,或拷贝到绘图窗口。

以计算湖水容量为例,湖底是下凹的曲面,通过一定数量的定位测深,用 Surfer 网格化处理得到代表湖底曲面的[.grd]文件,计算体积时,上表面取湖面的绝对高程,下表面为[.grd]曲面,即可求出湖水体积。

4.3　数据网格化方法

网格数据对话框中有众多选项,其中最重要的是网格化算法选项。选择不同算法,就会产生不同的[.grd]文件,生成的各种图形也不尽相同(白世彪等,2002)。创建网格文件时,通常采用默认的网格化方法就可以画出满意的图像。因为 Surfer 图像是由网格数据创建的,所以网格文件中不一定使用原始数据。如在等高线图中粘贴原始数据点时,有些等高线相对于原始数据可能定位“错误”。这是因为等高线的位置完全由插值的网格节点值决定,而不是直接由原始数据决定。有些方法在保存数据方面比其他方法有优势,所以在确定数据的最佳方法之前需要进行一些试验(如增加网格密度)。

网格数据对话框通过“Grid|New Grid|Grid Data”(网格|新建网格|网格数据)命令访问，网格方法(王美丁 等,2017)如下。

- 反距离加权法
- 克里金插值法
- 最小曲率法
- 改进的谢别德法
- 自然邻域法
- 最近邻法
- 多项式回归法
- 径向基函数法
- 线性插值三角剖分法
- 移动平均法
- 数据指标法
- 局部多项式法

4.3.1 反距离加权法

反距离加权法(Inverse Distance to a Power)是一种加权平均插值法，可以是精确插值法，也可以是平滑插值法。与某一网格点的距离成反比时，插值过程中对数据进行加权处理，使一个点相对于另一个点的影响随距离增大而减小。权重是通过使用一个权值来分配给数据，该权值控制着与网格节点的距离增加时，权重因子如何减少。权值越大，插值过程中远离网格节点的影响点越小。当权值增大时，网格节点值接近最近点的值。

通常，反距离加权法类似一个精确的内插器。在计算网格节点时，分配给数据点的权值为分数，所有权值之和为 1.0。当某一观测值与网格节点重合时，该观测值与网格节点的距离为 0.0，该观测值的权值为 1.0，其他所有观测值的权值均为 0.0。因此，网格节点被赋值为重合观测值。平滑参数是一种缓冲这种行为的机制。

反距离加权法的特征之一是在网格区域内的观测位置周围产生“牛眼”。可以分配一个平滑参数，通过平滑插值网格来减少“牛眼”效应。这是一种非常快速的网格化方法。如果少于 500 个点，就可以使用所有数据搜索类型，网格化可以快速进行。在网格数据对话框中，指定“Inverse Distance to a Power”(反距离加权法)作为网格化方法，点击“Advanced Options”按钮，打开反距离加权法高级选项对话框，如图 4-17 所示。

General 页面：在常规页面上设置权重参数、平滑系数和各项参数。

Power：权重参数决定了权重随距离网格节点的距离下降的速度。当权重参数趋近于 0 时，生成的曲面所有观测值的平均值趋近于水平平面。随着权重参数的增大，生成的曲面成为“最近邻”插值，生成的曲面成为多边形。多边形表示距离插值网格节点最近的观测值。权重参数一般在 1.2e−038 和 1.0e+038 之间，通常可设置为 1～3。

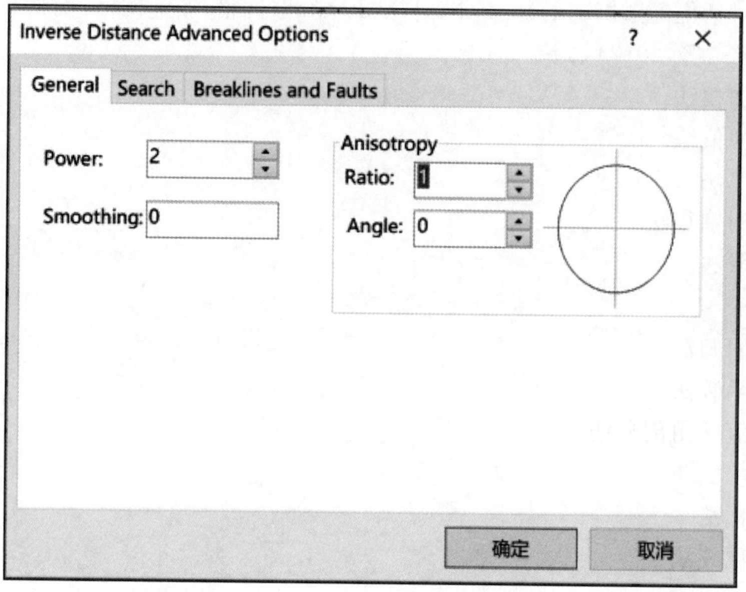

图 4-17　反距离加权法高级选项对话框

Smoothing：平滑系数越大，对相邻网格节点计算的影响越小。

反距离加权法的数学公式是：

$$\begin{cases} \hat{Z}_j = \dfrac{\sum\limits_{i=1}^{n} \dfrac{Z_i}{h_{ij}^{\beta}}}{\sum\limits_{i=1}^{n} \dfrac{1}{h_{ij}^{\beta}}} \\ h_{ij} = \sqrt{d_{ij}^2 + \delta^2} \end{cases} \tag{4-1}$$

式中，h_{ij} 为网格点 j 与相邻点 i 的有效距离，$\hat{Z}_j$ 为网格点 j 的插值结果；Z_i 表示相邻的网格点；d_{ij} 为网格点 j 与相邻点 i 的距离。

4.3.2　克里金插值法

克里金(Kriging)插值法又称空间自协方差最佳插值法，是以南非采矿工程师 D. G. Krige 的名字命名的一种最优内插法。最初是由南非金矿地质学家克里金根据南非金矿的具体情况提出的计算矿产储量的方法，按照样品与待估块段的相对空间位置和相关程度来计算块段品位及储量，并使估计误差为最小。后来，法国学者 G. 马特隆(Matheron)对克里金法进行了详细的研究，使之公式化和合理化。

克里金法的基本原理(王勇标，2012)是根据相邻变量的值(如若干样品元素含量值)，利用变差函数所揭示的区域化变量的内在联系来估计空间变量数值，尽可能地去描述原数据所隐含的趋势特征，以区域化变量理论为基础，以变差函数为主要工具，在保证研究对象的估计值满足无偏和最小方差条件的前提下求得估计值。

克里金插值法是气象学上常用的空间插值方法之一。从统计意义上说，是从变量相关和变异出发，在有限区域内对区域化变量的取值进行无偏、最优估计的一种方法；从插值角度讲是对空间分布的数据求线性最优、无偏内插估计的一种方法。克里金法的适用条件是区域化变量存在空间相关。该方法以区域化变量理论为基础，根据样本变异函数的类型选择合适的变异函数理论模型进行模拟，最后根据模拟的变异函数对待估计点进行线性估计并给出估计方差作为不确定性的度量指标。可以由以下公式计算。

$$R = \sum_{i=1}^{n} r_i R_i \tag{4-2}$$

式中，R_i 和 r_i 分别为待估点周围第 i 个站点的降水量值和权重系数，权重系数可通过对样本变异函数计算值进行模拟得到的。样本变异函数值可以通过下式来计算。

$$r(h) = \frac{1}{2N_h} \sum_{j=1}^{N_h} [R(x_j + h) - R(x_j)]^2 \tag{4-3}$$

式中，R 为降水量，x_j 为空间位置，h 为分离距离，N_h 是在$(x_j, x_j + h)$内用来计算样本变异函数值的样本点对数。变异函数的理论模型有球状模型、指数模型、高斯模型、幂函数模型和DeWijsian 模型等，选用何种模型进行变异函数的模拟由样本变异函数的计算值分布类型决定。

在网格数据对话框中，指定克里金作为网格化方法，点击“Advanced Options”按钮，打开克里金高级选项对话框，如图 4-18 所示。

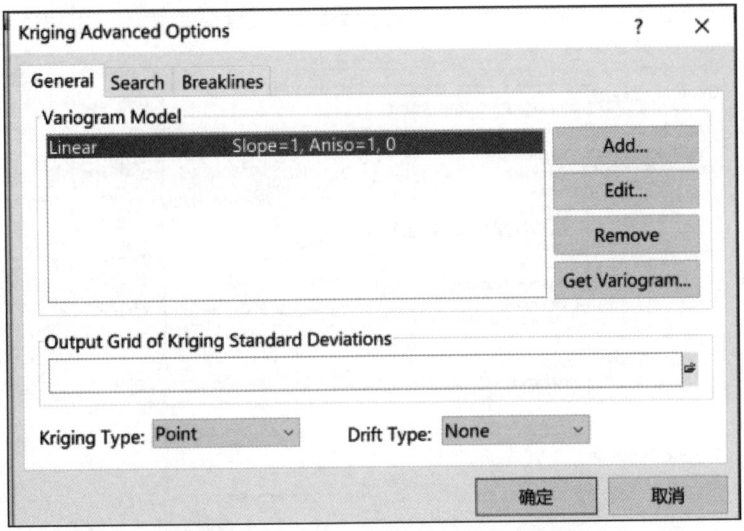

图 4-18　克里金插值法高级选项对话框

在高级选项对话框中，可以设置方差图参数、克里金标准差文件、克里金类型。

Variogram Model(函数模型)：变异函数是克里金网格化的重要组成部分，默认的线性方差图可以提供一个合理的网格化结果。Surfer 包含了一个方差图建模属性，可以自动选择合适的方差图模型。如果不了解方差图或方差图建模，可以使用默认的线性方差图。

Get Variogram(获取方差图)：如果已经使用“Grid | New Grid | variogram | New variogram”(网格|新网格|方差图|新变差函数)对数据进行建模，可以单击“Get Variogram”按钮获取方差图结果。该按钮从方差图建模子系统中提取当前的方差图模型，并将其插入克里金方差图模型。必须在当前绘图窗口中打开变量图，才能使用该选项。

Output Grid of Kriging Standard Deviations(输出克里金标准差的网格)：如果此框为空，则不创建评估标准偏差的网格。

Kriging Type(克里金类型)：从克里金类型列表框中选择“点”或“块”克里金法，块克里金法是以网格节点为中心的矩形块的平均值，这些块的大小和形状与网格单元相同，由于块克里金是对一个块的平均值进行计算，可以生成更平滑的轮廓。点克里金法是默认的方法，如果用点克里金法对中心网格节点进行插值，离中心网格节点最近的数据点在确定网格节点值时的权重最大。

Drift Type(漂移类型)：可以选择线性或二次漂移类型。

Variogram Components(方差图组件)：点击克里金高级选项对话框中的 Add 按钮，打开 Variogram Components 对话框。如果此时还没有对方差图建模，或者不理解方差图，请将方差图设置为原始的默认值(线性方差图：斜率＝1，各向异性＝1；0：没有金块效果)

The Variogram Components Dialog(变量图组件对话框)如图 4-19 所示。

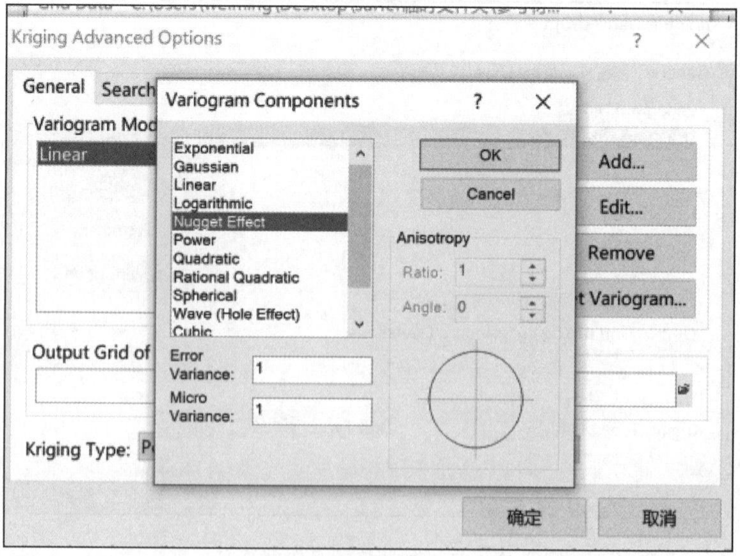

图 4-19　克里金变量图组件对话框

Variogram Model List(变差函数模型列表):可选择指数型、高斯型、线性型、对数型、块金效应型、幂型、二次型、有理二次型、球面型、波型、三次型或五次型。

常规克里金插值其内插值与原始样本的容量有关,当样本数量较少时,采用简单的常规克里金模型内插的结果图会出现明显的凹、凸现象;块克里金插值是通过修改克里金方程以估计子块 B 内的平均值来克服克里金点模型的缺点,对估算给定面积实验区的平均值或对给定网格大小的规则网格进行插值比较适用。同时,块克里金插值估算的方差结果常小于常规克里金插值,生成的插值表面较平滑,不会发生凹、凸现象。对于插值具有其他相关因子,如果进行插值的站点的多个属性,如高程、温度和降雨量,他们之间具有较强的相关。通过多种插值的方差分析比较,使用协同克里金(CoKriging)插值法效果最好。

4.3.3　最小曲率法

最小曲率法(Minimum Curvature)采用迭代的方法逐次求取网格节点数据,其插值面类似一个薄的、线性-弹性形变板,该“板”经过所有的数据点,且每个数据点具有最小曲率。

由于最小曲率法采用全区的数据进行网格化,因而比较适合于数据分布不均匀的情况。在尽可能体现原数据的同时,最小曲率法产生尽可能的光滑曲面,绘制的图件比较美观。

使用最小曲率法需要用最大偏差参数和最大循环次数参数来控制最小曲率的收敛标准,且要求至少有 4 个点。

该方法速度快,适合于大量(1000 个以上)数据的网格化,由于其主要考虑曲面的光滑性,不能达到精确的插值结果,容易超出最大值和最小值的范畴。

在网格数据对话框中,指定最小曲率法作为网格化方法,点击“Advanced Options”按钮,打开最小曲率高级选项对话框,如图 4-20 所示。

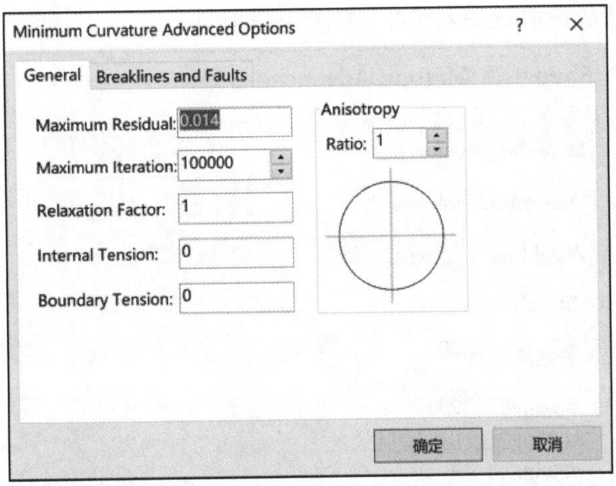

图 4-20　最小曲率法高级选项对话框

General(常规):可以在此选项设置最小曲率一些参数。

Maximum Residnal(最大残余):最大残余的单位与数据相同,适当的值约为数据精度的10%。如果将数据值测量到最接近 1.0 的单位,则应将最大残余设置为 0.1。迭代继续进行,直到整个迭代的最大网格节点校正小于最大残余。默认的最大残余为 $0.001\times(Z_{max}-Z_{min})$。

Maximum Iteration(最大迭代):应该设置为网格文件中生成的网格节点数量的 1~2 倍。例如,当使用最小曲率生成一个 50×50 的网格时,最大迭代值应该设置在 2500~5000。

Relaxation Factor(松弛因子):一般来说,松弛因子不应改变,默认值(1.0)是合适的泛型值。简单地说,松弛因子越高(接近于 2),最小曲率法收敛得越快,但也更容易完全不收敛。松弛因子越低(接近于 0),可能最小曲率算法会收敛,但速度慢些,经过反复试验,得出最佳松弛因子。

Internal/Boundary Tension(内部/边界张力):定性地说,最小曲率网格算法可以通过所有的数据拟合一张薄片,而不在表面上留下任何折痕或扭结,内部张力就是用来控制数量的,张力越高,弯曲越少。边界张力控制着弯曲的数量,默认情况下内部张力和边界张力设置为 0。

4.3.4 改进的谢别德法

改进的谢别德法(Modified Shepard's Method)使用了反距离加权最小二乘法。因此,它类似于反距离加权法,但使用局部最小二乘消除或减少生成轮廓的“牛眼”问题。改进的谢别德法可以是精确插值法,也可以是平滑插值法。

Surfer 算法实现了 Franke 和 Nielson 修改的二次 Shepard 算法,如 Renka 等(1988)所述,采用全扇区搜索的方法。

在网格数据对话框中,指定改进的谢别德法作为网格化方法,点击“Advanced Options”按钮,打开改进的谢别德法高级选项对话框,如图 4-21 所示。

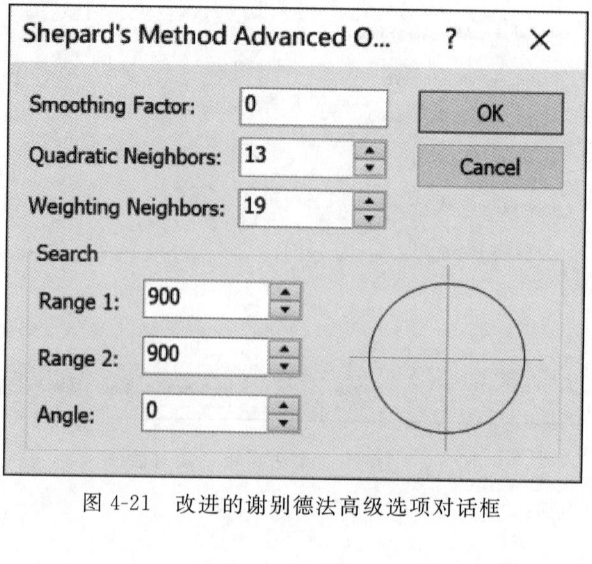

图 4-21 改进的谢别德法高级选项对话框

Smoothing Factor(平滑系数):一般设置为 0～1,增加平滑系数,会加大平滑效果。

Quadratic Neighbors(二次邻域):改进的谢别德法首先计算每个观测值周围二次曲面的局部最小二乘拟合。二次邻域参数通过指定本地相邻观测值的数量来指定本地邻域的大小。本地邻域是一个半径足够大的圆,正好包括这么多相邻观测值。

Weighting Neighbors(加权邻域):插值数是使用先前计算的与邻近观测值相关的二次拟合的距离加权平均值生成的。加权邻域参数通过指定本地邻居的数量来指定本地邻居的大小。

4.3.5 自然邻域法

自然邻域法(Natural Neighbor)通过对相邻数据点按比例区域进行加权来插值网格值。例如,存在一组多边形,如果向数据集中添加一个新的点(目标),这些多边形将被修改。事实上,有些多边形会缩小,而没有一个会增大。与目标的多边形相关的区域是从一个现有的多边形中获取的,称为“借来的区域”。自然邻域算法使用邻近观测值的加权平均值,其中的权重与“借来的面积”成比例。

在网格数据对话框中,指定自然邻域法作为网格化方法,点击“Advanced Options”按钮,打开自然邻域法高级选项对话框,如图 4-22 所示。

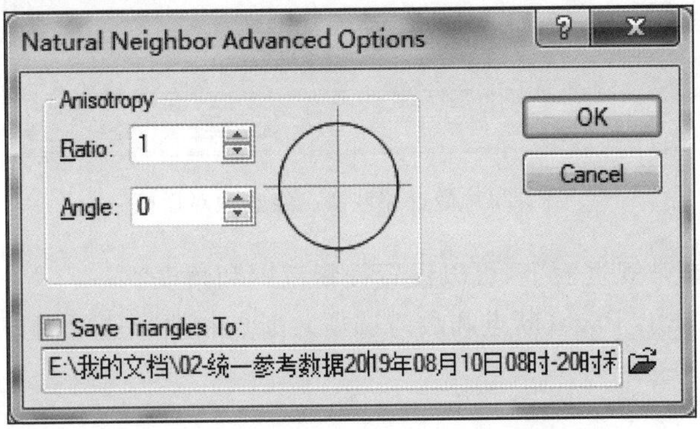

图 4-22　自然邻域法高级选项对话框

Anisotropy(各向异性):设置各向异性。

Ratio(比率):比率是最大范围与最小范围的比值,默认为 1.0。

Angle(角度):角度是主轴的方向,以度为单位,0°表示东西方向,90°表示南北方向,角度旋转为逆时针方向。

Save Triangles(保存图形):设置保存位置、文件名和另存为的类型,导出格式包括:[.BLN],[.BNA],[.EMF],[.GSB],[.MIF],[.pdf]和[.wmf]。单击 Save 按钮返回到“Natural Neighbor Advanced Options”对话框。

4.3.6 最近邻域法

最近邻域法(Nearest Neighbor)将最近点的值分配给每个网格节点。这种方法对均匀分布的数据,生成一个网格文件很有用。另一种方法是,当数据几乎位于一个网格中,只有很少的缺失值时,这种方法可以有效地填补数据中的缺失。

当使用最近邻域法将等间隔的 XYZ 数据转换为网格文件时,可以将网格间距设置为文件中数据点之间的间距。

在网格数据对话框中,指定最近邻域法作为网格化方法,点击“Advanced Options”按钮,打开最近邻域法高级选项对话框如图 4-23 所示。

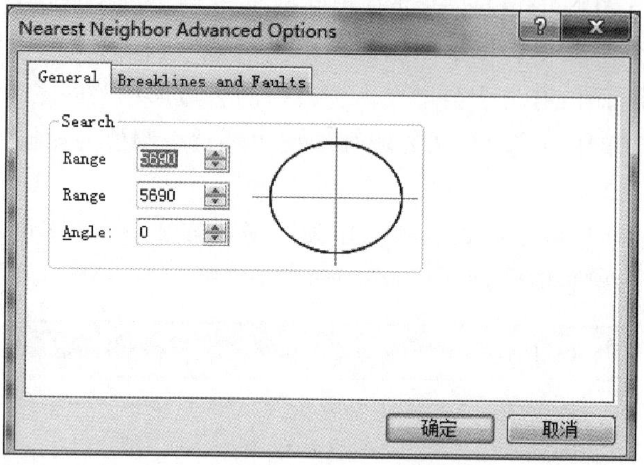

图 4-23 最近邻域法高级选项对话框

General(常规):在常规页面上,可以设置搜索范围和角度。

Breaklines and Faults Page(断点和故障选项):断点和故障选项用于向网格化过程添加断点和故障点。

4.3.7 多项式回归法

多项式回归法(Polynomial Regression)用于定义数据中的大规模趋势和模式。多项式回归并不是一个真正的内插模型,因为它不预测未知 Z 值。有几个选项可以用来定义趋势面类型。如果想要一个用于计算曲面的系数的报告,可以选中“Grid Data”对话框中的“Grid Report”复选框。

在网格数据对话框中指定多项式回归法作为网格化方法,点击“Advanced Options”按钮,打开多项式回归法高级选项对话框,如图 4-24 所示。

Surface Definition(曲面定义):可以在表面定义组中选择要应用到数据的多项式回归的类型,当选择不同类型时,对话框中会显示出该方程的一般多项式形式,参数组中的值也会随

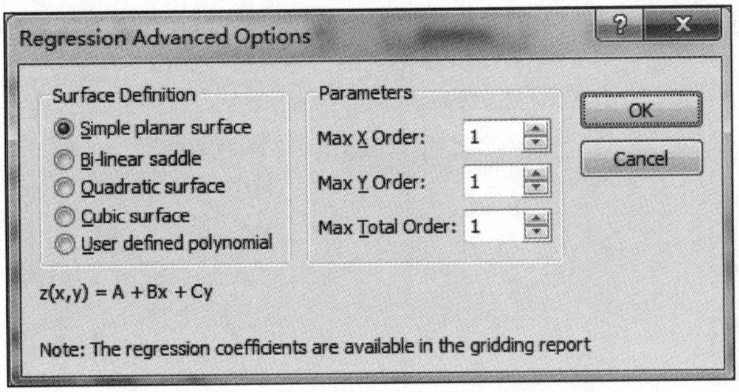

图 4-24 多项式回归法高级选项对话框

之改变。可以选择的包括：

- 简单平面
- 双线性
- 二次曲面
- 三次曲面
- 用户定义多项式

Parameters(参数)：参数组允许指定多项式方程中 X 和 Y 分量的最大幂。当更改参数值时，将更改 Surface 定义组中的选项。

- Max X 阶指定多项式方程中 X 分量的最大功率。
- Max Y 阶指定多项式方程中 Y 分量的最大功率。

Max Total Order 指定了 Max X Order 和 Max Y Order 的最大和。只要两项的和不超过最大的总阶值，所有 X 和 Y 分量的组合都包含在多项式方程中。

4.3.8 径向基函数法

径向基函数插值(Radial Basis Function)是一种多样化的数据插值方法，数据拟合和产生光滑表面的能力被认为是最好的。所有的径向基函数方法都是精确的内插器。可以在所有方法中引入一个成形因子，以生成更平滑的表面。不管 R^2 的值是多少，径向基函数都是一个精确的插值函数。

在网格数据对话框中指定径向基函数法作为网格化方法，点击“Advanced Options”按钮，打开径向基函数法高级选项对话框，如图 4-25 所示。

General(常规)：常规页面设置各项基函数、R^2 参数等选项。

Basis Function(基函数)：从基函数列表中设置函数类型。基核函数类似于克里格法中的变差函数。基核函数定义了插值网格节点时应用于数据点的最优权值集。在径向基函数选项对话框的基函数列表中列出了可用的基核函数。

R^2 Parameter(径向基 R^2 参数)：径向基函数网格化算法中 R^2 =(数据范围对角线长度)^2/

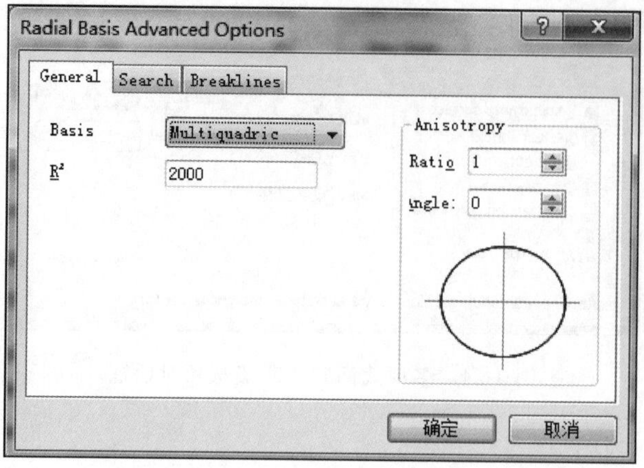

图 4-25　径向基函数法高级选项对话框

(25×数据点个数)。

Breaklines Page(断点页):Breaklines 页面用于向网格化过程添加断点。

4.3.9　线性插值三角剖分法

线性插值三角剖分法(Triangulation with Liner Interpolation)采用最优三角剖分,该算法通过在数据点之间画线来创建三角形。原始点的连接方式是没有三角形的边与其他三角形相交,结果是网格范围内三角形面的拼接。这个方法是一个精确的插值器。每个三角形在三角形内的网格节点上定义一个平面,三角形的倾斜和仰角由定义三角形的三个原始数据点确定。当数据均匀地分布在网格区域时,使用该方法效果最好。

在网格数据对话框中指定线性插值三角剖分法作为网格化方法,点击"Advanced Options"按钮,打开线性插值三角剖分法高级选项对话框,如图 4-26 所示。

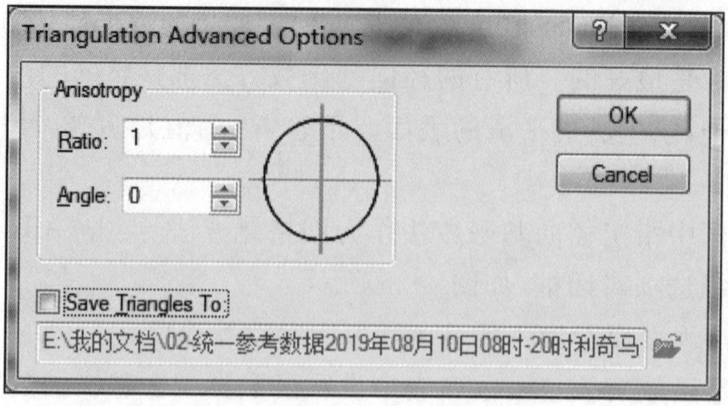

图 4-26　线性插值三角剖分法高级选项对话框

Anisotropy(各向异性):设置各向异性。

Ratio(比率):比率是最大范围与最小范围的比值,默认为 1.0。

Angle(角度):角度是主轴的方向,以度为单位,0°表示东西方向,90°表示南北方向,角度旋转为逆时针方向。

Save Triangles(保存图形):设置保存位置、文件名、和另存为的类型,导出格式包括:[.BLN],[.BNA],[.EMF],[.GSB],[.MIF],[.pdf]和[.wmf]。单击 Save 按钮返回到"Triangulation Advanced Options"对话框。

4.3.10 移动平均法

移动平均法(Moving Average)通过对网格节点的搜索椭圆内的数据进行平均来为网格节点赋值。它可以合并断点数据,但不推荐使用此方法生成地图。

在网格数据对话框中指定移动平均法作为网格化方法,点击"Advanced Options"按钮,打开移动平均法高级选项对话框,如图 4-27 所示。

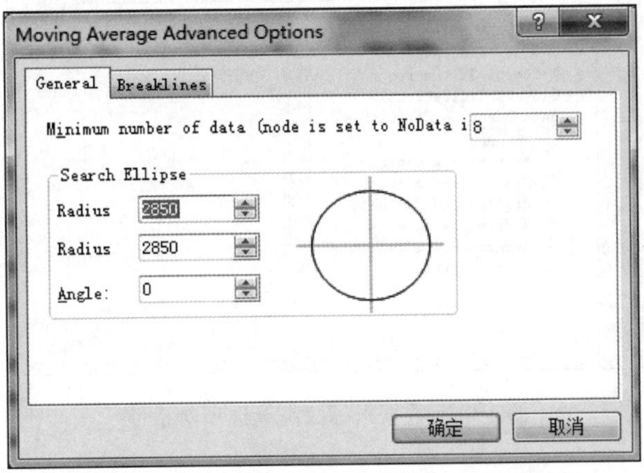

图 4-27　移动平均法高级选项对话框

General(常规):设置数据选项的最小数据量。

Minimum Number of Data(数据的最小数量):数据的最小数量(如果节点更少,则设置为 NoData)在插入网格节点时设置指定的点数量。如果没有找到最小点数,则将 NoData 值分配给网格节点。

Search Ellipse(搜索椭圆):若要使用移动平均线,可以定义一个搜索椭圆并指定要使用的最小数据量。对于每个网格节点,通过将搜索椭圆置于节点中心来识别相邻数据。将输出的网格节点值设置为识别的邻近数据的算术平均值。如果相邻区域内的数据少于指定的最小数量,则为网格节点分配 NoData 值。

Breaklines Page(断点页):用于向网格化过程添加断点。

4.3.11　数据指标法

数据指标网格化方法(Data Metrics)在节点的基础上创建关于数据的信息网格。数据指标网格化方法通常不是 Z 值的加权平均插值器。例如,可以获得以下信息。

1. 用于插入每个网格节点的数据点的数量。

2. 每个网格节点上数据的标准差、方差、变异系数和中位数绝对偏差,这些是统计分析的重要信息。

3. 到最近数据点的距离。

在网格数据对话框中指定数据指标法作为网格化方法,点击“Advanced Options”按钮,打开数据指标法高级选项对话框,如图 4-28 所示。

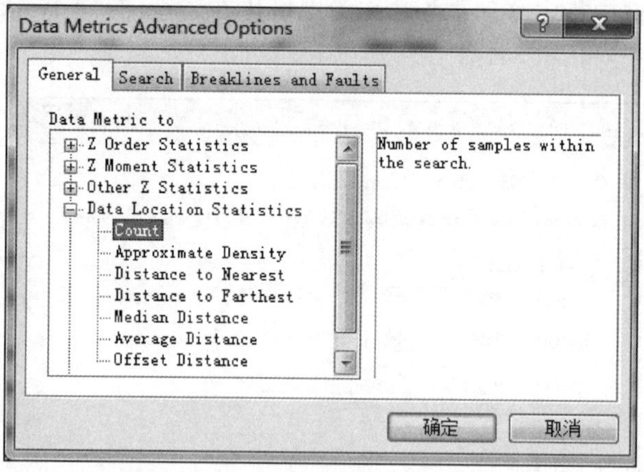

图 4-28　数据指标法高级选项对话框

数据指标法使用包含断点的本地数据集来定义数据的特定网格节点。本地数据集由搜索参数定义。计算网格节点的值(r,c)、本地数据集合 $S(r,c)$由数据内指定的搜索参数定义,当前网格节点(r,c)处选择的数据集可以表示为$S(r,c)$,其中

$$S(r,c) = \{(x_1,y_1,z_1),(x_2,y_2,z_2),\cdots,(x_n,y_n,z_n)\} \tag{4-4}$$

式中,n=本地数据集中的数据点个数,$Z(r,c)$位置是指网格中的一个特定节点。

数据指标描述数据包括:Z 阶统计、Z 阶矩统计、Z 阶其他统计、Z 阶位置统计、Z 阶地形统计。

4.3.12　局部多项式法

局部多项式网格化方法(Local Polynomial)利用加权最小二乘拟合网格节点搜索椭圆内的数据,对网格节点赋值。

在网格数据对话框中指定局部多项式法作为网格化方法,点击“Advanced Options”按钮,

打开局部多项式法高级选项对话框，如图 4-29 所示。

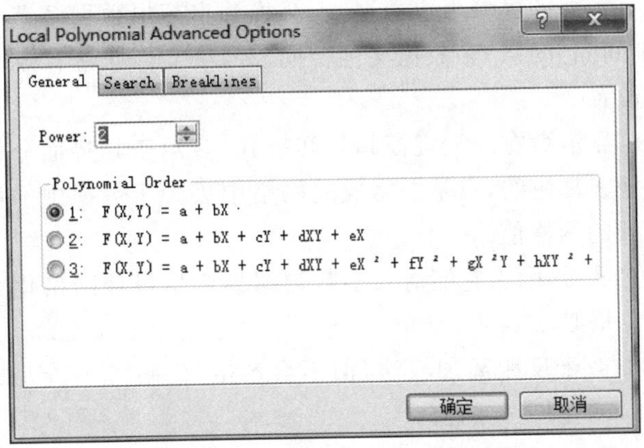

图 4-29　局部多项式法高级选项对话框

General(常规)：在常规页面上，将幂次设置为 0～20 的一个数字，然后选择一个多项式 1、2 或 3。

Power(幂次)：将幂次设置为 0～20 的数字。该参数用于为加权最小二乘函数分配权值，使得距离网格节点较近的数据对网格节点值的影响比距离较远的数据更大，类似反距离加权法的权值参数。

Polynomial Order(多项式)：选择一个多项式 1、2 或 3。

1：$F(X,Y)=a+bX+cY$

2：$F(X,Y)=a+bX+cY+dXY+eX^2+fX^2$

3：$F(X,Y)=a+bX+cY+dXY+eX^2+fX^2+gX^2Y+hXY^2+iX^3+iY^3$

Breaklines Page(断点页)：用于向网格化过程添加断点。

4.4　网格化方法选取

有些网格化方法，如自然邻域法，默认不会在数据之外生成网格节点值。如需设置不生成数据外的网格节点值，可以在 Assign NoData outside convex hull of data 中设置数据边界之外的任何网格节点都会自动分配 NoData 值(曹创华，2010)。

反距离加权法网格化速度很快，但会在数据点周围产生同心轮廓的"牛眼"形状。

克里金法是一种比较灵活的方法，对于几乎任何类型的数据集都很有用。对于大多数数据集，使用克里金默认的线性方差插值是非常有效的。但对于较大的数据集，克里金可能速度非常慢，因为它可以推算出数据 Z 范围之外的网格值。

最小曲率法可以生成光滑的曲面，对于大多数数据集来说速度很快，但它可以在没有数据的区域创建高强度的伪影。最小曲率法也可以推算出数据 Z 范围之外的值。

自然邻域法可以在包含某些区域的密集数据和其他区域的稀疏数据的数据集中生成良好的轮廓。它不会在没有数据的区域生成数据，不会推算出超出数据 Z 范围外的值。对于有规则间隔(或几乎有规则间隔)的 XYZ 数据文件转换为网格文件非常有效，可以将 NoData 值分配给那些没有数据的位置。

多项式回归法可以显示潜在的大规模趋势和模式，多用于趋势面分析。多项式回归法对于任何数量的数据都是非常快的，只是在生成的网格中丢失了数据中的局部细节。此方法可以推断数据 Z 范围之外的网格值。

径向基函数法非常灵活，因为它能对大多数数据集产生最佳网格化方案。这种方法产生的结果与克里金法非常相似。

改进的谢别德法类似于反距离加权法，但不会产生"牛眼"形状，尤其是在使用平滑因子时，它可以推算出数据 Z 范围之外的值。

线性插值法进行三角剖分速度很快。当你使用小数据集时，使用线性插值的三角剖分会在数据点之间生成不同的三角形面。用线性插值法进行三角剖分时 Z 值不能超出数据范围。

移动平均法最适用于大数据集和非常大的数据集(例如大于 1,000 个观测值)。移动平均线从大的、有噪声的数据集中提取中等规模的趋势和变化，即使对于非常大的数据集，它的速度也很快。这种网格划分方法是一种合理的替代最近邻域法的方法，用于从大的、有规则间隔的数据集生成网格。局部多项式法最适用于局部光滑的数据集(即搜索邻域内相对光滑的曲面)。该方法的计算速度不受数据集大小的影响(杜世逊，2011)。

选取自动站降水量站点数据，包含约 3540 行站点数据，对比 9 种网格化方法产生的等值线图，如图 4-30 至图 4-38 所示。

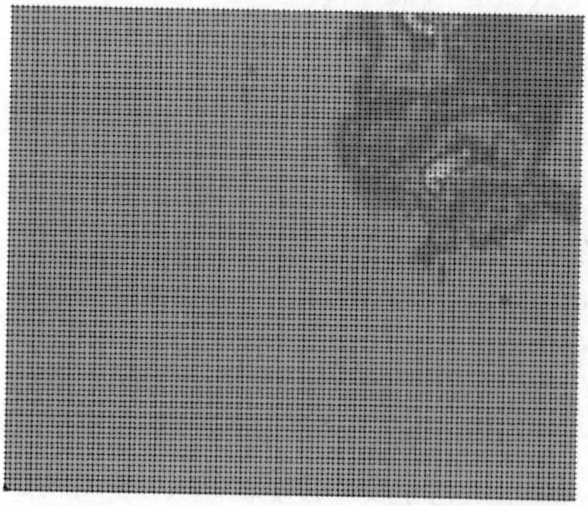

图 4-30　反距离加权法

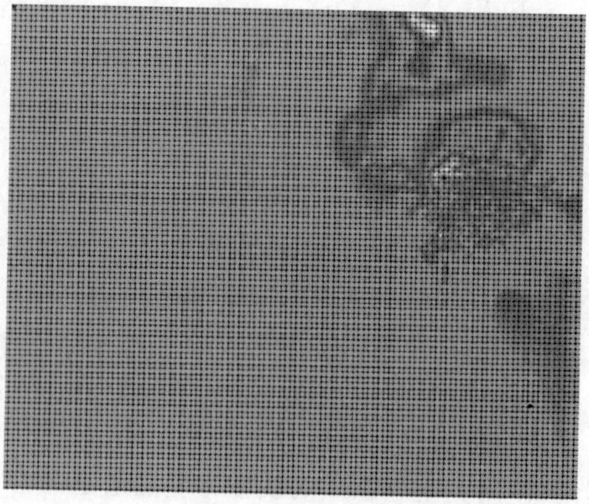

图 4-31　克里金法

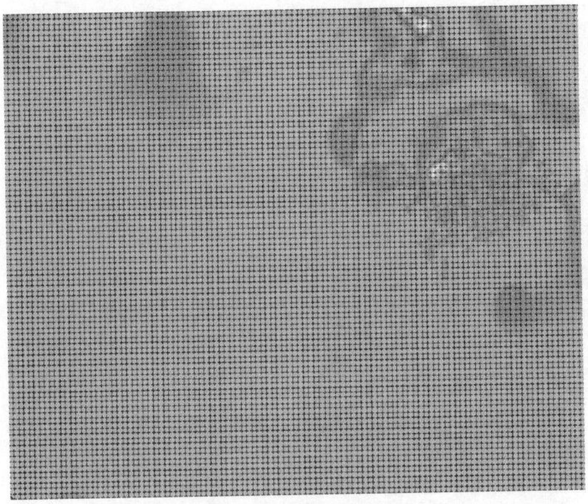

图 4-32　最小曲率法

图 4-33　自然邻域法

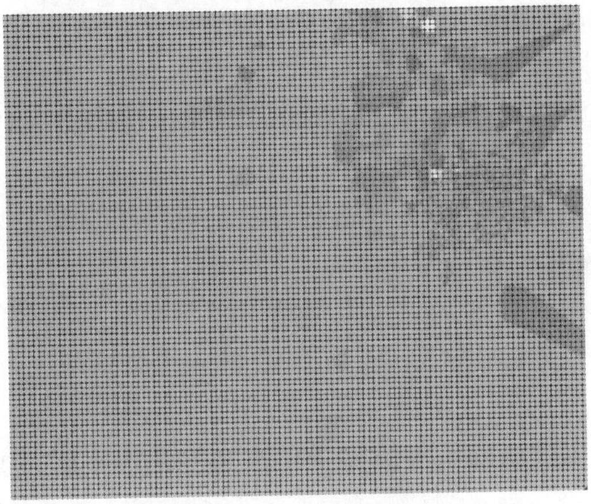

图 4-34　最近邻域法

图 4-35　径向基函数法

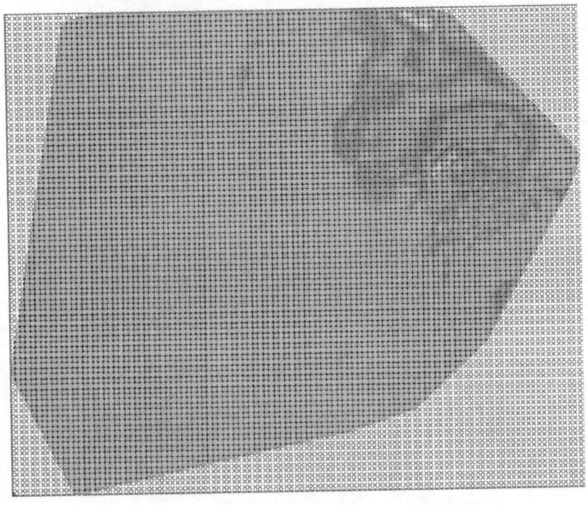

图 4-36　线性插值三角剖分法

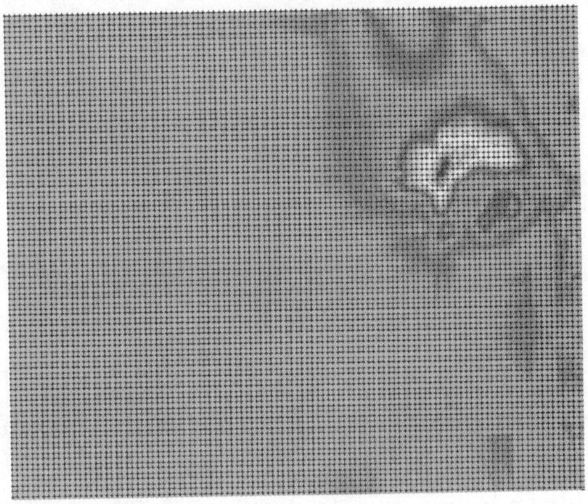

图 4-37　局部多项式法

图 4-38　多项式回归法

由图 4-30 至图 4-38 所示，使用克里金法、最小曲率法、自然邻域法和径向基函数法产生的等值线较为光滑，反距离加权法产生了“牛眼”现象，最近邻法显示为“块状”，因为本地数据集不是等间隔的，所以这种方法不合适；局部多项式法平滑了数据集的局部变化；多项式回归法显示了曲面的趋势，表示为一个倾斜的平面。

在选择网格化方法时，应该考虑输入数据集的大小。有些网格化方法比其他方法更适合小数据集，至少需要三个 X、Y 和 Z 点来执行网格化过程。

对于输入数据集，十个或更少的点不能够体现总体趋势。线性插值三角剖分法绘图效果不佳，克里金法和径向基函数法的绘图效果最好。在这种情况下，如果只想描述数据趋势，可以使用多项式回归法，网格化速度非常快。

对于小数据集(＜250 个观测值)，使用克里金默认的线性方差插值法或径向基函数多重二次函数插值法绘图效果较好。

对于中等规模的数据集(250～1000 个观测值)，线性插值三角剖分法速度较快，且绘图效果较好，虽然克里金和径向基函数法速度较慢，但绘图效果也较好。

对于大数据集(＞1000 个观测值)，使用最小曲率法和线性插值三角剖分法速度非常快，且绘图效果很好，克里金和径向基函数插值法虽然绘图效果最好，但速度都非常慢。

4.5　网格化示例

降水网格化是气象业务工作里的一项常规工作，此处我们将绘制降水量等值线图，为此首先需要有地面自动气象站的站点降水数据，可以是小时降水量，也可以是累计降水量。其次是需要有适合业务工作需要的地图底图边界.bln 文件，现在假设要绘制浙江省的某个时段的地面自动气象站累计降水量等值线图，且地图底图的边界文件是包含了浙江省的近海区域，其文件分别命名为“RainData.csv”和“zj_sea.bln”。

4.5.1　降水站点数据内容

要绘制一张等值线图，至少需要 3 列数据，即所谓 XYZ 数据，其中 X、Y 是经纬度，Z 是该经纬度点上的某个要素的值，例如此场景里为降水量。XYZ 三个数据的先后次序其实没有关系，但常常按经度、纬度、要素值这样的顺序排列以符合人们的使用习惯。在实际工作中，绘制了等值线图后，也往往要在图上标注一些必要的信息，例如站名或站号，以方便判断最大降水出现在何地等类似分析决策需要，因此，数据文件里可以增加一些列，例如此处增加一列站号，按站号、经度、纬度、降水量的次序排列。数据文件格式可以是. txt、. dat 或. csv 等，只要按自己预定义的顺序排列，一行一个站点信息保存即可。例如我们的例子中，以“File|Open”(文件|打开)加载“RainData. csv”数据文件，Surfer 会以表格形式展示数据文件，首行是列名。

4.5.2　降水站点数据网格化

站点降水数据是离散数据，必须按某种插值算法进行网格化，生成格点文件，在格点文件的基础上进行等值线绘制。可按以下步骤在 Surfer 里进行网格化。

首先“Grids|Grid Data”(网格|网格数据)加载“RainData. csv”数据文件，Surfer 会弹出网格化参数设置窗体，可在该窗体上设置插值方法、输出网格分辨率、调整数据列等属性，如图 4-39 所示。

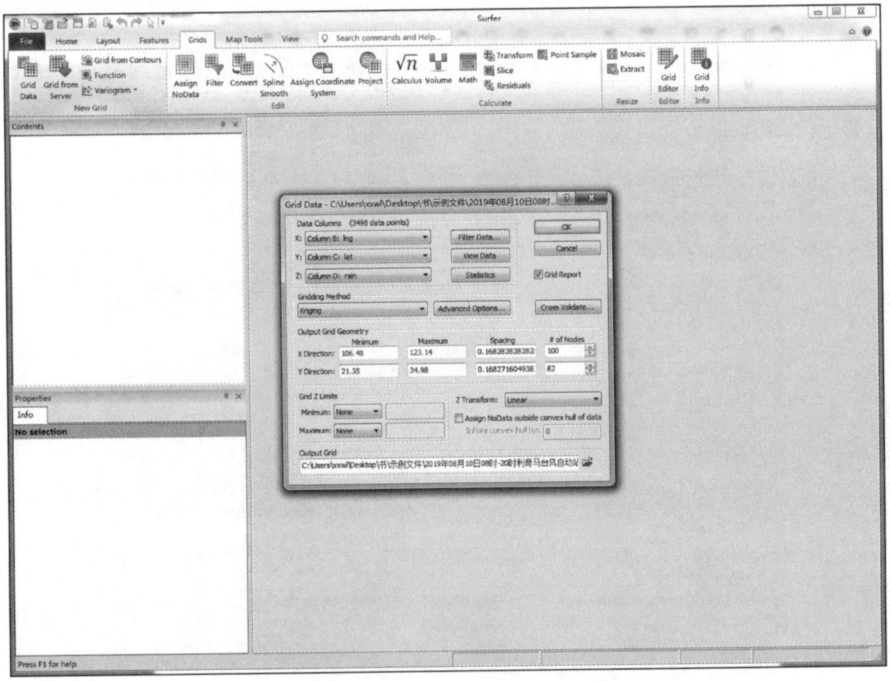

图 4-39　加载降水量站点数据文件

“Data Columns”(数据列)可调整经纬度、要素值所在的列，或过滤要素值，或统计下数据信息。按实际数据文件设置即可。

“Gridding Method”(插值方法)可设置数据插值方法，Surfer 已经内置了加权反距离法、克里金法、最小曲率法、最近邻点法等十多种常用插值算法，实际选择哪种插值方法要根据气象要素自身特征及业务需要来确定，此处选择气象上常用的克里金插值法(Kriging)。

“Output Grid Geometry”(输出网格几何范围)可设置输出的 X、Y 方向的起止经、纬度范围与网格数，起止经、纬度范围可参考底图边界文件 zj_sea. bln，设置成与其 Limits 范围相同值。网格数越大插值越密，但也不是越密越好，而要根据实际站点数据分布情况及业务需要来确定，例如这个例子中有三千多个自动气象站降水数据，数据分布较为稠密，因此可选 0.01°的经纬度分辨率，即 X 方向上有(123.23－117.95)/0.01＋1＝529 个格点，Y 方向上有(31.25－26.96)/0.01＋1＝430 个格点。

“Grid Z Limits”(网格 Z 范围)可对插值后网格点值进行修改，在执行某个插值算法后，在某些网格点会插出无效值，这时可对这些无效网格点值进行修改操作，例如降水站点数据进行插值后某些网格点会出现负值，这显然是没有意义的，因此可以把 Minimum 参数设置为 Data min 类型，即选用数据文件要素值的最小值，此处为 0 mm 降水量，这样 Surfer 在完成网格点插值后将会对所有网格点进行扫描，凡小于 0 的网格值都会替换成 0。

上述参数设置完成后如图 4-40 所示，点击“OK”开始进行网格化，并生成“RainData. grd”网格文件。

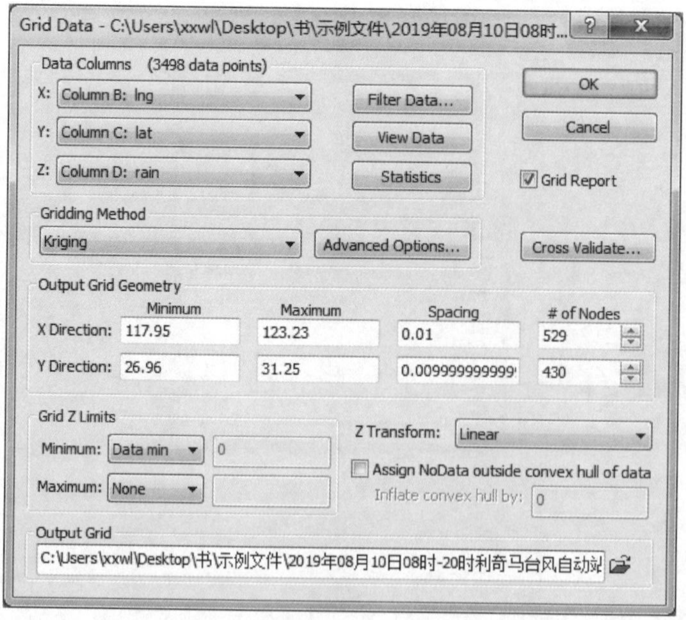

图 4-40　网格化降水量站点数据

4.6　小结

本章重点介绍了 Surfer 数据网格化操作、网格化方法，包括反距离加权、克里金、最小曲率、自然邻域、最近邻、径向基函数等 12 种常用插值算法，并结合实例将常用网格化方法的选取方法、适用范围及参数设置等使用技巧做了简单介绍。在针对实际气象数据网格化时，需要根据客观环境特征和数据本身的特点选择合适的网格化方法，进行相应的数据分析，科学、合理地选择正确有效的插值方法，才能绘制出准确、有意义的等值线图。

第 5 章　Surfer 气象等值线绘制

学习目标

气象等值线绘制在气象业务中是重要的分析手段之一。本章从基本概念、Surfer 的等值线创建、编辑、基础底图、高级操作、保存导出等值线进行介绍。通过本章节的介绍，旨在帮助读者对 Surfer 软件制作等值线有一个初步的认识，在日常业务或科研工作中，能够绘制气温、气压、降水量等各类气象要素等值线，并将其有效叠加至地图上。

本章重点

- 了解等值线绘制常用概念
- 掌握创建气象等值线方法
- 掌握编辑气象等值线方法
- 理解气象等值线底图方法
- 掌握气象等值线白化方法
- 熟悉气象等值线辅助操作
- 了解气象等值线保存导出

5.1　基本概念

5.1.1　气象等值线

气象等值线是对某一气象要素的指标值相等的各点连成的平滑曲线，在地图上标出的表示制图对象数量的点，采用内插法找出各整数点绘制而成。气象等值线地图的绘制则通常是在地理底图上标出制图对象的相对点位（测站）的数值，然后把数值相等的点连成平滑曲线，勾画出制图对象的空间结构特征。常见的等值线有等温线、等压线、等高线、等势线等。

气象等值线地图还常辅以分层设色，以提高地图的直观效果。如降水等值线图以不同的颜色表示降水量，突出降水量地区的对比及其间的渐变关系，更形象地表现降水的区域变化(图 5-1)。

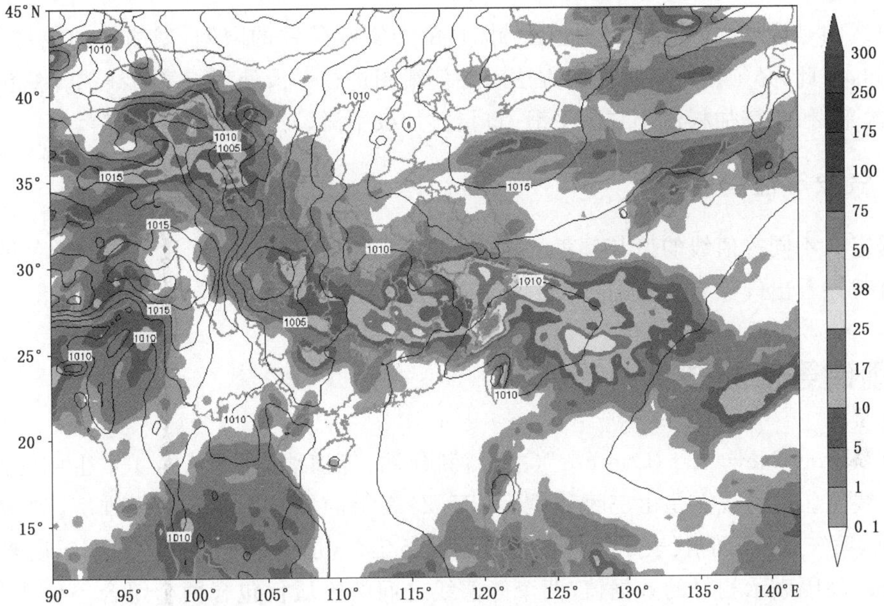

图 5-1　降水与海平面气压等值线图

如图 5-1 所示，海平面气压等压线分布的不同形势，表示气压分布的不同特点。等压线平直还是弯曲，表示气压分布简单还是复杂；等压线的排列方向，表示气压分布的方向。等压线呈东西向，表示气压沿纬向分布；呈南北向，表示气压沿经向分布；等压线闭合，表示气压分布出现高、低压中心；等压线疏密，表示水平方向上气压差异的程度。

5.1.2　等值线应用

等值线图在很多方面有各种应用。可以将任意的数据作为一系列等值线 Z 值。如果对应 X 和 Y 值有多个 Z 值，就可以创建多个等值线图。例如，可以创建一个 X、Y 平面，而 Z 为高度值的显示研究区域的地形等高线图。然后，可以创建一个 X、Y 平面，而 Z 为浓度值的等值线图，并将它显示在研究领域。Z 值可以是温度、浓度、频率、气压、降水、向量等任何其他含义的数。

5.1.3　等值线追踪

等值线可以分为非封闭等值线和封闭等值线，等值线的追踪先从网格边界或者网格内部上一等值点出发，求得下一等值点，然后以此点出发搜索下一等值点(主要是求出坐标)，一直这样下去，若遇到网格边界或者又回到起点(封闭等值线)，则说明已经找到了一条等值上点所在的位置，也就是找到了等值线。

5.1.4　气象等值线平滑

等值线图是依据空间有限观测值绘制的，由于实际条件的限制，观测值的数量不可能很多、很均匀，因此，必须选用某种插值方法对等值线图进行平滑处理。等值线的算法包括：线性平滑、二次平滑、距离加权最小二乘平滑、负指数加权平滑、双三次样条平滑等。

5.1.5　气象等值线填色

根据定义不同等值线的值与颜色的对应关系，不同的等值线之间用不同的颜色进行填充，可以更直观地看出气象要素值的分布情况。

5.2　创建等值线图

通过“Home|New Map|Contour”（主页|新建图|等值线）命令从第 4 章生成的网格文件创建等值线图。等值线图是由三维数据（X，Y，Z）表示的二维图。前两个维度（列）数据是 X 和 Y 坐标，第三维度（列）代表了相同值连成的线条集合，也就是等值线。对于温度来说，相邻两等值线的间隔表示相对的数据值，两个等值线之间的区域仅包含两个闭合等值线范围内的网格点 Z 值。等值线间距定义了两条等值线的差。接下来通过示例详细介绍创建等值线图的具体步骤。

1. 通过“File|New|Plot Document”（文件|新建|布局文档）命令，创建新的布局文档（图 5-2）。

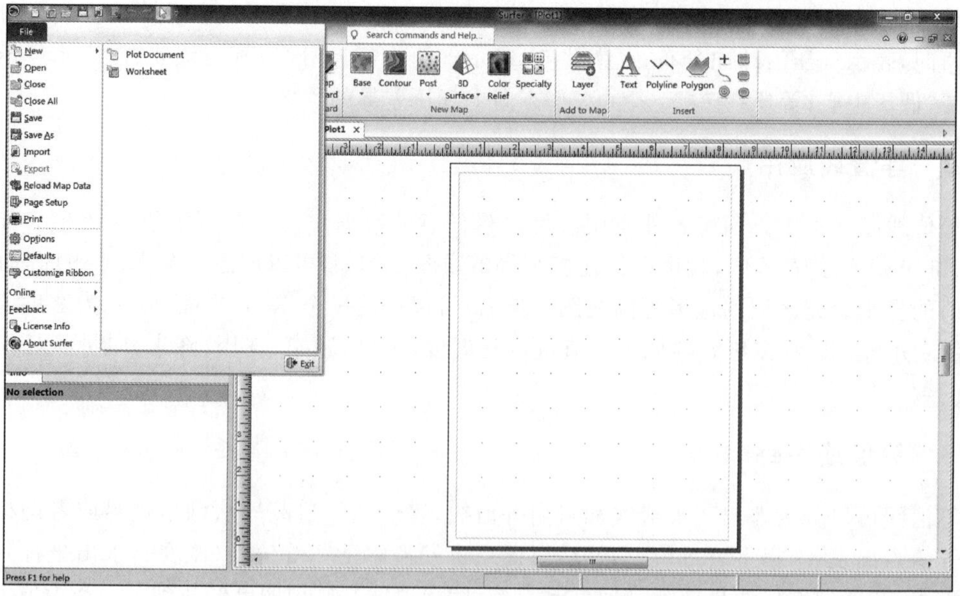

图 5-2　新建布局文档界面

2. 点击“Home|New Map|Contour”（主页|新建图|等值线）命令图标按钮。

3. 在“Open Grid”（打开网格）对话框中选择按照“4.2.1 创建网格文件”节的方法，创建的网格数据文件(RainData.grd)，单击“打开”。

到此初步的等值图已经绘制好了（图 5-3），但是，在实际的应用中，还需要编辑和调整，5.3 节将深入介绍等值线的编辑和美化，以满足气象业务应用的要求。

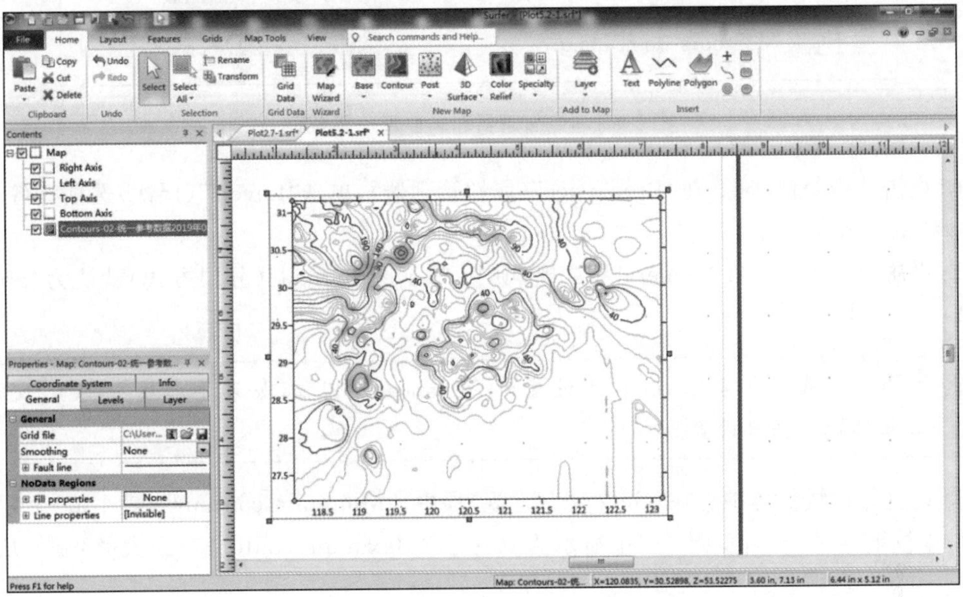

图 5-3　加载网格数据后的默认绘制界面

小提示：可以滚动鼠标滚轮来缩放等值线图，通过滚动条移动查看等值线图。也可以通过点击菜单“View”（视图）命令里的按钮，进行等值线图的查看操作。

5.3　编辑等值线图

为了改变等值线图的特征，单击窗口左边“Contents”（对象管理器）或在 Plot 窗口中，选择等值线图时，在“Properties”（属性管理器）中显示等值线的属性，如图 5-4 所示。

5.3.1　等值线层次

默认的等值线层次和色标并不适合我们的需求，需要更改等值线层次，下面介绍一下等值线层次的修改步骤。

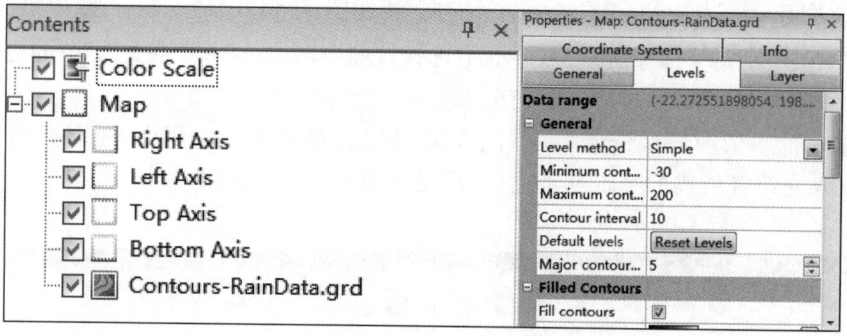

图 5-4　对象管理器和属性管理器界面

1. 点击选中等值线图，在“Properties”(属性管理器)，单击“Levels”(层次)选项标签，显示该等值线的层次属性。

2. 设置分层方式。在“General”(常规)项中，“Level method”(分层方式)默认为“Simple”(简单)。

小提示：有些设置要求将 Level 方法设置为 Advanced。例如，如果要加载[.LVL]文件，必须使用高级设置。

3. 设置等值线值范围。在“General”(常规)项中，“Minimum contour”(最小值)显示从网格文件中读取的 Z 最小值，图 5-5 中显示为 0.01。“Maximum contour”(最大值)显示从网格

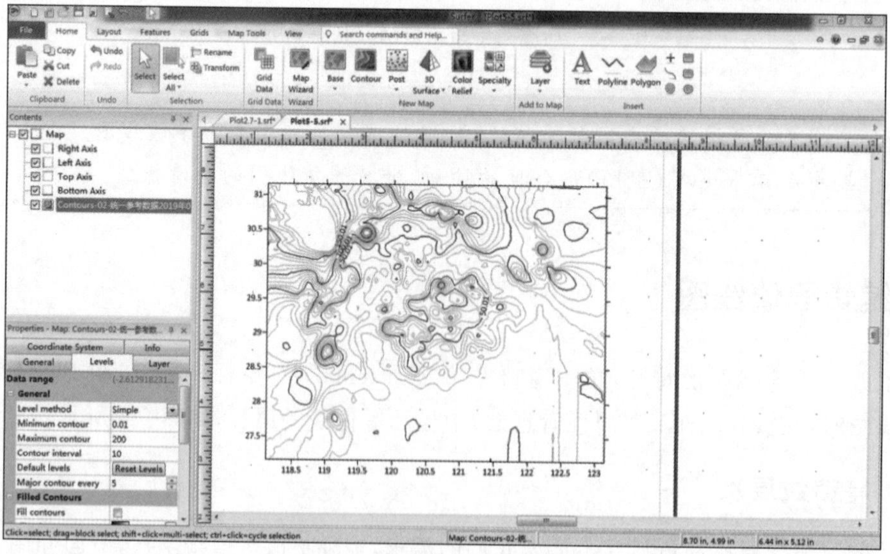

图 5-5　等值线层次设置界面

文件中读取的 Z 最大值，图中显示为 200。"Contour interval"（等值线间隔）表示两条等值线的间隔，图 5-5 中每隔 10 个数值绘制一条等值线。

小提示：当设置为"Logarithmic"（对数），则等值线最小值必须大于 0。

4. 设置主等值线间隔。在"General"（常规）项中，"Major contour every"（主等值线间隔）设置主要等值线间隔。主等值线间隔设置了主等值线在图上出现的频率。主等值线和次等值线可以具有不同的线特性。默认情况下，第一个直线是最小等值线。主等值线间隔表示在下一条主等值线之前跳过的线间隔数。如果主等值线每一个值设置为"1"，则等值线是一条主等值线。如果该值为"2"，则每隔一条线就是一条主等值线。如果值为"3"，每三条线是一条主等值线，依此类推。

小提示：主等值线和次等值线可以单独设置线条。

5.3.2　等值线线条

这一节，主要介绍等值线线条的属性设置，分别介绍主等值线和次等值线的属性设置，属性项如图 5-6 所示。

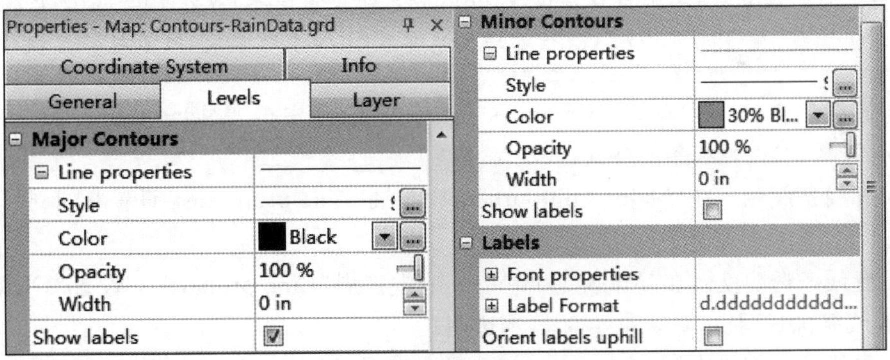

图 5-6　等值线线条属性界面

主等值线设置的步骤如下：

1. 单击窗口左边"Contents"（对象管理器）或在 Plot 窗口中，选择等值线图，在"Properties"（属性管理器），单击"Levels"（层次）选项标签，在"General"（常规）项中，"Major contour every"（主等值线间隔）设置主要等值线间隔。

2. 设置值由"5"变为"2"，按回车，等值线图上每隔 2 条等值线就显示一条索引等值线，如图 5-7 所示。

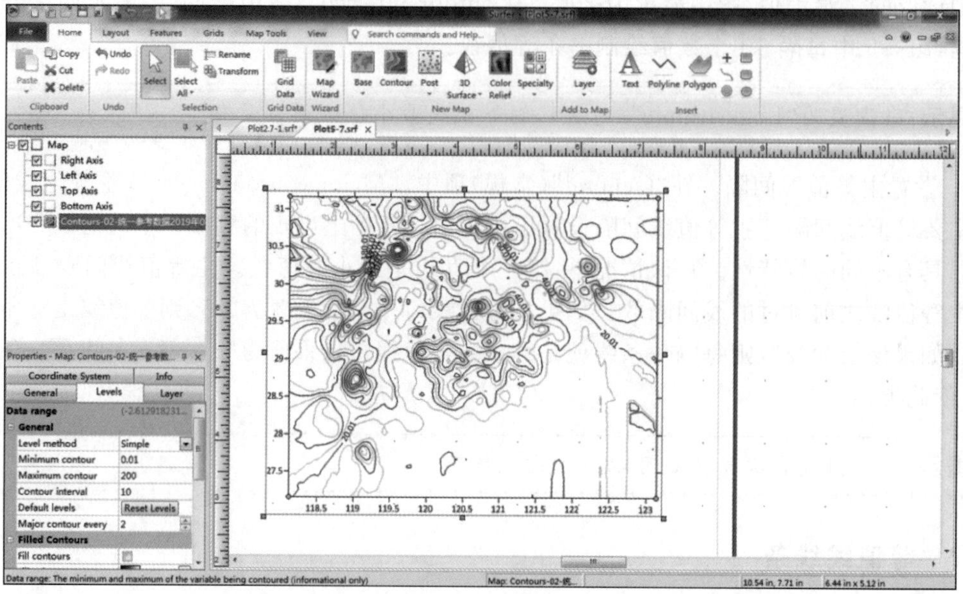

图 5-7　设置值由 5 变为 2 的效果

> **小提示**：下面的设置在：单击窗口左边“Contents”(对象管理器)或在 Plot 窗口中，选择等值线图，在“Properties”(属性管理器)，单击“Levels”(层次)选页标签里操作。

3. 设置线条样式。在“Major Contours”(主等值线)项中扩展“Line properties”(线属性)设置“Style”(样式)设置线条的样式，默认是实线。

4. 设置线条颜色。在“Major Contours”项中扩展“Line properties”设置“Color”(颜色)设置线条的颜色，默认是黑色。

5. 设置线条透明度。在“Major Contours”项中扩展“Line properties”设置“Opacity”(透明度)设置线条的透明度，默认是 100%(不透明)。

6. 设置线条宽度。在“Major Contours”项中扩展“Line properties”设置“Width”(宽度)设置线条的宽度，默认是 0 in。

7. 是否显示线条标签。在“Major Contours”项中扩展“Show labels”(显示标签)设置是否显示线条标签，默认是显示。

【示例 5-1】：设置主等值线的线条类型为实线，线条颜色设置为红色，其他为默认值，如图 5-8 所示。

次等值线设置的步骤如下：

1. 设置线条样式。在“Minor Contours”(次等值线)项中扩展“Line properties”(线属性)设置“Style”(样式)设置线条的样式，默认是实线。

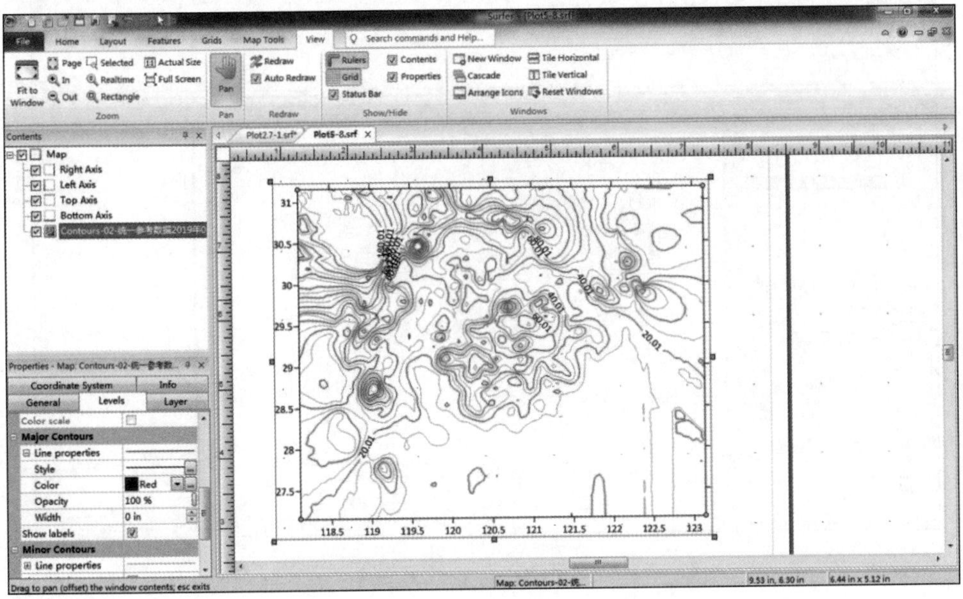

图 5-8 示例效果

2. 设置线条颜色。在“Minor Contours”项中扩展“Line properties”设置“Color”(颜色)设置线条的颜色,默认是黑色。

3. 设置线条透明度。在“Minor Contours”项中扩展“Line properties”设置“Opacity”(透明度)设置线条的透明度,默认是 100%(不透明)。

4. 设置线条宽度。在“Minor Contours”项中扩展“Line properties”设置“Width”(宽度)设置线条的宽度,默认是 0 in。

5. 是否显示线条标签。在“Minor Contours”项中扩展“Show labels”(显示标签)设置是否显示线条标签,默认是不显示。

【示例 5-2】:设置次等值线的线条类型为实线,线条颜色设置为绿色,线条宽度为 0.02 in,显示线条标签,其他为默认值,如图 5-9 所示。

5.3.3 等值线标签

Surfer 提供了设置主等值线标签属性和次等值线标签属性的修改功能,包括标签字体属性、标签格式和标签方向。

字体属性配置步骤如下。

1. 单击窗口左边“Contents”(对象管理器)或在 Plot 窗口中选择等值线图,在“Properties”(属性管理器)中单击“Levels”(层次)选项标签,在“Labels”(标签)项中。

2. 设置字体属性,点击“Font properties”(字体属性)前的“+”,展开所有的字体属性

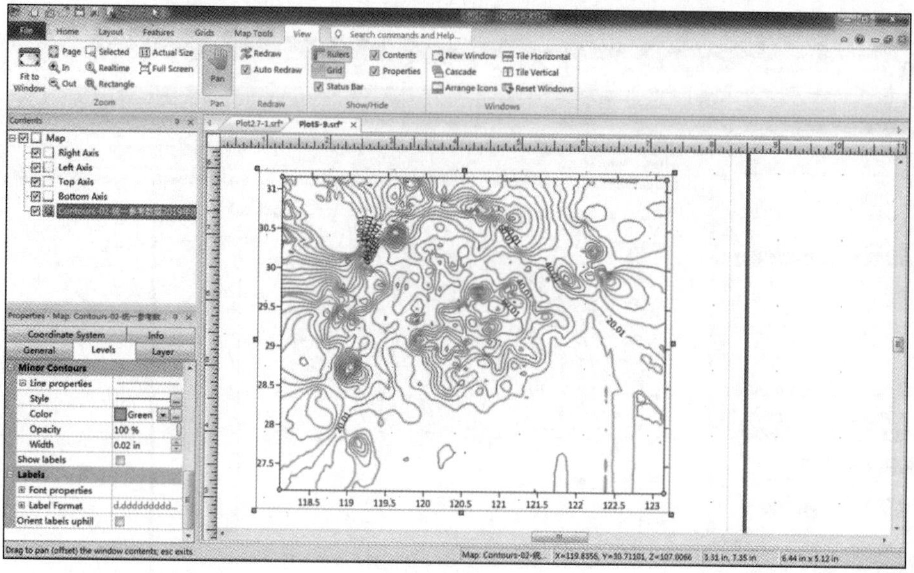

图 5-9　示例效果

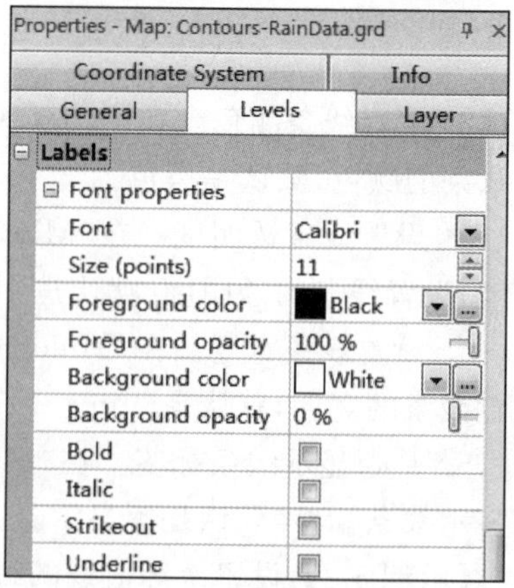

图 5-10　字体属性

（图 5-10）。相关属性如表 5-1 所示。

表 5-1　标签字体属性表

属性名称	说明	属性名称	说明
Font	字体	Background opacity	背景透明度
Size(points)	字的大小	Bold	字体是否加粗
Foreground color	前景颜色	Italic	字体是否斜体
Foreground opacity	前景透明度	Strikeout	字体是否删除线
Background color	背景颜色	Underline	字体是否下划线

3. 点击“Label Format”(标签格式)前的“+”，展开所有的标签格式属性(图 5-11)。相关属性如表 5-2 所示。

表 5-2　标签属性表

属性名称	说明	属性名称	说明
Type	标签	Absolute value	绝对值
Significant digits	有效数据	Thousands	在小数点左侧每3位用逗号隔开显示
Decimal digits	有效小数点位		
Date/Time format	日期/时间格式		
DMS format	度分秒格式	Prefix	标签前缀
Trim exponent zeros	去掉指数幂为0值	Suffix	标签后缀

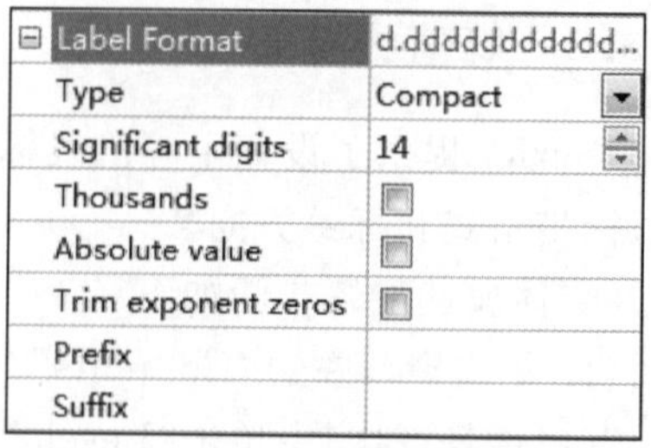

图 5-11　标签格式属性

4. 勾选“Orient labels uphill”(标签方向向上)代表等值线标签的方向向上。

【示例 5-3】:设置等值线填标签,“Size (points)” 字体大小设置为“11”,“Foreground color”前景颜色选择蓝色,“Background color” 背景颜色选择灰色,“Background opacity”背景透明度设置为“100%”(不透明),勾选“Bold”字体加粗,勾选“Italic”字为斜体,勾选“Underline”字下划线,“Type”标签格式类型选为“Fixed”,“Decimal digits” 有效小数点位设置为 1 位,如图5-12所示。

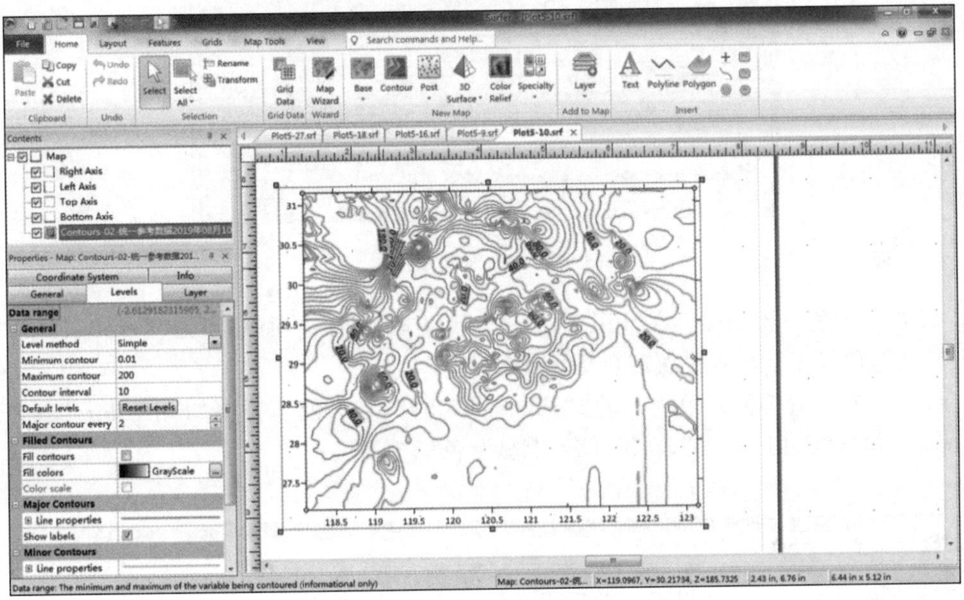

图 5-12　示例效果

5.3.4　等值线填充

为了更直观地查看等值线的分布情况,在气象业务中,常以不同的颜色填充等值线之间的空间。其步骤如下:

1. 单击窗口左边“Contents”(对象管理器)或在“Plot”窗口中,选择等值线图,在“Properties”(属性管理器),单击“Levels”(层次)选项标签,在“Fill Contours”(填充等值线)项中,勾选“Fill contours”(填充等值线)复选框。

> **小提示:** 默认是填充的,因为上节介绍等值线线条时,去掉了“Fill contours”(填充等值线)复选框勾选,所以在此处要勾选上,才能显示等值线填充。

2. 设置填充颜色。在“Fill Contours”(填充等值线)项中,点击“Fill colors”(填充颜色),出现预设的渐变色彩条(又称色标)。也可以单击右侧的“…”按钮,在对话框中,设置填充颜色。

在“Colormap”(色标)对话框中,可设置更详细的颜色分配方案,也可以单击“Load”加载或“Save”保存颜色分配方案,如图 5-13 所示。

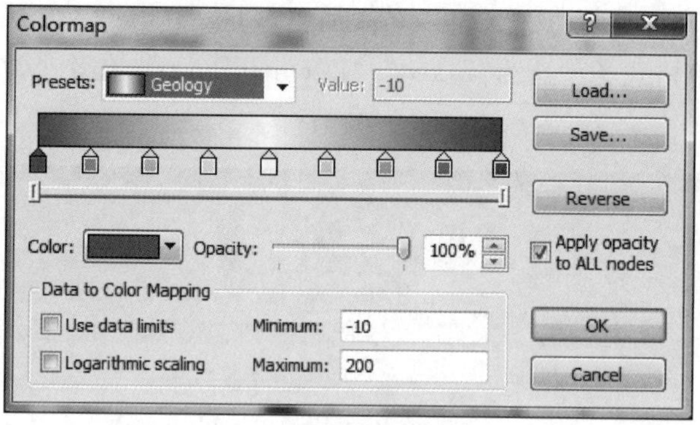

图 5-13　色标设置界面

3. 设置显示色标比例尺。在“Fill Contours”(填充等值线)项中,点击“Color scale”(色标比例尺),在等值线图上出现设置的色标比例尺。

【示例 5-4】:设置等值线填充,勾选“Fill contours”填充颜色,选择“Fill colors”颜色方案“Rainbow”,勾选“Color scale”,在图 5-14 上显示色标比例尺。

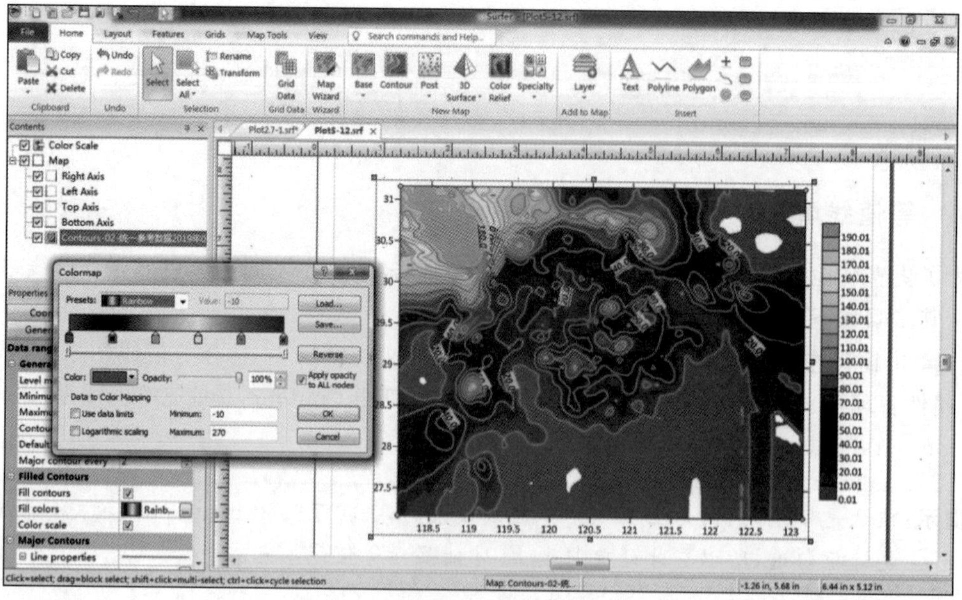

图 5-14　设置显示色标比例尺图

5.3.5　高级属性设置

前面介绍了等值线的简单编辑模式,下面介绍等值线的高级属性设置。等值线的高级选项,允许对单个等高线属性的更多设置。

1. 单击窗口左边“Contents”(目录)或在 Plot 窗口中,选择等值线图,在“Properties”(属性管理器),单击“Levels”(层次)选项标签里。

2. 设置高级方式。在“General”(普通)项中,“Level method”(分层方式)默认为“Advanced”(高级)。

3. 点击“Contour levels”(等值线层次)的“Edit Levels...”(编辑等值线层次)按钮,弹出等值线图的层次编辑对话框。

在层次编辑对话框,可以点击标题,进行批量修改,也可以点击具体的值,对某一种值的等值线的层次、线条、填充、标注标签、刻度进行设置、添加和删除。可以保存和导入等值线层次方案文件。

【示例 5-5】:等值线高级属性设置,设置每一条等值线层次值,填充颜色和刻度,如图 5-15 所示,降水等值线层次值对应表见表 5-3。

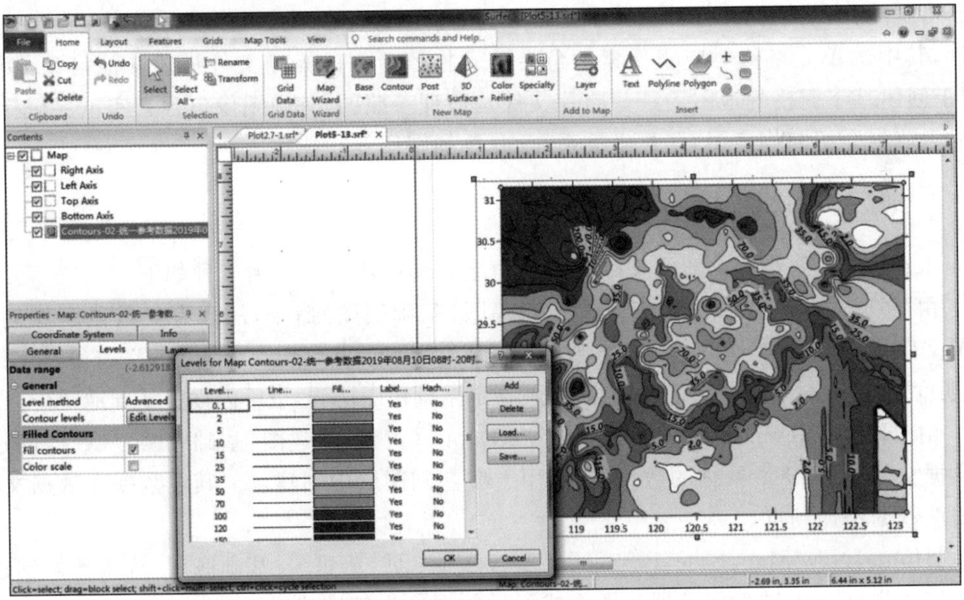

图 5-15　等值线高级属性及示例效果

表 5-3　降水等值线层次值对应表

值	0.1	2	5	10	15	25	35	50	70	100	120	150	170	200	230	250
R	169	45	45	45	80	75	255	255	255	255	200	170	170	218	240	255
G	255	212	165	125	165	255	255	200	165	45	45	45	45	45	45	200
B	255	255	255	255	45	45	45	45	45	45	45	45	170	222	255	255
颜色																

5.4　等值线基础底图

等值线基础底图简称基础底图，显示地理、行政等信息，如道路、河流、湖泊或国、省、市等界线。基础地图可以与 Surfer 中的任何其他地图类型组合。根据输入数据可以自动创建地图或光栅基础地图。在气象业务中，经常要在基础地图上叠加等值线，只保留地图区域的等值线。

底图分为矢量底图和栅格底图。

矢量底图：当使用矢量数据文件创建基础地图时，将创建基础（矢量）图层。矢量文件在地图上精确的 X、Y 位置绘制对象，可以包含点、多边形、多段线和文本。

栅格底图：当使用图像文件创建基础地图时，将创建基础（光栅）图层。图像文件是光栅数据文件，其中的单元格值对应于像素颜色。单元格值所在的光栅文件描述其他信息，例如高程，用于创建基于栅格的地图。一些图片文件是地理参照的，其中图像包含真实世界坐标。

这一节将介绍制作底图、调整坐标系、合并叠加图层等功能。

5.4.1　加载基础底图

Surfer 提供了创建一个新的基础底图的功能。其创建方式分为四种如下。

1. 由“Home|New Map|Base”(主页|新建图|基础底图)命令，从现有矢量或图像创建基础地图文件夹。使用“属性”窗口中的“基础地图属性”设置“基础地图线”“填充”“符号”“字体”和“不透明度”属性。对于某些图像，还可以重新指定基础地图协调，也可以设置基础地图坐标系。

2. 由“Home|New Map|Base|Base from Data”（主页|新建图|基础底图|从数据创建）命令从数据文件(包含 XY 数据的数据文件)用于在基础图层中创建点。其他数据在数据文件中作为属性数据添加到点。

3. “Home|New Map|Base|Base from Server”(主页|新建图|基础底图|从服务器创建)命令允许您从联机 web 映射服务器将图像或矢量数据作为基础映射。

4. “Home|New Map|Base|Empty Basemap”(主页|新建图|基础底图|空白)命令创建一个空的基本映射。

下面按照第 3 章介绍的创建底图的方法，结合本章等值线绘制，以浙江“天地图”为栅格底图，加载等值线基础底图操作如下。

1. 点击“Home | New Map | Base”(主页|新建图|基础底图)命令，在对话框中选择底图的文件(如“zjregion. png”)，点击“打开”，显示的效果如图 5-16 所示。

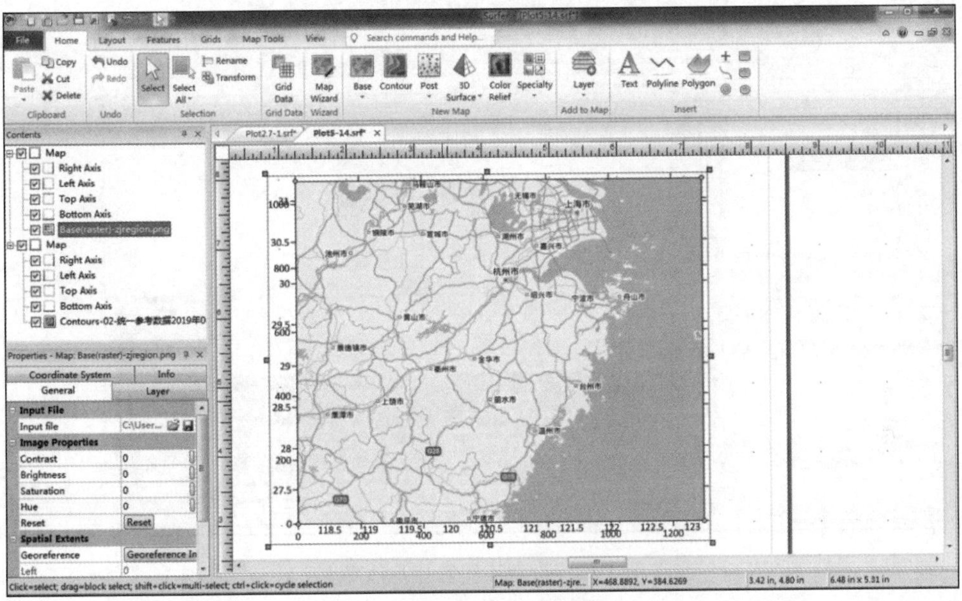

图 5-16　新建基础底图效果

2. 设置基础底图图层边界范围。选择“Contents(对象管理器)”里创建的“Base(raster)-zjregion. png”图层的上一级“Map”节点，选择“Limits”选项卡，分别将经纬度范围输入到“Spatial Extents”(空间范围)项的“xMin”“xMax”“yMin”和“yMax”(图 5-17)。

3. 设置基础底图的边界范围。选择“Contents(对象管理器)”里刚刚创建的“Base(raster)-zjregion. png”图层，选择“General”(常规)选项卡，点击“Spatial Extents”(空间范围)项的“Georeference”的“Georeference Image”按钮。

在弹出的对话框中，点击 为基础底图的图片四个点增加经纬度，如图 5-18 所示。完成输入经纬度范围后，点击 ，更新基础底图。

至此等值线底图已经加载完成，但是它的坐标系与等值线的坐标系并不一致，下一节将介绍如何调整坐标系。

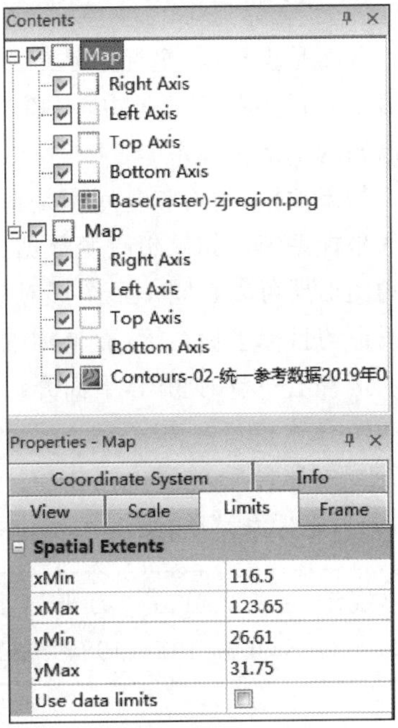

图 5-17　地图边界设置

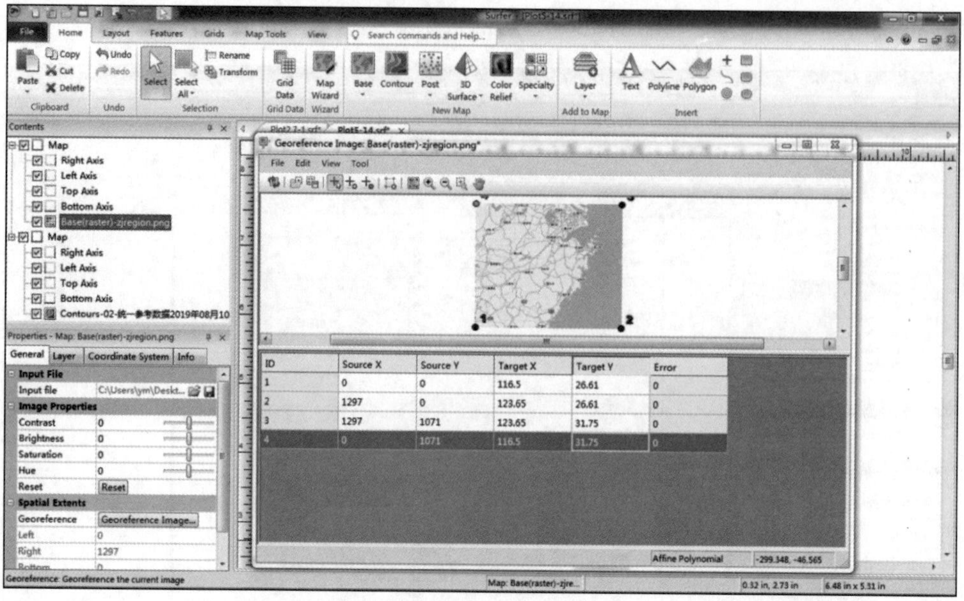

图 5-18　设置底图图片与边界点

5.4.2　调整坐标系

什么是坐标系:坐标系是定义数据点在底图上位置的计算方法。不同的坐标系表示不同的显示方式。在 Surfer 中,一幅图形可以引用本地坐标系,也可以引用一个地理上的坐标系和已知的基准坐标系。

如果数据、网格和基底图是在不同的坐标系中,那么将要对每个图形和整个图形都设置它们的坐标系统。如果想改变数据、网格和基底图的投影,你也需要设置坐标系统。不同坐标系统的图形层可以在同一个图形对象中创建。Surfer 软件将每个图形层的源坐标系统转换成整个图形的目标坐标系统,而坐标轴仅显示目标坐标系。

接着上一节的底图,下面介绍坐标调整设置。

1. 单击窗口左边“Contents(对象管理器)”或在“Plot”窗口中,选择刚创建的基础底图。

2. 在属性管理器中点击“Coordinate System(坐标系)”选项卡。在属性项“Coordinate System(坐标系)”项,点击“Change…”按钮,如图 5-19 所示。

小提示:该基底图图层的坐标系已经被导入和指定。该图层的坐标是 World Geodetic System 1984(1984 年世界大地测量系统)。

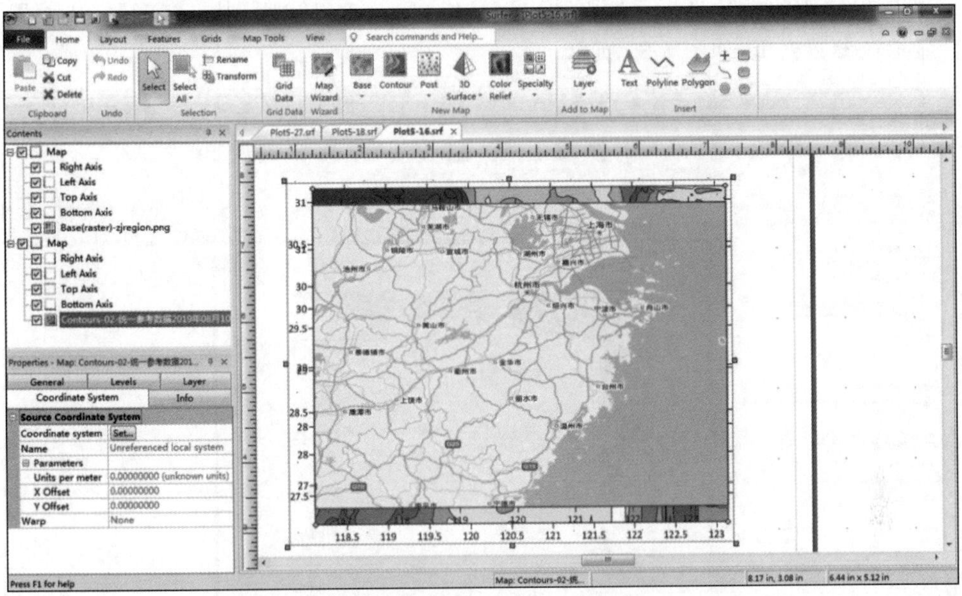

图 5-19　设置坐标系界面

3. 在弹出的“Assign Coordinate System”(设置坐标系)页面上,依次点击“Local System”(本地坐标系)、“New Geographic System”(新的地理坐标系),如图 5-20 所示。

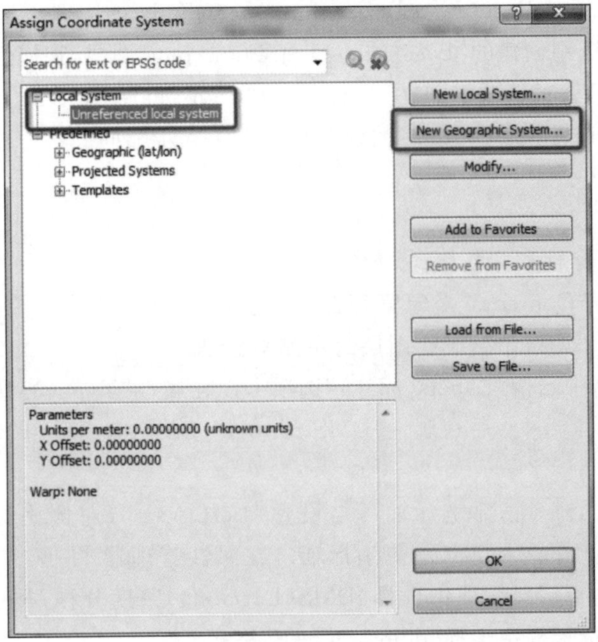

图 5-20　设置坐标系对话框

4. 在出现常用的地理坐标系“World Geodetic System 1984”，点击“OK”完成设置，相关信息会显示在参数栏里，如图 5-21 所示。

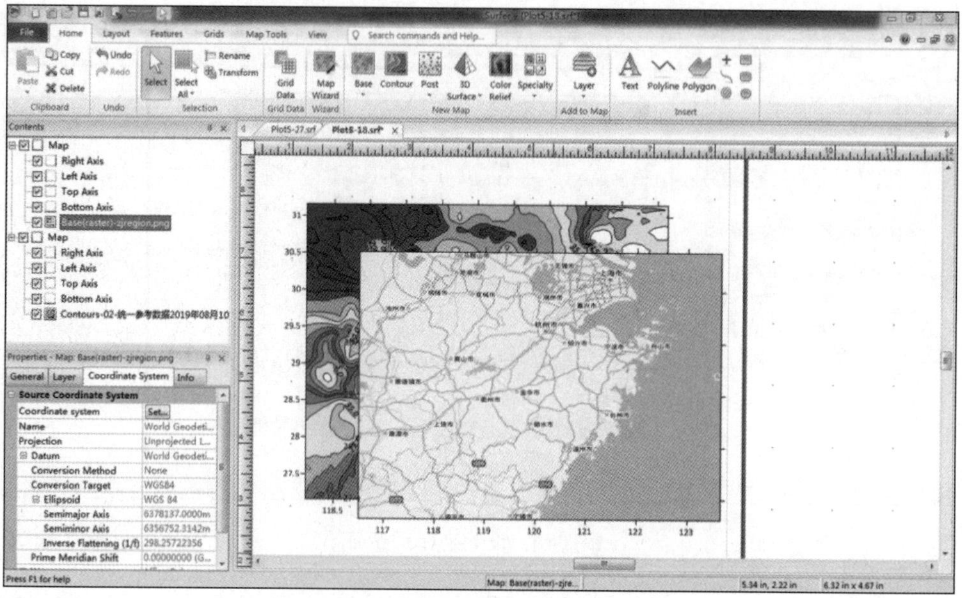

图 5-21　设置好坐标系的参数与效果

5. 使用上述步骤，对 Base(raster)-zjregion. png 对象进行地理坐标系设置。选择“Contents(对象管理器)”里刚创建的“Base(raster)-zjregion. png”图层，在属性管理器中，点击“Coordinate System(坐标系)”选项卡。在选项卡中的“Coordinate System”项，点击“Set…”按钮。在对话框“Assign Coordinate System”的设置与第 3、4、5 步相同。

5.4.3　设置坐标轴

下面介绍设置坐标轴和标签格式。

1. 单击窗口左边“Contents(对象管理器)”，选择“Map”(图形)里的“Left Axis”(左侧坐标轴)或直接点击 Plot 窗口中基础底图层的左侧坐标轴。

2. 在属性管理器中点击“Labels(标签)”选项卡。在属性“Type(类型)”选择项选择“DMS(Lat/long)”(度分秒)类型，然后在属性“DMS format”(DMS 格式)选择框中选择“ddmm. mm N”格式。

3. 设置 Bottom Axis(底部坐标轴)，与设置“Left Axis”(左侧坐标轴)步骤一样，选择“Map”(图形)里的“Bottom Axis”(左侧坐标轴)，在属性管理器中，点击“Labels(标签)”选项卡。在属性“Type(类型)”选择项中选择“DMS(Lat/long)”(度分秒)类型，然后在属性“DMS format”(DMS 格式)选择框中选择“ddmm. mm E”格式。

采用上述方法，对等值线图层设置坐标轴和标签格式，设置好的效果如图 5-22 所示。

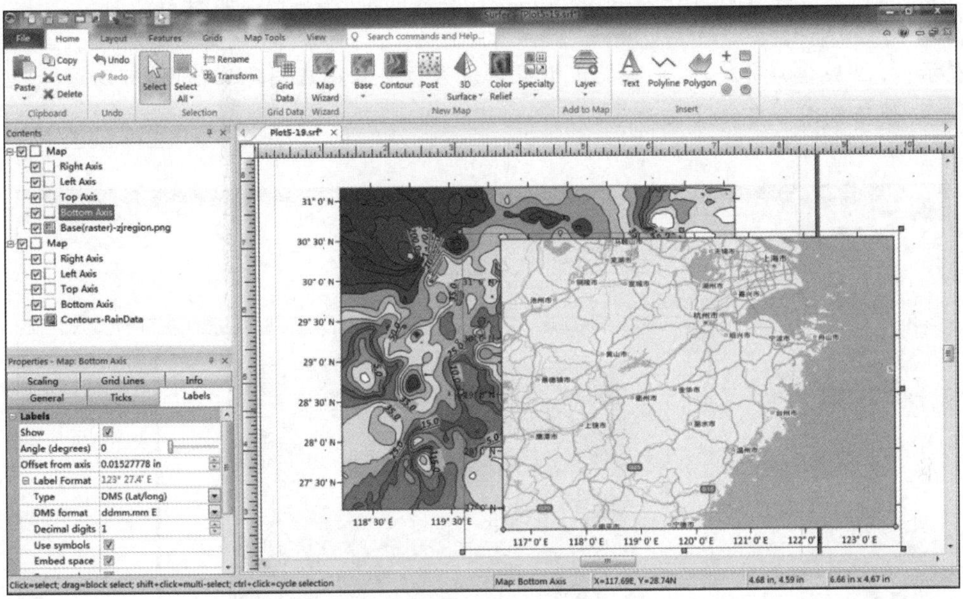

图 5-22　两个图层设置坐标轴和标签格式效果

5.4.4　合并叠加图层

在气象业务中，通常将等值线图层，叠加到基础底图上，以便于气象分析。Surfer 中提供了三种方法来叠加两个及以上的图层组合为单一的图形对象。三种方法分别是：(1)你可以在对象管理器中拖拽一个图形对象到另一个图形对象；(2)可以点击“Map|Add to Map”(图形|添加)命令添加图形图层；(3)可以选中多个图形对象，从而使用“Map Tools|Map Tools|Overlay Maps”(图形工具|图形工具|按坐标覆盖图形)命令来叠加图形层。本节将分别介绍叠加组合图形图层的三种方法。

小提示：在它们叠加之前，每个图形都有一组独立的数轴。而在图形叠加以后，它们就共享一组数轴。

方法一：在对象管理器中用拖拽的方法叠加两个现有的图形层

采用本章前面小节创建的等值线图和基础底图为例，介绍采用拖拽的方法叠加两个现有的等值线图层和基础底图层。另外，两个图层的坐标系应预先调整一致，如图 5-22 所示。

在对象管理器中点击基础底图图层“Base(raster)-zjregion.png”。按住鼠标左键并拖动基础底图图层到等值线图层“Contours-RainData”的下方。当光标变为一个水平箭头时，松开鼠标左键，在弹出的图层范围出现警告对话框，选择“否”，该图层被添加到新的图形框中。该等值线图现在已经叠加到基础底图上成为一个单一的图形对象了。选择等值线图层“Contours-RainData”,设置“Layer”(图层)的“Opacity”(透明度)为 50%,如图 5-23 所示。

小提示: 在图层叠加完成时,会有提示框提示是否调整基础底图地理范围,可以选择“否”,等值线图会自动改变为基础底图地理范围。

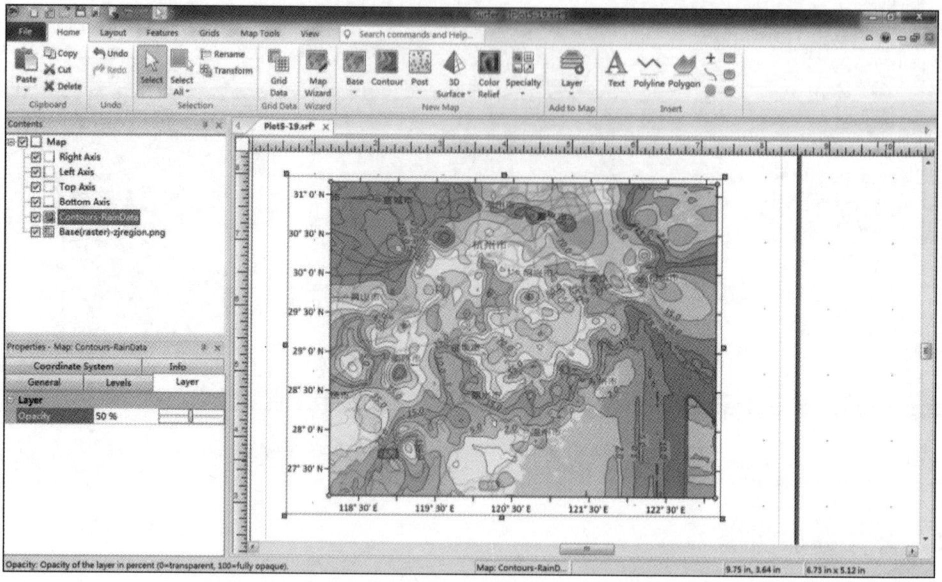

图 5-23　两个图层叠加后的效果

方法二:使用“Map|Add to Map (图形|添加)”命令叠加两个现有的图形

这种方法消除了两张图形叠加前的要求。具有任何数量的图形层只能从叠加一张开始。点击 “Map|Add(图形|添加)”命令立即添加一个新的图层到现有的图形对象。

1. 在对象管理器中选中图形对象或者在绘图场景中选中图形,点击“Home|Add to Map|Layer|Base”(主页|添加图形|图层|基础底图)命令,在对话框选择“zjregion. png”,点击“打开”。

2. 调整基础底图的地理范围。选中“Base(raster)-zjregion. png”图层,选择“General”(常规)选项卡,点击“Spatial Extents”(空间范围)项的“Georeference”的“Georeference Image”按钮。在弹出的对话框中,点击 为基础底图的图片四个点增加经纬度。完成输入经纬度范围后,点击 ,更新基础底图。

小提示: 等值线图的“Map”的“Limits”需要与基础底图调整一致。

3. 调整基础底图的坐标系。点击“Coordinate System”(坐标系)选项卡。在选项卡中的“Coordinate System(坐标系)”项中点击“Set…”按钮,参考 5.4.2 节,选择与等值线图一致的坐标系。

方法三：使用“Map Tools|Map Tools|Overlay Maps”(图形工具|图形工具|按坐标叠加图形)命令叠加两个现有的图形

1. 单击“Home|Selection|Select All(主页|选择|全选)”命令，选择所有两个图形对象。

2. 单击“Map Tools|Map Tools|Overlay Maps”(图形工具|图形工具|按坐标叠加图形)命令，这两个独立的图形对象叠加成一个图形上。

小提示：图层的合并叠加都是在一个坐标系之下，而且所有的图层各自的坐标的地理范围都不能超出它们其中最大范围图层的坐标值。拖拽范围较小的图层到范围较大的图层，不会提示。但是反过来，它就要提示是否要调整地理范围。

5.5 等值线白化

前面创建的等值线和基础底图都是长方形或者是正方形的。但是在很多时候只需要显示某个区域的图形或网格，则需要做白化处理，即把边界外的舍弃掉。“Grids|Assign NoData (网格|白化)”命令利用一个形状不规则的[.bln]边界文件和一个矩形的网格文件相互制约。其结果是返回一个新的网格文件，它在边界处网格数据将消隐白化。等值线白化步骤如下。

1. 点击“Grids|Assign NoData (网格|白化)”命令，弹出“Assign NoData to Grid”对话框，如图 5-24 所示。

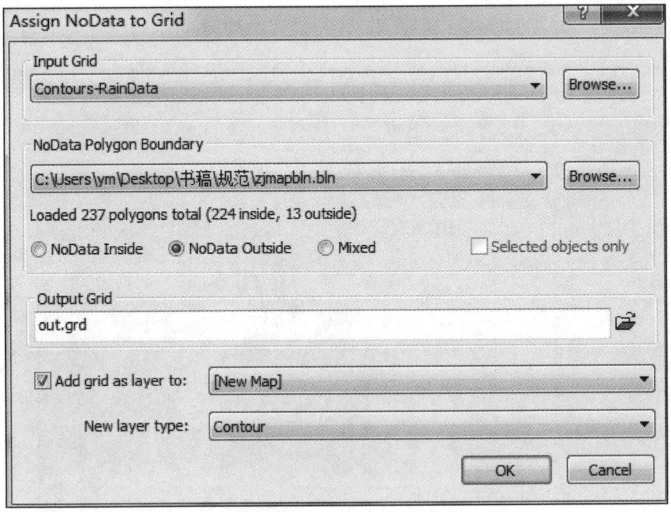

图 5-24　网格白化设置对话框

2. 在“Input Grid”浏览选择第 4 章的网格化的 grd 文件，在“NoData Polygon Boundary”中浏览选择 bln 文件，选择“NoData Outside”只保留区域内的数据，选择创建“New Map”和新

图层类型“Contour”，点击“OK”。

3. 给创建的白化等值线着色，选择色标，参考 5.3.4 节等值线填充。效果如图 5-25 所示。

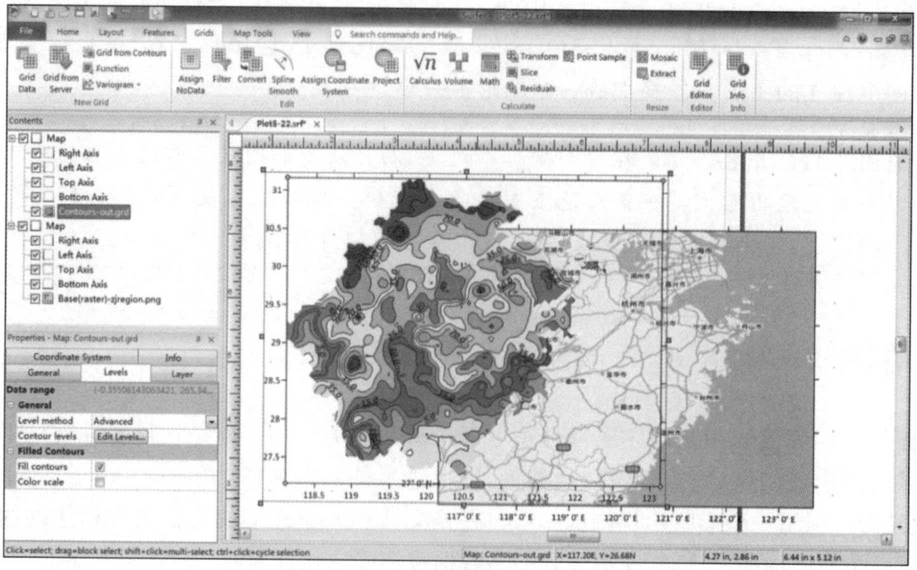

图 5-25　白化后的等值线着色效果

4. 参考 5.4.4 节合并叠加图层，将新建的等值线图层拖拽到基础底图图层，然后打开 bln 文件，将三个图层合并为一个图形，最终结果如图 5-26 所示。

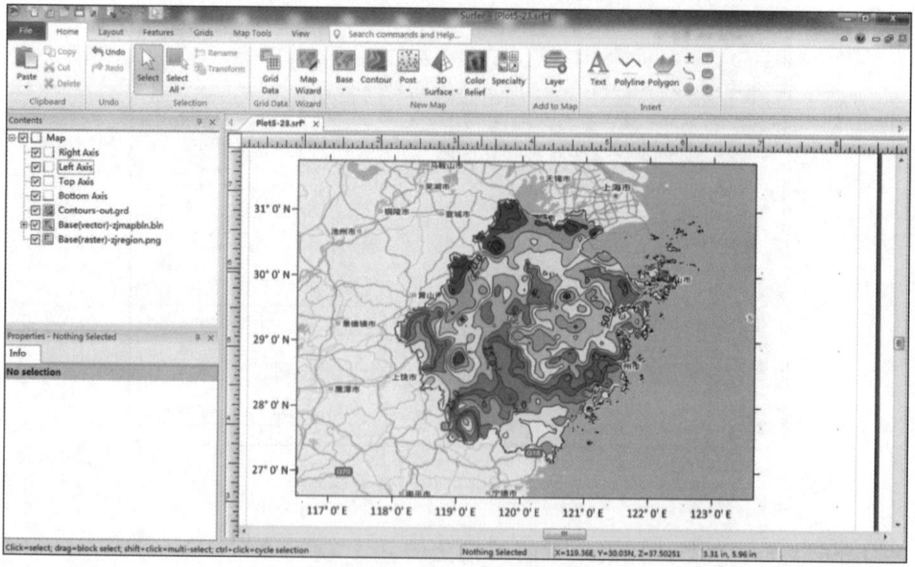

图 5-26　调整坐标系后效果

白化文件的制作可以参考第 7 章的讲解。

5.6　等值线图辅助操作

前面小节已经基本完成了绘制气象等值线，但是在日常气象业务中，还要对绘制等值线进行平滑、添加标题、添加格点值、添加离散点值、添加色标等优化操作，这一节将介绍等值线图的辅助操作。

5.6.1　平滑等值线

等值线的平滑是通过对等值线的轮廓线的角度或圆度平滑。平滑等值线图可以通过以下几种方式：

1. 使用“Grids|New Grid”(网格|新网格)，从原始数据生成更密集的网格数据文件。通常，由高密度网格生成的等值线图比低密度网格文件制作的等值线图要平滑。例如，一个 100×100 的网格文件(100 行和 100 列)会产生比 50×50 网格文件更多的角度轮廓。

2. 使用“Grids|Edit|Spline Smooth”(网格|编辑|样条曲线平滑)命令，插入其他行和列到现有网格文件中。

3. 使用网格编辑器中的平滑工具。

4. 使用“Grids|Resize|Mosaic” (网格|调整大小|镶嵌)命令对现有网格文件重新采样。

5. 通过更改等值线图常规属性中的平滑选项。如果启用平滑，等值线可能交叉，等值线图属性中的平滑选项是应用约束样条曲线平滑算法插值附加轮廓顶点，每一条线都是单独计算的，因此如果应用过多的平滑，这些线可能出现交叉。

6. 使用“Grids|New Grid|Grid Data”(网格|新网格|网格数据)更改网格划分方法或网格划分方法参数。有些方法生成的网格比其他方法更平滑，有些方法具有平滑网格化期间可以使用的参数。有关详细信息，请参见创建网格文件在网格上。

如果通过创建新网格来执行平滑，单击等值线地图以将其选中。在属性窗口中，单击常规选项卡。单击网格文件旁边的按钮以替换旧的等值线图中的网格。可以使用“Grid Editor”的“Grid Editor|Options|Update Layer”(网格编辑器|选项|更新图层)命令平滑更新等值线。

5.6.2　添加简单标注

通过“Home|Insert|Text”(主页|插入|文本)命令在等值线图形上添加简单标注。具体步骤如下。

1. 点击“Home|Insert|Text”(主页|插入|文本)命令图标 按钮，在图形上点击后，弹出的“Text Editor”(文本编辑器)对话框中，输入文字，设置相关属性，点击“OK”，如图 5-27 所示。

2. 点击“Home|Selection|Select”(主页|选择|选择)命令，选中刚添加的标注，移动到合适的位置。

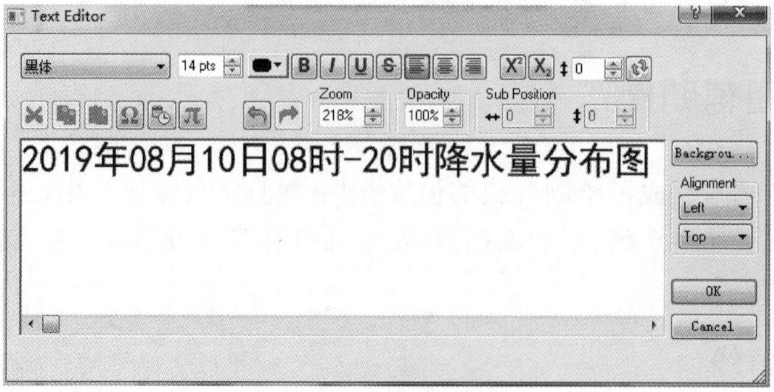

图 5-27　文件编辑对话框

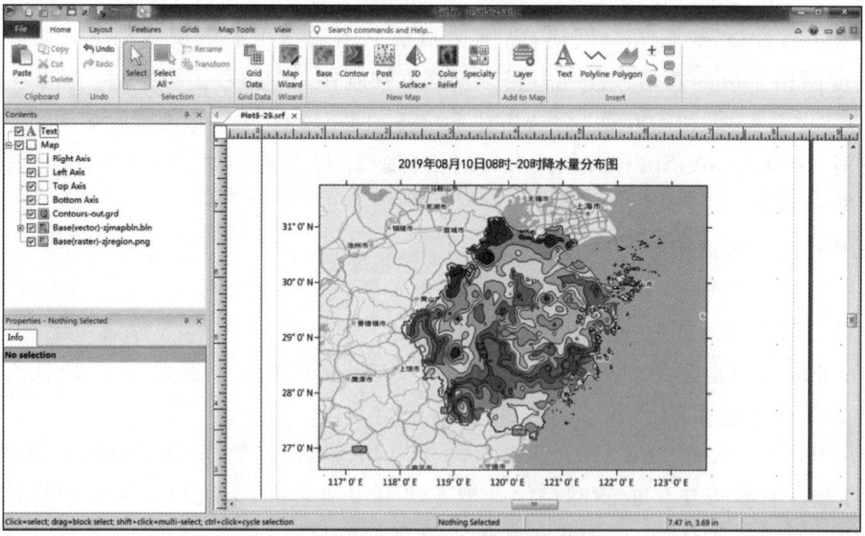

图 5-28　增加标题文本的效果

3. 调整或设置属性。单击窗口左边“Contents”(对象管理器)或在 Plot 窗口中,选择创建的文本标注,在“Properties”(属性管理器),单击“Text”(文本)选项,在“Font properties”(字体属性)项中,分别调整或设置相应的属性,如图 5-28 所示。

5.6.3　添加格点值

为了更好地对等值线进行分析,需要查看某个区域的具体等值线格点值,可以通过“Home|New Map|Specialty|Grid values”(主页|新建图|专业|格点值)命令从降水网格数据文件创建格点图。下面介绍格点图的创建步骤。

1. 点击“Home|New Map|Specialty|Grid values”(主页|新建图|专业|格点值)命令图标按钮,在弹出的对话框中,选择降水网格数据文件,点击“打开”,增加网格图层,参考 5.4.2

节和 5.4.3 节设置坐标系和坐标轴。

2. 设置密度属性。单击窗口左边“Contents”(对象管理器)或在 Plot 窗口中,选择刚创建的格点图,在“Properties”(属性管理器),单击“General”(常规)选项,在“Density”(密度)项中,分别设置“X frequency”和“Y frequency”对应的 X,Y 方向的间隔数,如图 5-29 所示。

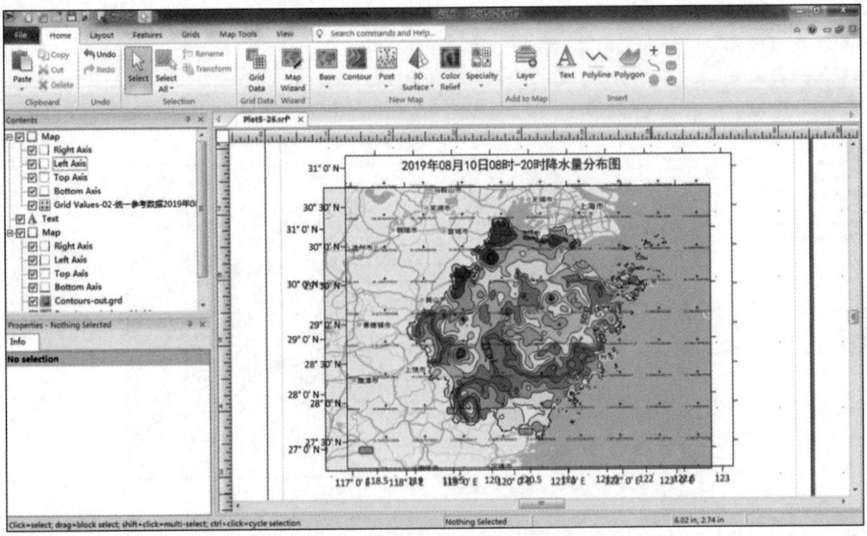

图 5-29　设置网格密度属性

3. 设置标签属性。单击窗口左边“Contents”(对象管理器)或在 Plot 窗口中,选择刚创建的格点图,在“Properties”(属性管理器),单击“Labels”(标签)选项,设置相关的属性,如图 5-30 所示。

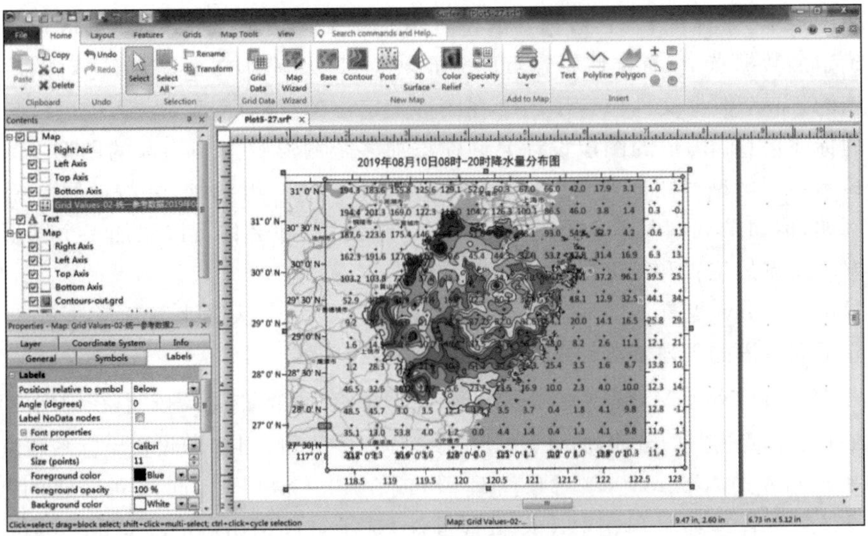

图 5-30　设置网格标签后效果

4. 参考 5.4.4 节合并叠加图层，将新建的格点图层拖拽到第 5.5 节白化后的图层上，合并为一个图形。参考 5.4.2 节调整坐标系，给新建的格点图层设置坐标系。同时，分别设置“X frequency”和“Y frequency”对应的 X、Y 方向的间隔数为 6.6，如图 5-31 所示。

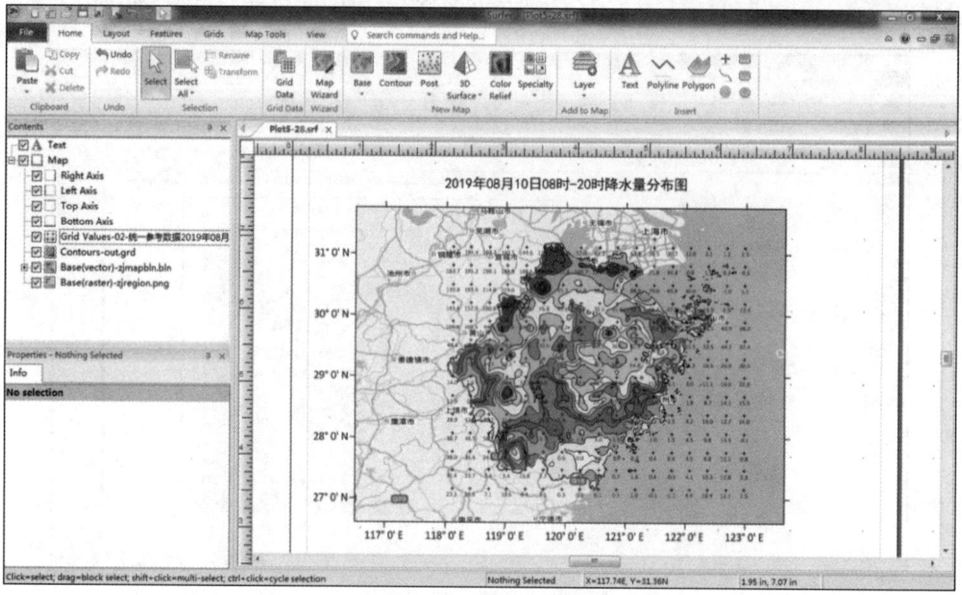

图 5-31　合并图层后效果

5.6.4　添加散点值

在一幅图形上，通过将 X、Y 数据点的位置用符号来代表，这样就创建了散点图。在一个散点图形确定的数据点上，有这些特定点的分布数据，以及其他文本信息，这对以后图形生成是非常有用的。一个数据文件包含了用于在图形上定位的点的 X、Y 坐标，也可以包含与每个点相关联的标注信息。图形的图层设计允许你添加多个图形映射到当前的图形上，用于创建一个同时显示不同类型的图形对象。所有图层使用单一的一组数轴，并按照目标坐标系统统一定位。例如，你如果有一个建立了气象数据的等值线图，那么你可以添加一个图形图层来显示每个数据采集点的位置和站名的散点图。

通过“Home|New Map|Post”（主页|新建图|散点）命令从降水离散数据文件创建散点图。下面介绍散点图的创建步骤：

1. 点击“Home|New Map|Post”（主页|新建图|散点）命令图标按钮，在弹出的对话框中，选择站点数据文件，点击“打开”，增加散点图层，参考 5.4.2 节和 5.4.3 节设置坐标系和坐标轴。

2. 单击窗口左边“Contents”（对象管理器）或在 Plot 窗口中，选择刚创建的散点图，在“Properties”（属性管理器），单击“General”（常规）选项，在“Worksheet Columns”（工作单元列）项中，分别设置“X coordinates”和“Y coordinates”对应的经纬度数据列。

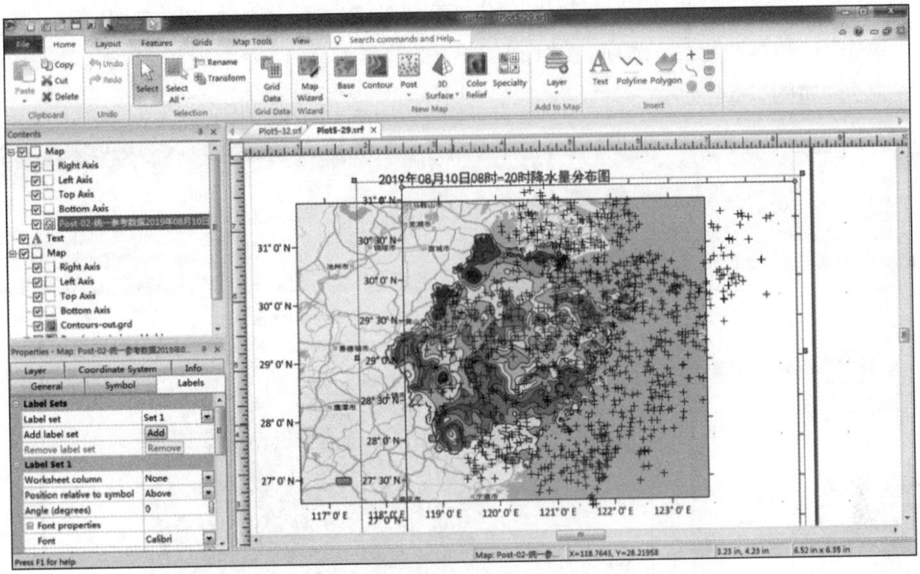

图 5-32　添加散点图层图

3. 设置散点格式。在“Properties”(属性管理器)，单击“Symbol”(符号)选项，在“Symbol properties”(符号属性)项中，分别设置符号和颜色等属性，如图 5-32 所示。

4. 参考 5.4.4 节合并叠加图层，将新建的散点图层拖拽到第 5.5 节白化后的图层上，合并为一个图形。参考 5.4.2 节调整坐标系，给新建的散点图层设置坐标系，如图 5-33 所示。

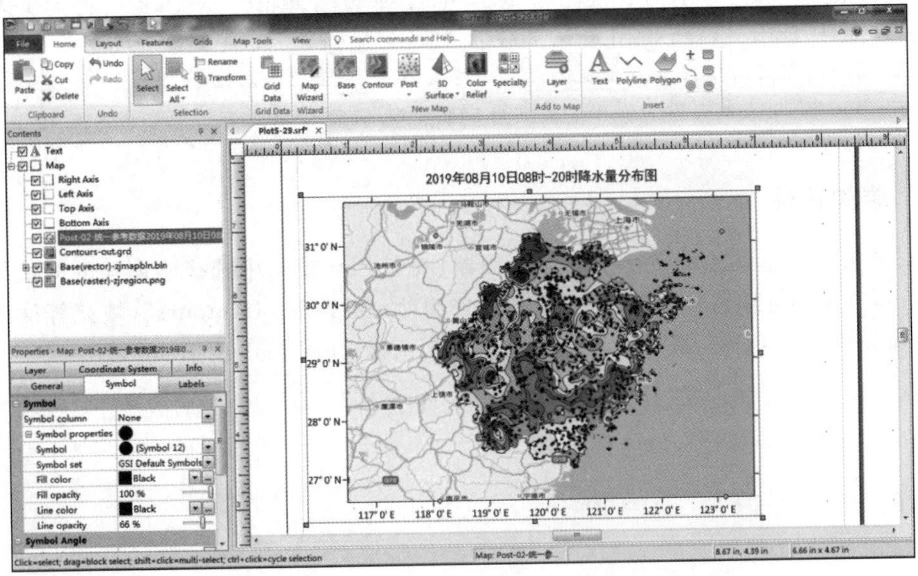

图 5-33　合并散点图层后的效果

5. 增加站点标签。可以在每个散点旁边，添加站名或数值等标签，在“Properties”(属性管理器)，单击“Labels”(标签)选项，在“Label Set 1”(标签集 1)项中设置“Worksheet column”对应的数据列，如图 5-34 所示。

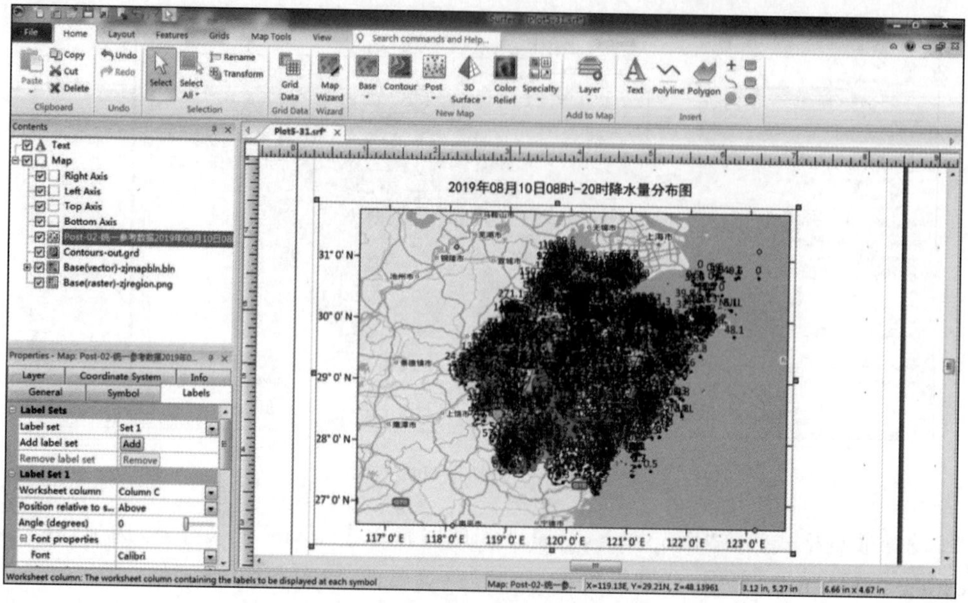

图 5-34　叠加降水值标签后效果

6. 修改散点符号。在“Properties”(属性管理器)，单击“Symbol”(符号)选项，在“Symbol”(符号)项中，设置“Symbol properties”(符号属性)。

> **小提示**：散点图的设置有很多属性，读者可以根据需要进行设置。

5.6.5　添加色标

通过单击窗口左边“Contents”(对象管理器)或在 Plot 窗口中选择刚创建的等值线图，在“Properties”(属性管理器)单击“Levels”(层次)选项，在“Filled Contours”(填充等值线)项中勾选 “Color scale”(色标)，默认在图形的右侧显示色标，如图 5-35 所示。

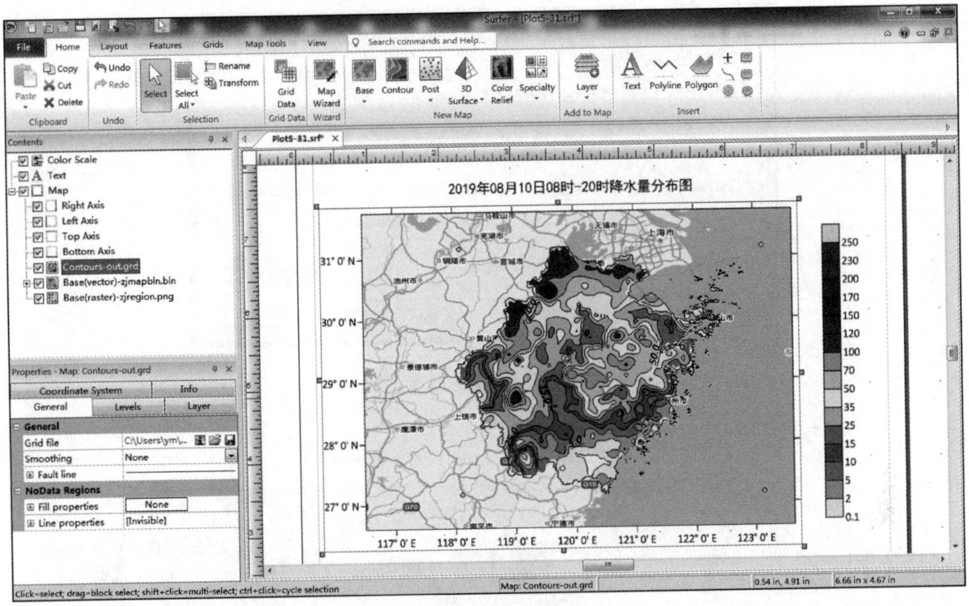

图 5-35　设置色标和效果

小提示：可以通过点击选中图形中的色标，在“Properties”(属性管理器)里，设置色标放置位置、字体等属性。

5.7　保存导出等值线

在场景窗口中完成了图形制作，可以将此图形保存为 Surfer 的[. srf]文件或导出图像。

1. 保存为[. srf]文件

Surfer 的[. srf]文件包含了该项目所有必要的信息的副本，当保存一个图形为[. srf]文件时，所有的比例、格式以及图形属性都会保存到文件中。在标题栏、选项卡上文件名旁边的星形符号(＊)表示该文件已经被修改，但是尚未保存。通过选择“File|Save(文件|保存)”命令保存[. srf]文件。

2. 导出图像文件

制作好的等值线图，最终需要导出为图像文件，才能方便使用，通过选择“File|Export(文件|导出)”命令，在弹出的导出对话框中，选择图像格式，点击“保存”，弹出导出选项对话框，点击“确定”，导出等值线图，如图 5-36 及图 5-37 所示。

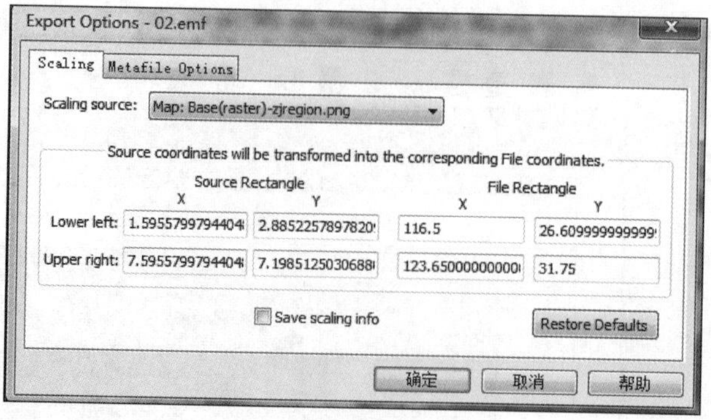

图 5-36　导出图像设置对话框

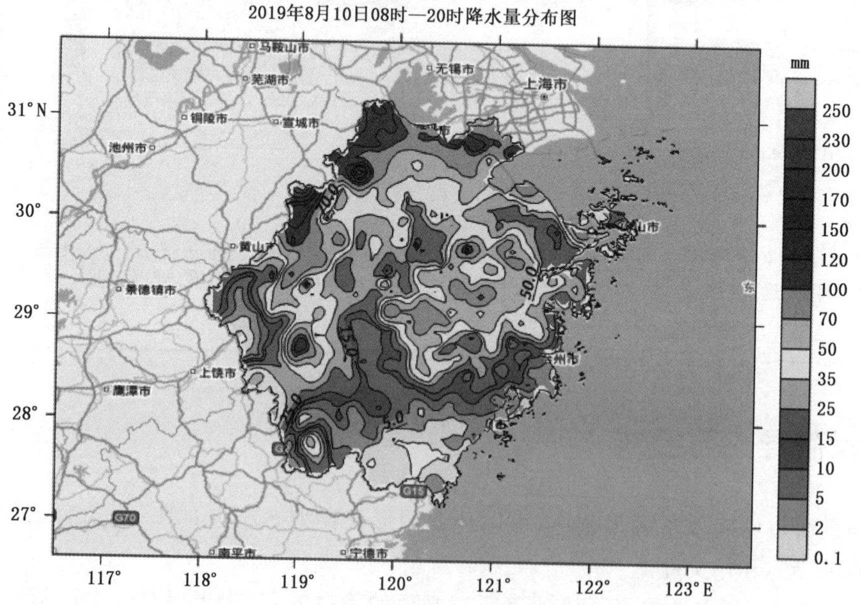

图 5-37　导出的图片效果

5.8　绘制等值线示例

绘制某气象要素的等值线图是气象业务工作里的一项常规工作，此处结合第 4 章网格化示例生成的网格化文件，进行降水等值线绘制，需要有适合业务工作需要的地图底图边界 bln 文件。现在假设要绘制浙江省的某个时段的地面自动气象站累计降水量等值线图，且地图底图的边界文件是包含了浙江省的近海区域，其文件分别命名为 RainData.csv 和 zj_sea.bln。

5.8.1 调整等值线图像

在 Surfer 新建一个“File|New|Plot Document”(文件|新建|布局文档)文件,点击顶部工具栏的“Contour”(等值线)图标加载网格文件 RainData2. grd,如图 5-38 所示,此时等值线图使用默认参数进行填充,需要自己重新设置。

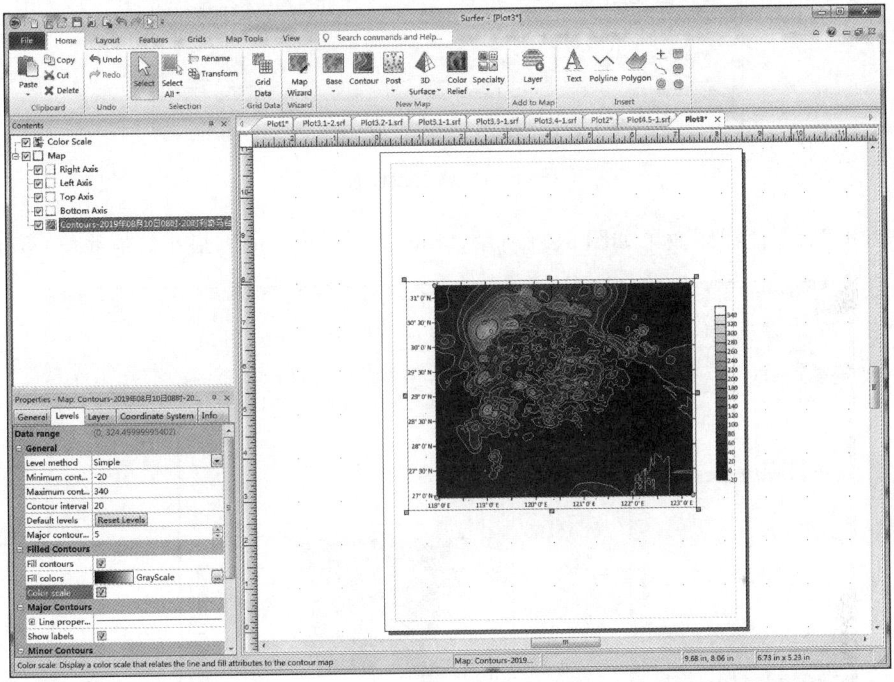

图 5-38　默认等值线效果

选中左边属性框里的“Contours-Relief-RainData. grd”,属性框切换到“Levels”(层次),可见最小等值线值“Minimum contours”(最小值)为－20,因为是降水网格数据,负值显然不合理,改为 0。

等值线间隔“Contour interval”(等值线间隔)为 20,表示每隔 20 mm 显示一条等值线,可以改为自己喜欢的间隔值。

主要等值线显示间隔“Major contour every”(主等值线间隔)为 5,表示每隔 5 条等值线显示一条主要等值线,所谓主要等值线也称为索引等值线,在该等值线上会标注数值。

“Filled Contours”(填充等值线)设置等值线填充参数,可以设置是否填充颜色、用什么颜色填充以及是否显示色标比例尺。点击“Fill colors” (填充颜色)会弹出调色板,Presets 下拉框选择彩虹色谱 Rainbow 或其他合适的颜色色谱,节点色 Color 改为白色,最小降水数据从－20改成 0(因为改了默认节点色,此时 Presets 会改变显示为定制 Custom),如图 5-39 所示。

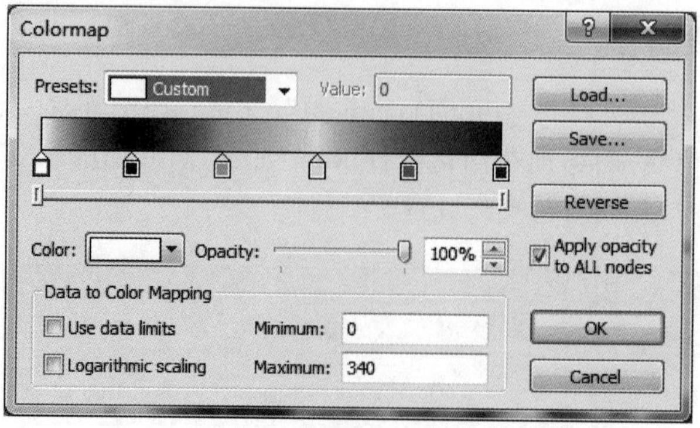

图 5-39　调色板设置

点击“OK”后等值线图效果如图 5-40 所示，“Minimum contours”(最小等值线值)重新改为 0。

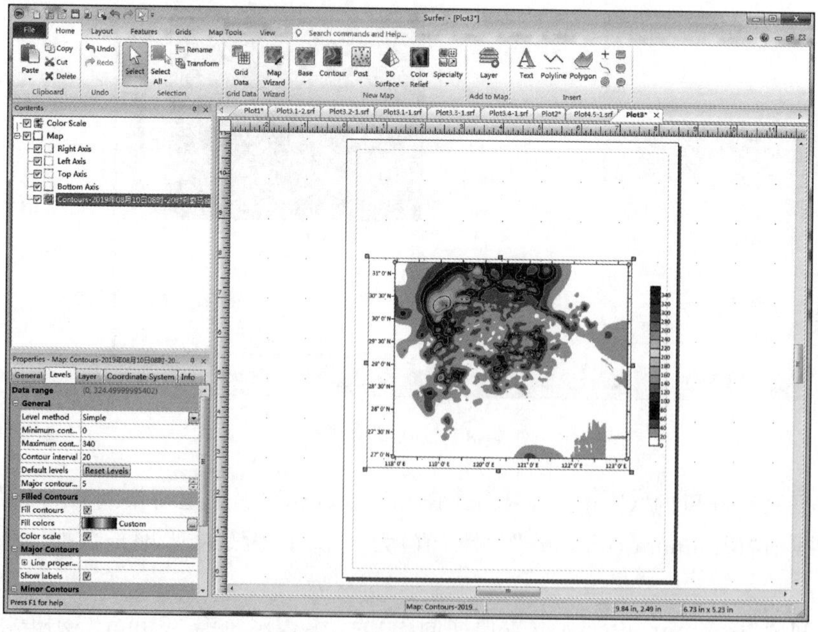

图 5-40　等值线图初步效果

若不想使用 Surfer 预设的等值线色谱，也可以点击调色板上“Load”加载自定义的色标文件，此处不再重复。

也可以自定义设置主要等值线与辅助等值线的线型样式、颜色及宽度等属性，例如可以把主要等值线“Major contour”里的“Color”(颜色)改为红色，把线宽设为 0.02 英寸。

也可以将主要等值线上的标注数字颜色改成红色以突出显示效果，只要把“Labels”(标签)里的“Foreground color”(前景颜色)设为红色即可，上述参数设置效果如图 5-41 所示。

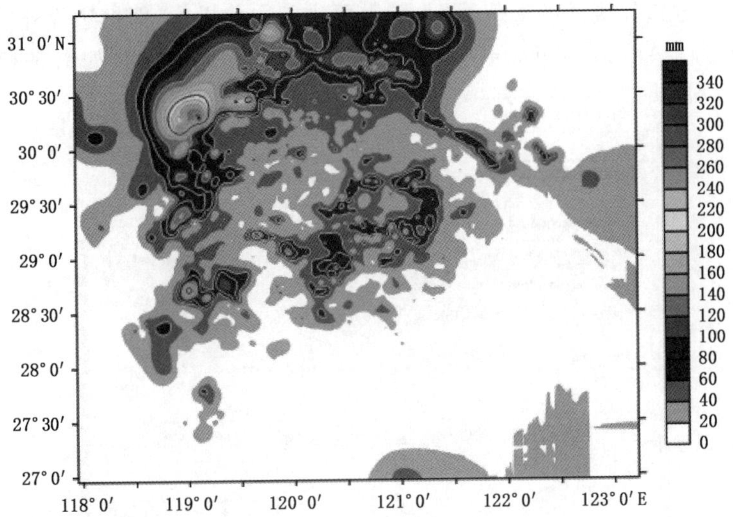

图 5-41 改变等值线显示效果

5.8.2 白化边界

此时的等值线图还没有叠加上底图，看不出来降水分布在哪个地方，故还需增加底图图层，依次加载底图边界文件 zj_sea.bln 和 ZheJiangBaseMap.bln（该底图文件增加了县界），适当调整参数后效果如图 5-42 所示。

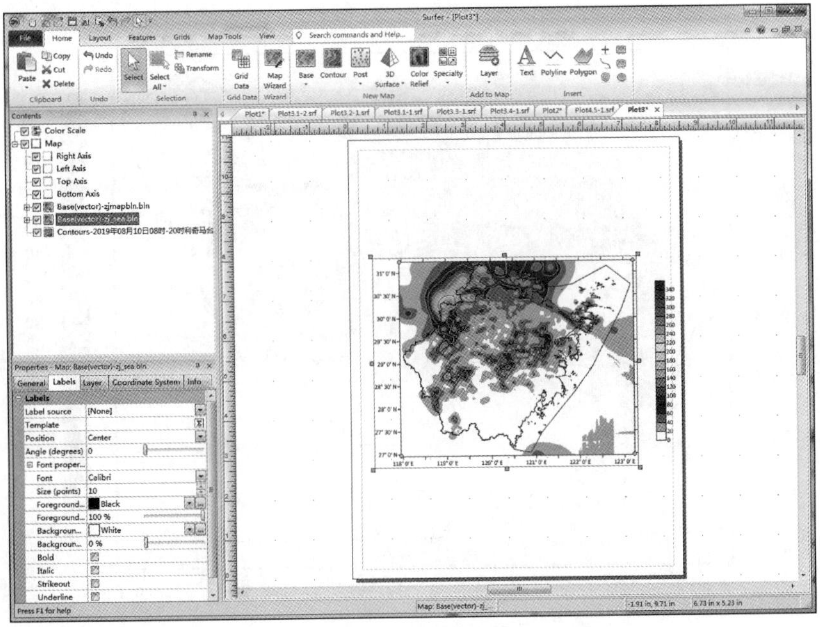

图 5-42 等值线图叠加底图边界文件

若要去掉浙江省边界线外的等值线图，则需要进行白化操作，即把边界外的舍弃掉。点击菜单“Grids”（网格）-“Assign NoData”（设置白化）弹出白化窗体界面，如图 5-43 所示。

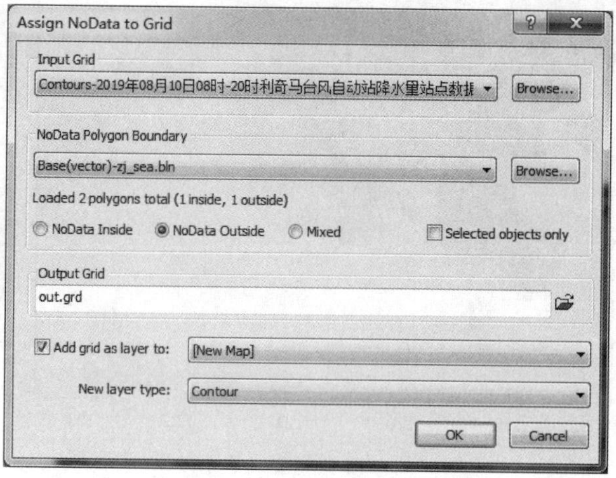

图 5-43　设置白化边界参数

输入网格文件“Input Grid”选择 RainData. grd，“NoData Polygon Boundary”白化多边形底图文件选择 zj_sea. bln，白化方式选择白化外部“NoData Outside”，新图层类型“New layer type”下拉框选择等值线“Contour”，点击“OK”输出白化后的新网格文件 out. grd，重新加载并设置等值线参数，其效果如图 5-44 所示。

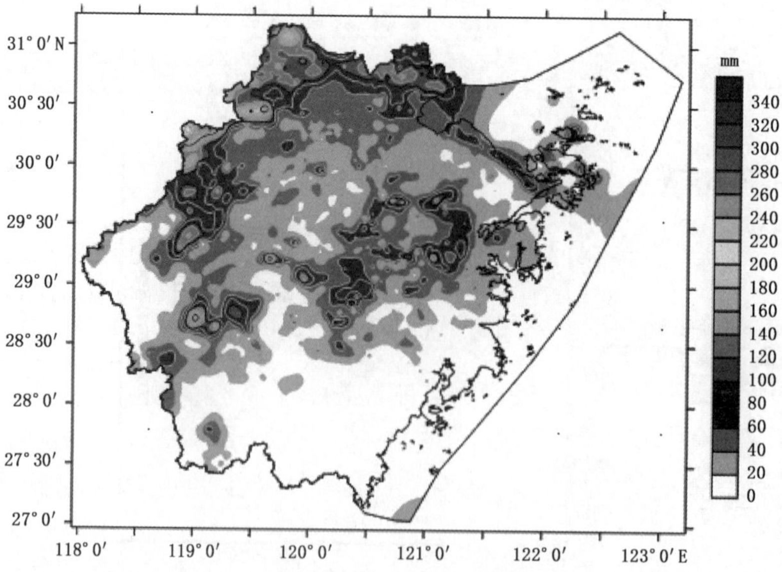

图 5-44　白化边界后的等值线图

当然也可以在站点数据网格化后先进行白化操作，再来设置等值线显示效果。

5.8.3　添加标注信息

为了便于使用等值线图，一般还需添加一些辅助标注信息，例如图片标题、要素值单位、站点名称等内容。

1. 添加图片标题名称。点击“Home|Text”（主页|文本）图标，在地图上点击后会弹出文本编辑框，如图 5-45 所示，在文本编辑框内输入标题名称，并可设置字体、颜色、对齐方式等属性。

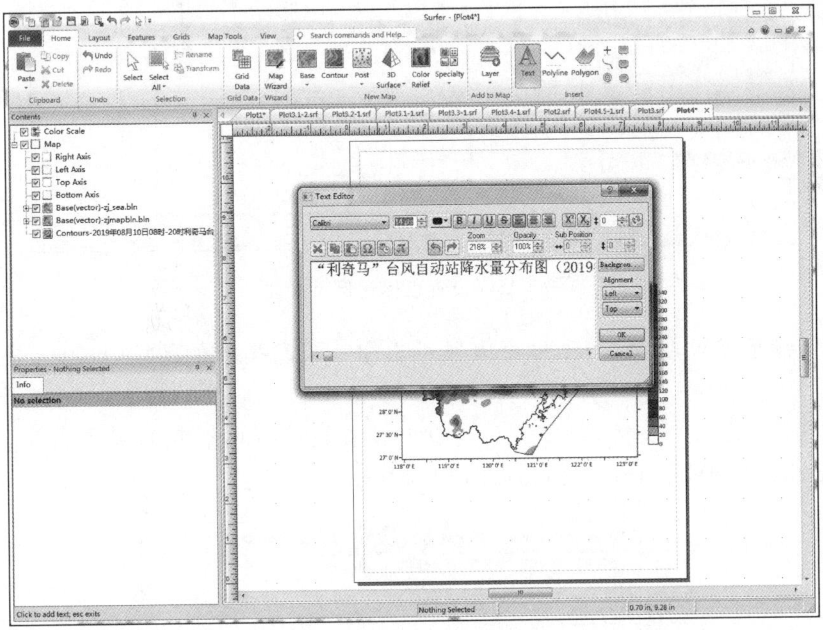

图 5-45　添加图片标题

2. 给色标比例尺添加要素名称与单位。点击“Color scale”（色标），在下面属性框“Title text”（标题文本）点击会弹出文本编辑框，在文本编辑框内输入标题名称，并可设置字体、颜色、对齐方式等属性。注意输入中文内容时字体要改成相应支持的字体，例如宋体，否则会显示乱码。“Position”（位置）是设置该文字内容的显示方位，有上下左右四种方式，例如此处我们选择“Top”（顶部），让要素名称及单位显示在色标比例尺顶部位置，如图 5-46 所示。

若嫌色标比例尺显示的数字太密不美观，可以调整“Labels|Requency”（标签|频率）参数，即可设置间隔几个等级显示。

3. 添加站点名称。可以在地图上添加站点名称以获知各站所处区域的降水情况，由于实际上参加网格化的站点很多，若全部都显示出来就会密密麻麻看不清，只要针对性的显示几个主要站点就可以了，例如就我们的例子而言，我们可以把浙江省 11 个地市所在地的站点名称

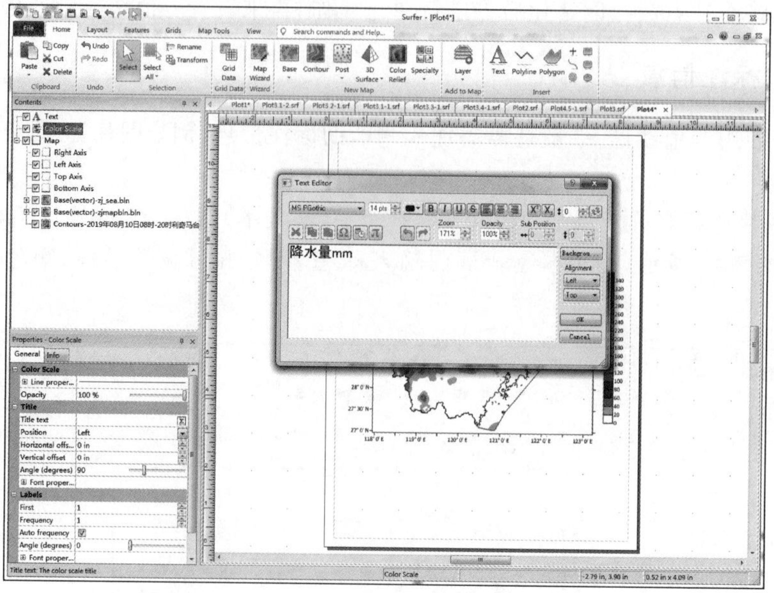

图 5-46　设置色标比例尺属性

显示出来即可满足需求，在 Surfer 里可以通过添加邮票图类型的图层（post map）来实现此目的。

首先要准备一个数据文件，包含了 11 个地市所在自动站的经纬度、站点名称信息，例如此处命名为 StationPostMap. txt，其内容如图 5-47 所示。

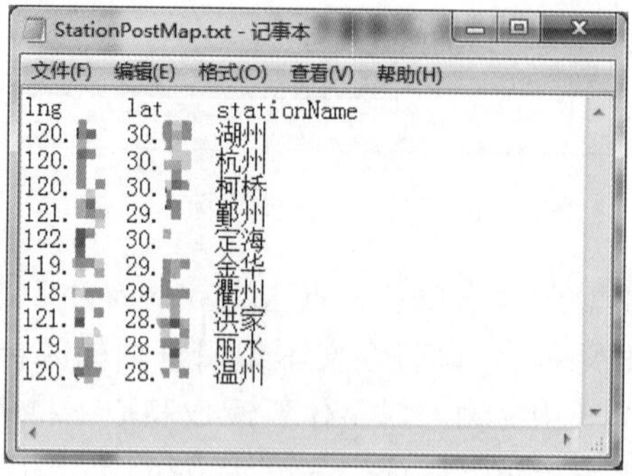

图 5-47　邮票图数据文件

选中左边属性框里的“Contours-out. grd”，通过右键弹出菜单“Add to Map ｜ Post...”加载邮票图数据文件 StationPostMap. txt，选中左边属性框里的“Post-StationPostMap. txt”，下部属性框切换到“Symbol”选项，设置符号“Symbol”为实心圆圈，填充色“Fill color”设置为红色，在“Symbol Size”-“Symbol Size”将符号大小设置为 0. 07 英寸。

再切换到“Labels”选项，将“Label Set 1”-“Worksheet column”下拉框选为站名列，字体

"Font"设置为"宋体"，大小"Size(points)"改为 10，完成上述设置后 11 个地市所在自动站将会有一个红色实心圆点进行标识，并在圆点顶部显示站点名称，其等值线图效果类似图 5-48 所示。

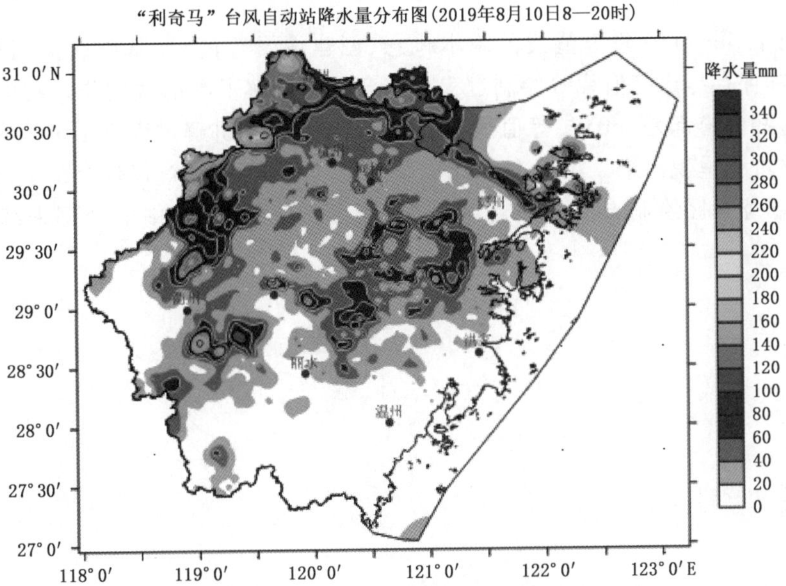

图 5-48　完成后等值线图效果

若不要等值线填充颜色，只要显示等值线，则其效果类似如图 5-49 所示。

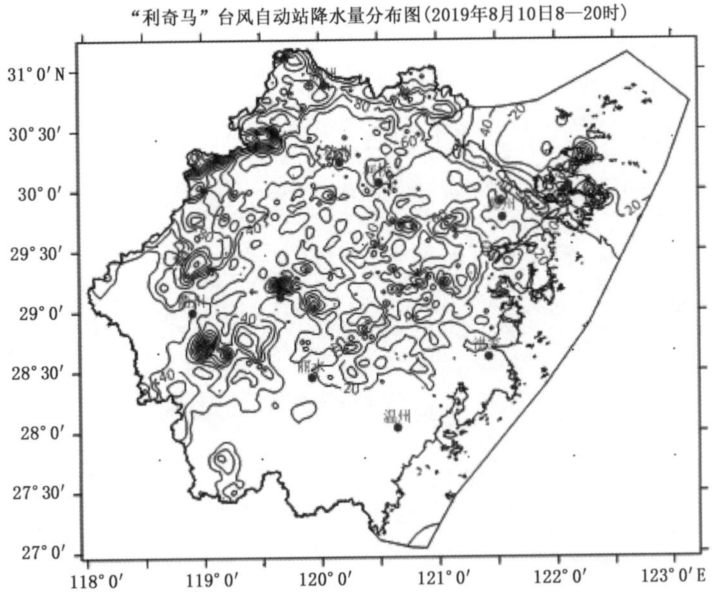

图 5-49　完成后等值线图效果(非填充)

5.9 小结

本章介绍了 Surfer 气象等值线的基本概念、创建编辑等值线、基础底图制作、等值线白化、辅助操作和保存导出等值线等绘制过程。结合实例讲解了等值线制作过程的基本属性和参数配置。这些内容都是 Surfer 等值线绘制的基础知识，在讲解过程中尽量从实际业务需要的角度把完整过程呈现出来。由于 Surfer 软件功能非常丰富，本章仅仅介绍了其中一部分常用的功能，要熟练掌握绘制方法与技巧，就要多练习，以实际业务中的个例来练习提升绘图技巧。

第 6 章　Surfer 绘制三维图形

学习目标

Surfer 三维图形绘制是扩展功能，本章对三维图形的基础知识、三维数据组织、绘制三维线框图的方法以及绘制三维表面图的方法进行了介绍。通过本章节的介绍，读者能够对 Surfer 三维图形绘制有初步的了解，通过本章的说明和方法，能很快创建出自定义的三维线框图和三维表面图。

本章重点

- 了解三维图形基础知识
- 了解 Surfer 三维数据组织
- 熟悉绘制三维线框图方法
- 理解绘制三维表面图方法

6.1　三维图形基础知识

虽然我们生活在一个三维的世界里，每天看到它并穿梭其中，但是这个世界的大多数表征都是二维的，例如在平面的纸或电脑屏幕上，我们看到的图画或照片。即使是我们对周围世界的三维视觉观察，也是基于闪现在视网膜上的二维图像。但是二维并不是图形表示的最小限度，简单的图像也可以在一维中呈现。

维度是用来描述一个物体的结构——不管它是否是平面的——以及它在空间中的范围。根据 Wolfram MathWorld(由沃尔夫勒姆研究公司赞助的一个在线数学参考资料机构)几何中的维度定义为：指定对象上的一个点所需的坐标数。例如，如果使用两个数字——如(2，4)——来定位一个特定的点，则此处处理的是二维图形(Vossos，2018)。

6.1.1 一维图形

一维图形是指只包含一个维度的图形。这只有可能在直线的情况下，因为唯一的维度是长度，由一个数字定义。例如，已知 A 点位置，B 在距其左侧 3 cm 处，则可知点 B 的位置。然而，线只是在理论上是一维的，在现实生活中，线的宽度只有百分之一或千分之一毫米。

6.1.2 二维图形

二维图形是现实生活中人们所遇见的一种常见的图形形式。二维图形描绘的是长和宽两个维度，即常以 X 和 Y 坐标轴表示，展现的是平面图。很多时候，天气预报中的气温预报、降水预报等都是用了简洁易懂的二维等值线图。例如图 6-1 所示为等值线示例(房淑波 等，2014)。

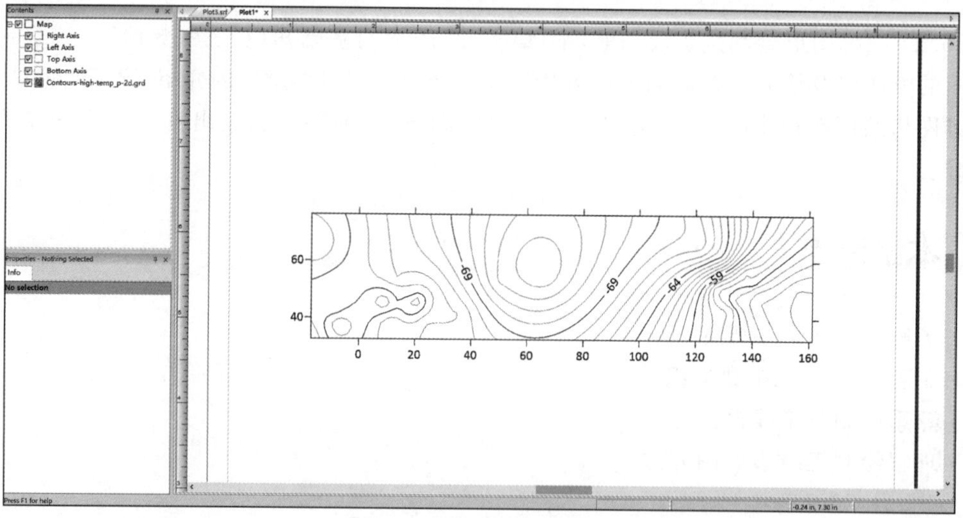

图 6-1 等值线示例

此外，在实际应用中，给 Z 值赋予颜色值，就能通过颜色变化来代表 Z 值的变化，如温度和降水都常用这一方法，图 6-2 为 2019 年 1 月 2 日浙江省气温预报图，通过颜色直观描述了当日的气温预报分布。

6.1.3 三维图形

除了长和宽，三维图形还包含另一个维度——深度，常以 Z 坐标轴表示。这种类型的三维图形是最贴近现实的一种，用这种方式描绘的对象或环境和用我们自己眼睛所看到的非常相似。在 Surfer 中可以使用三维线框图或者三维表面图来创建三维图形，如图 6-3 为三维线框图示例。

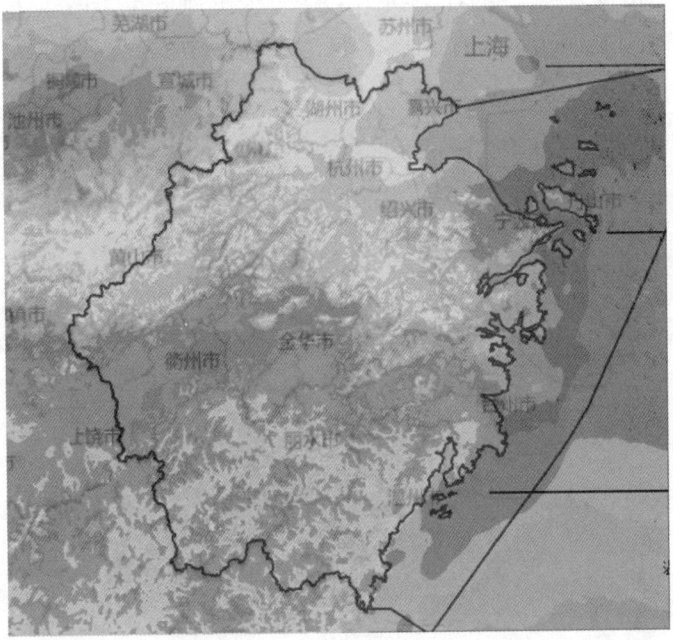

图 6-2 浙江省 2019 年 1 月 2 日气温预报

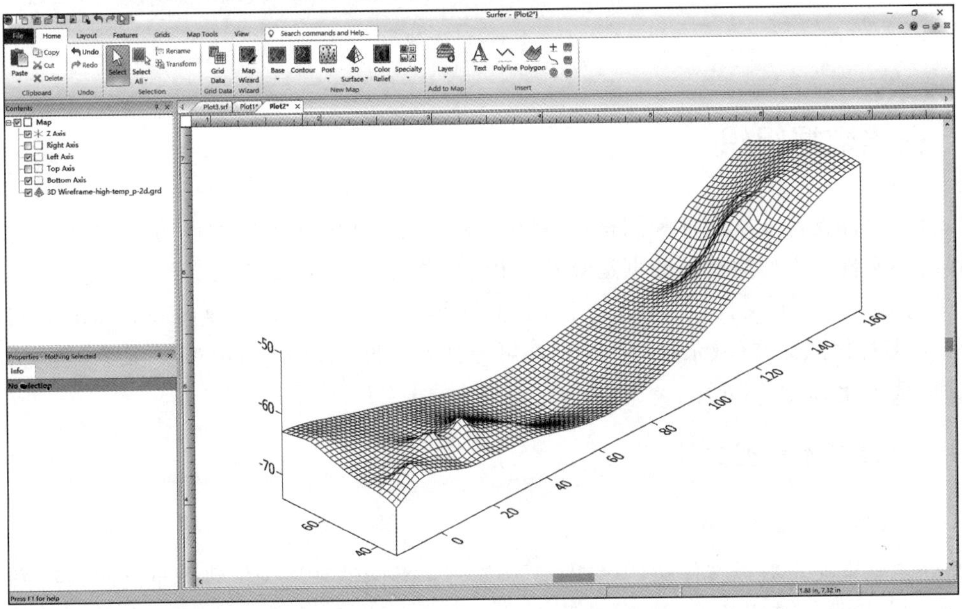

图 6-3 三维线框图示例

在气象地图中，地形图以三维图形作为比较常见的表现手法，因为地形的描绘包含了长、宽以及高度。如图 6-4 所示为浙江省地形图，可清晰地看到山区和平原的划分。

图 6-4　浙江省地形

6.2　三维数据组织

Surfer 软件支持文本文件和网格(GRD)文件，二进制和 ASCII 编码方式均可，一般采用 ASCII 编码文件以方便后续的数据运算和分析(罗贵东，2008)，支持的文件类型包括[.xls]文件、[.dat]文件、[.txt]文件、[.grd]文件等。其三维文件可输出为其他如 emf、wmf、dxf、mif、shp 等 20 多种格式的文件(张璐 等，2015)，可与其他软件(如 CorelDRAW)兼容，实现对三维图形的后续美化、加工等处理。

6.2.1　三维文本数据文件

6.2.1.1　数据文件格式说明

此处的三维文本数据文件指的是用 X、Y、Z 三个坐标轴来记录位置信息的原始数据文件。其中，x、y 轴表示二维平面，z 轴垂直于 xy 平面，共同构成三维坐标系。文件格式可以是[.txt]，[.dat]等。文件中数据排列有序，第一行定义每列的内容名称，每一行代表三维图形中的一点 P(x，y，z)，以及在该点 P 的值 A，如表 6-1 所示为一个文本数据文件示例。常用的分隔符是空格、TAB 键和逗号等，备注以“//”开头。

表 6-1　文本数据样例表

水平坐标 x	垂直坐标 y	纵坐标 z	值 A
a1	b1	c1	f1
a2	b2	c2	f2
a3	b3	c3	f3
…	…	…	…
an	bn	cn	fn

6.2.1.2　数据文件读取

在 surfer 软件中，数据文件的读取可通过两种方法实现。

1. 直接打开

点击主菜单中的打开按钮，如图 6-5 所示。

图 6-5　打开数据文件

选择准备好的[. txt]或者[. dat]文件，点击“打开”。

2. 从已有文件中复制，适用于数据比较少的文件，在工具栏新建一个表单文件，如图 6-6 所示。

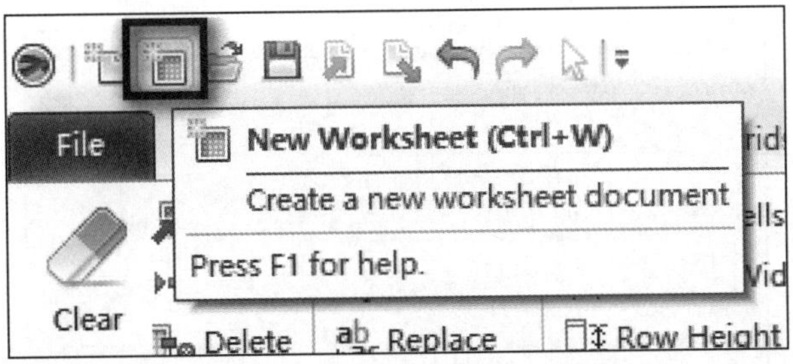

图 6-6　新建表单文件

从已知数据中复制，粘贴到新建文件中。

6.2.2　三维网格化数据文件

6.2.2.1　数据文件格式说明

网格化数据也叫格点数据，是对原始数据进行外推或内插的算法处理后生成的规则数据，即将已知的离散的站点数据处理成标准的网格化数据。和原始文件一样，包含空间位置信息

P(x,y,z)和该点的值 A。

6.2.2.2　三维数据插值处理

1. 数据读入。读入数据支持[.dat],[.txt],[.xls]等格式,本例中读取“high-temp_p.xls”,文件类型选择 All Recognized Types 即可。点击打开后出现 Grid Data 的对话框,该步骤是对格点数据的网格化方法(即插值方法)、插值选项保存路径等进行设置,如图 6-7 及图 6-8 所示。

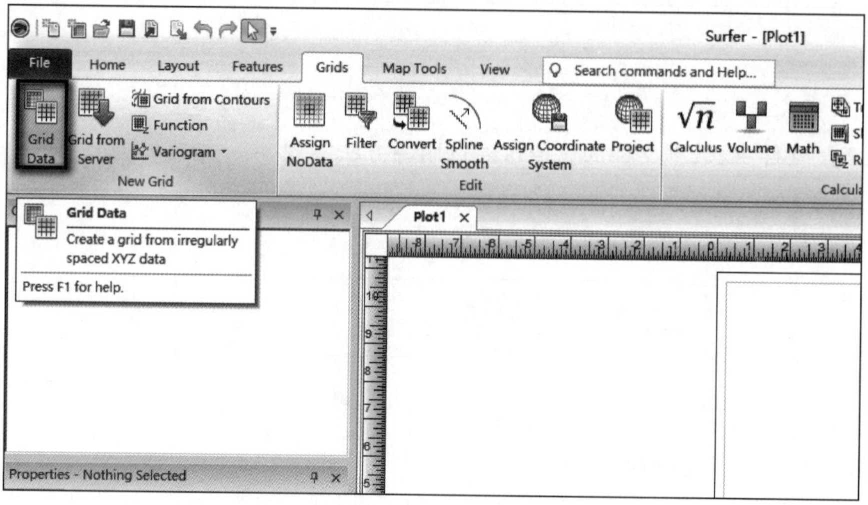

图 6-7　插值处理

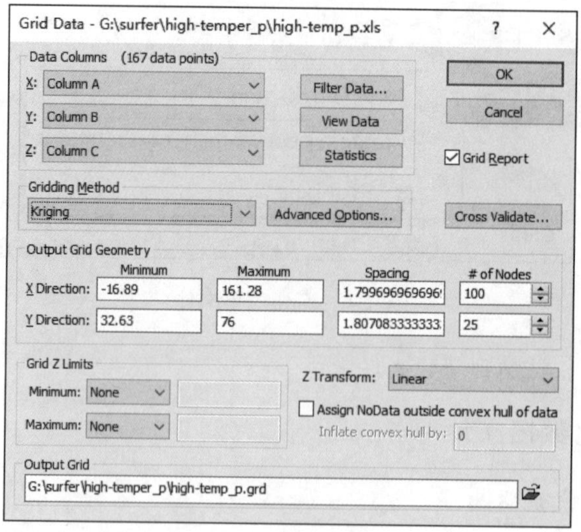

图 6-8　格点数据设置

2. 成像列选择。Surfer 中 X 轴(经度)和 Y 轴(纬度)表示平面,Z 轴对应纵坐标(高度),可在此处进行更改。

3. 输出网格参数设置。图 6-9 是对原始数据 X、Y 轴的取值范围和网格密度(Spacing)、插值点数(# of Nodes)的限制设置。其中若原始数据中有重复的点,将只计数一次并以后出现的数为准。

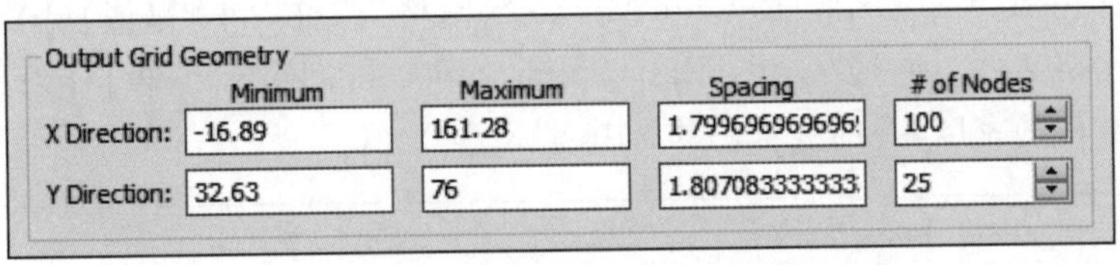

图 6-9　输出网格参数设置

插值点数(格点数)是决定成像精度的关键因素之一,插值点越多则精度越高,但对计算能力的要求也就越高。一般来说,插值计算一次性分配内存大小为 X 轴点数×Y 轴点数×Z 轴点数×4 Bytes。因此不要一味追求高精度而忽略了计算支撑能力,根据需要合理利用资源。

4. 网格化方法设置。图 6-10 显示了 Surfer 提供的 12 种插值方法。

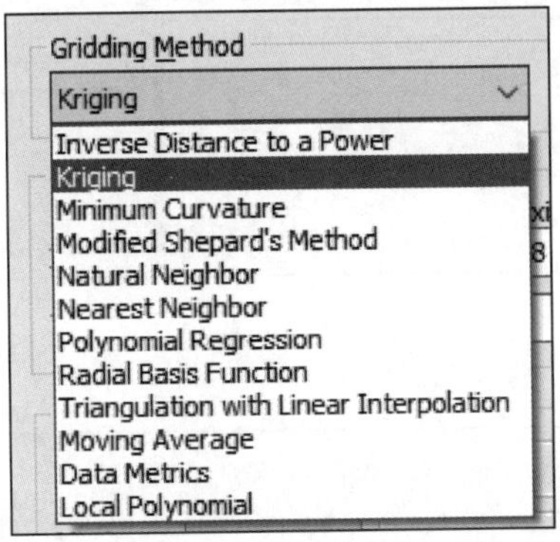

图 6-10　插值算法

对同一组数据,用不同的网格化方法会输出不同的结果,在网格化方法的选择上应优先考虑最能还原真实数据的方法,然后再设法优化图形的表现形式(冯仁朋 等,2019)。

5. 生成三维网格化数据,参数都设置好后,点击"OK"按钮,Surfer 将对数据进行转换,根据数据文件大小一般需几秒至十几秒不等。转换完成后将出现一份"Griding Report",同时在指定目录生成[. grd]文件(high-temp_p. grd)。

6.3　绘制三维线框图

三维线框图(3D Wireframes)是网格文件的三维空间展示,由 X、Y、Z 值的连线来创建,因此网格的每个节点都在线框图的交点上，并且线框的高度与分配给该节点的 Z 值成比例。网格文件中的列数和行数决定了线框上绘制的 X 和 Y 值的数量，线框可以显示 X 轴、Y 轴或 Z 轴的任意组合。其中，X 轴对应于网格数据文件中的列，Y 轴对应于网格文件中的行。

在输出网格参数设置（见 6.2.2.2 节）中对三维线框的范围进行了限制定义，创建网格文件时需限制线框不能大于或小于网格文件的范围。通过“Grids | Resize | Extract”（网格|调整大小|提取）（图 6-11）或“Grids|Resize| Mosaic”（网格|调整大小|镶嵌）（图 6-12）命令可生成子集或精简网格文件。通过“Grids|Edit|Spline Smooth”（网格|编辑|样条平滑）（图 6-13）可以增加网格文件的密度，并向线框图添加其他 X 和 Y 值。

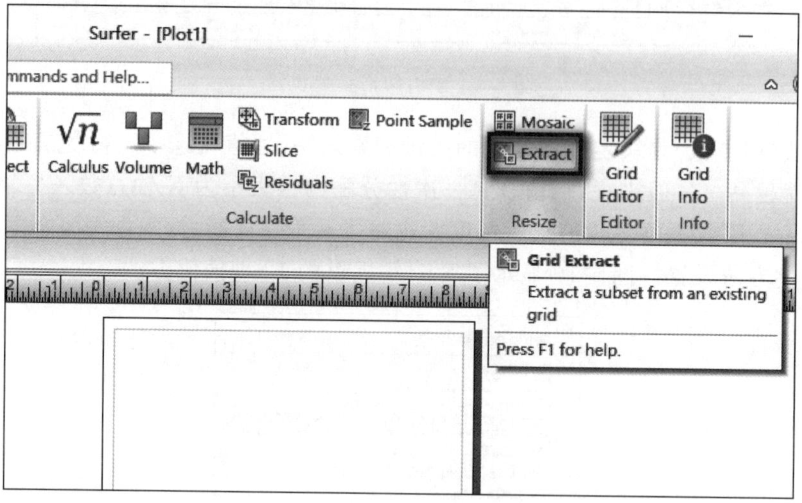

图 6-11　网格提取

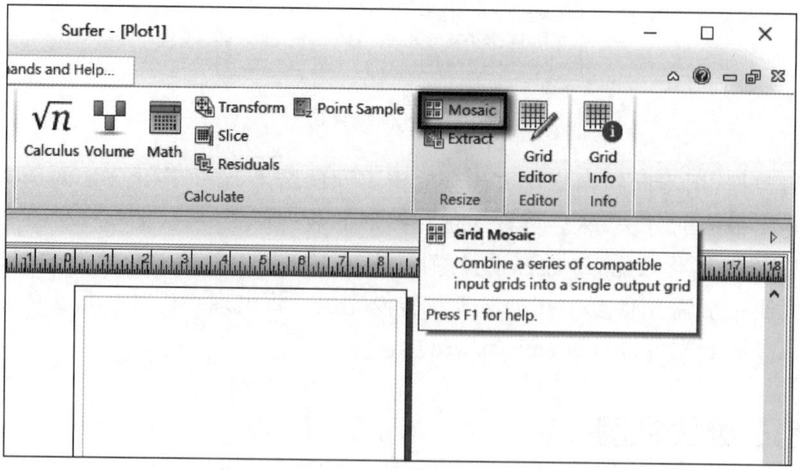

图 6-12　网格镶嵌

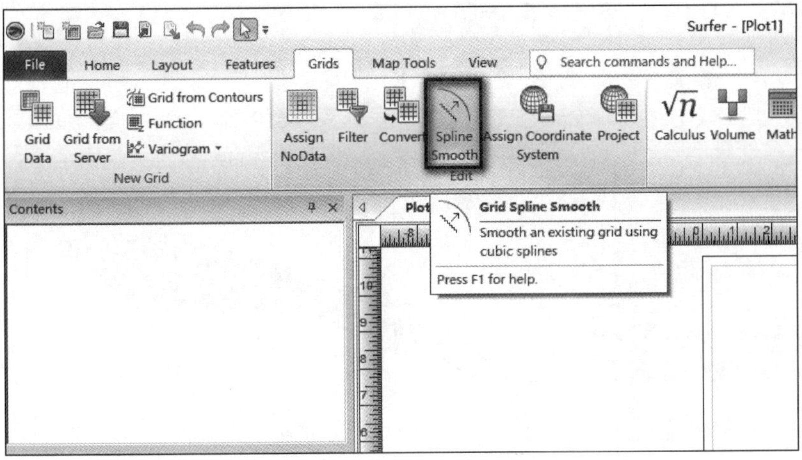

图 6-13　样条平滑

6.3.1　创建三维线框图

6.3.1.1　创建

通过"Home|New Map|3D Surface|3D Wireframe"(主页|新建图|3D 表面|3D 线框)(图 6-14)命令创建一个三维线框图。

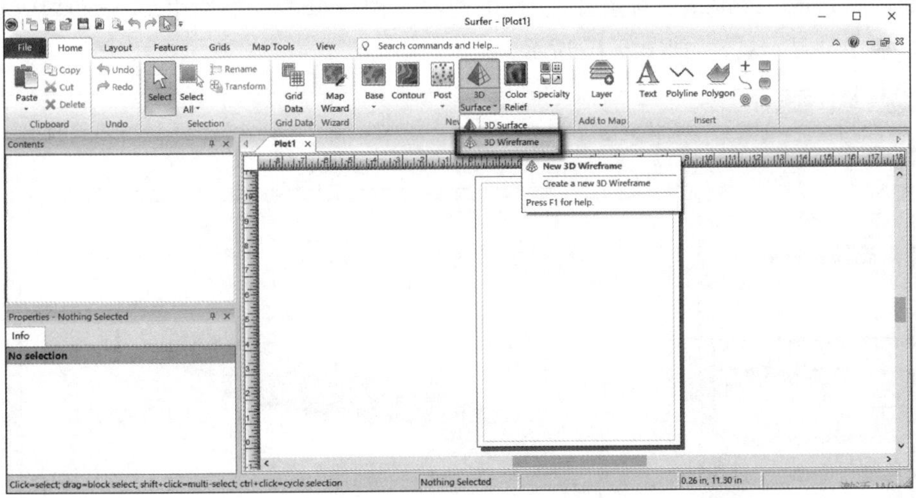

图 6-14　创建三维线框图

6.3.1.2　打开格点文件

点击后会出现选择文件的对话框,选中刚才转换好的格点文件"hig-temp_p. grd"并打开。Surfer 会使用默认的合理设置自动创建三维线框图,如图 6-15 所示。

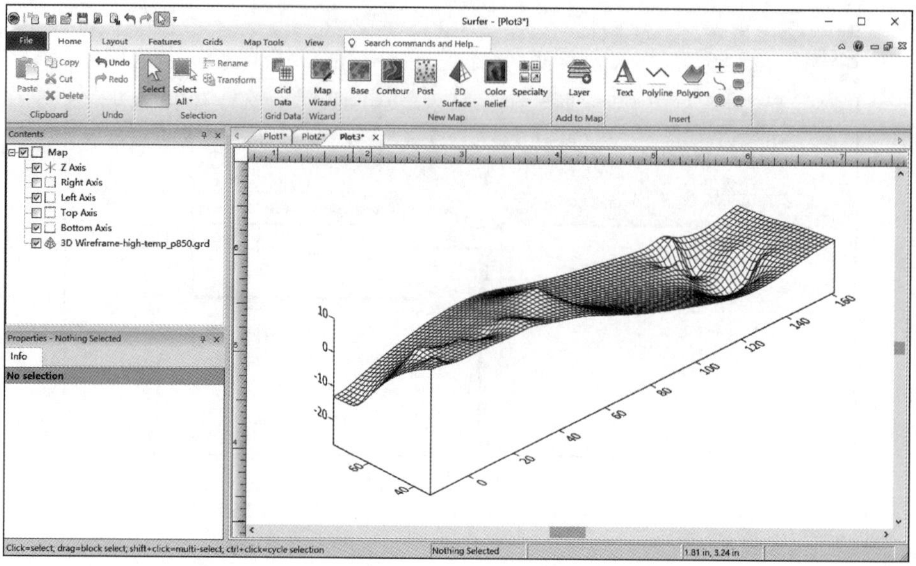

图 6-15　三维线框图

6.3.2　编辑三维线框图

在绘图窗口或“Content”（对象管理器）中的线框图上单击一次选中，左下角“Properties”（属性）窗口中会显示属性，如图 6-16 所示。

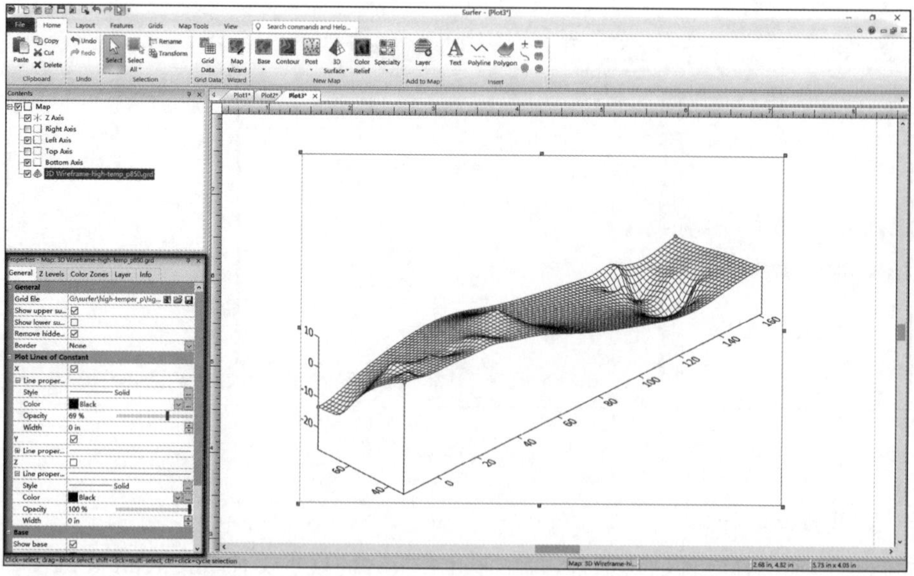

图 6-16　三维线框图属性

6.3.3　添加地图

线框图是独立于绘图窗口中的其他地图的，例如，在已存在等值线图的窗口中创建线框图时会产生两个相互独立的地图，它们都有各自的一组坐标轴和缩放参数。

若想在线框图上对等值线图创建单独的地图，有三种方法。

1. 通过“Home|Selection|Select All”（主页|选择|选择全部）命令选中两个地图，使用“Map Tools|Overlay Maps”（地图工具|覆盖地图）命令可以覆盖地图。

2. 通过“Home|Add to Map|Layer|Contour”（主页|添加到地图|层|等值线图）创建等值线图并将其直接添加到已有的线框图上，同时等值线图的坐标轴也与线框图保持一致。

3. 通过“Home|New Map”（主页|新建图）命令分别创建等值线图和线框图，然后选中其中一个地图并将其拖到另一个地图上，这和“Map Tools|Overlay Maps”命令等效，这样就创建了一个具有两个图层的共享一组坐标轴和比例参数的地图。

小提示：需要注意的是，线框图不能被其他线框图、点云层或者基于栅格的地图——如 3D 表面图、彩色地形图和基础（栅格）层覆盖，而可以被等值线图及其他类型的地图覆盖。

6.3.4　三维线框图属性

6.3.4.1　常规页面

在线框图上单击一次将其选中即可编辑 3D 线框，其属性显示在左下角“Properties”（属性）窗口中。如图 6-17 所示，3D 线框属性的“General”（常规）页面包含以下选项：

1. 导入网格文件

Grid file（网格文件）：显示用于生成地图的网格文件的路径和文件名，如果没有完整显示，将鼠标光标停留在文件名上即可看到隐藏部分。

Grid Info（网格信息）：按钮  提供了用于生成地图的网格文件更详细的信息，包括网格大小，X、Y、Z 的最大值和最小值，以及统计信息。如果网格文件包含超过 4000 万个节点，则会询问是否要创建详细报告或快速报告，单击“是”创建详细报告，或者单击“否”创建简短的快速报告。

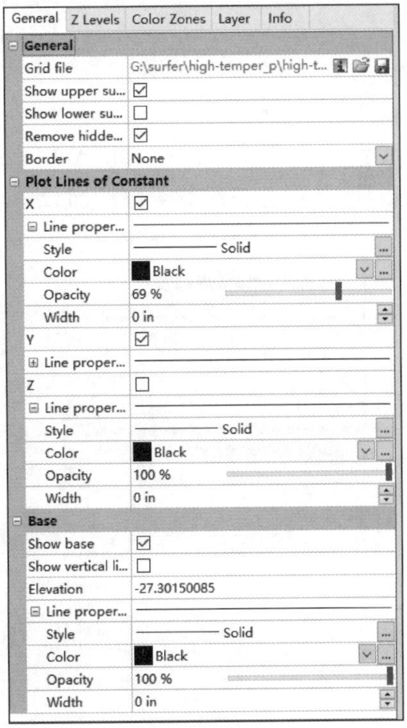

图 6-17　属性窗口常规页面

Change file(更改文件):点击按钮出现“打开网格”对话框,可以为线框图指定新的或更新后的网格文件。更改文件后将重置地图限制,但不会重新计算数据限制。

Save file(保存文件):点击按钮显示“文件另存为”对话框,可以将生成线框图的网格文件保存为新名称或新类型。

2. 显示线框图上表面。勾选 Show upper surface ☑ 将仅显示表面的顶部,如果选中“删除隐藏线”框 Remove hidden lines ☑ ,则不绘制上表面被表面其他部分遮盖的内容。

3. 显示线框图下表面。勾选 Show lower surface ☑ 将仅显示表面的底部,如果选中“删除隐藏线”框,则不绘制那些线框底部其他部分遮挡的内容。查看下表面时无法显示基准。

4. 删除隐藏线。勾选此功能将隐藏 X、Y 网格线在曲面上其他线之后的部分,关闭此功能将使线框图呈现透明外观。

5. 边界。边界选项控制线框与基准面相交的边界线的显示,可单击下拉框进行选择,如图 6-18 所示。

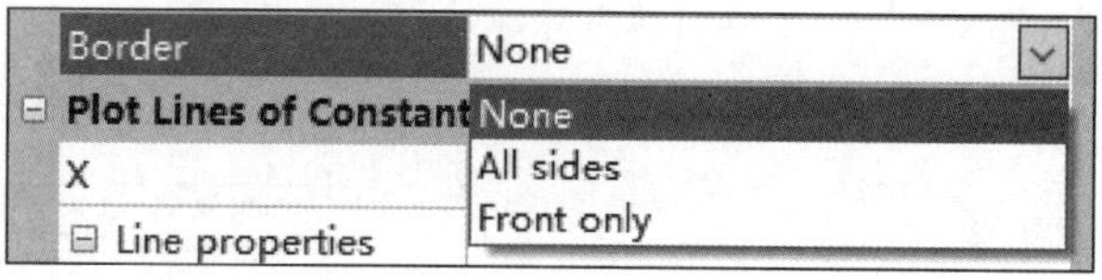

图 6-18　边界选项

当线框图同时显示 X 和 Y 网格线时边界线是不可见的,选择 All Sides 后即可见线框图外边界,其颜色在绘制等值线面板中设置,如图 6-19 所示。

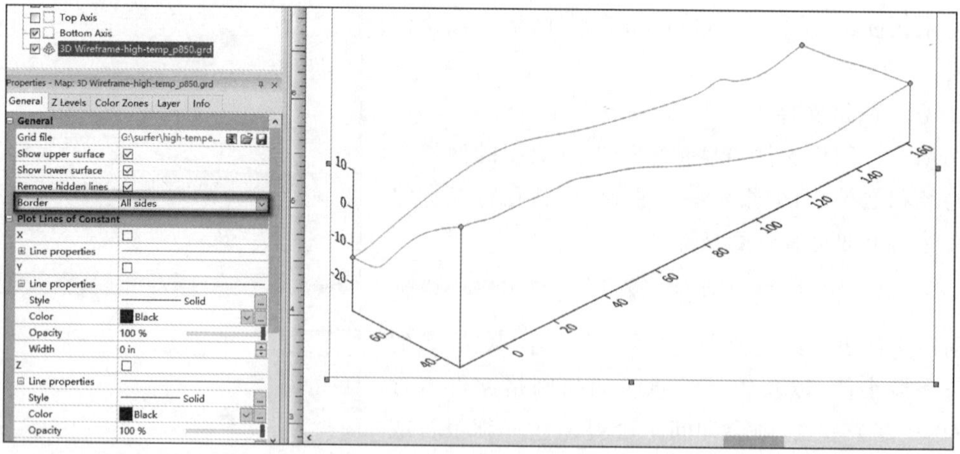

图 6-19　显示边界

6. 绘制等值线

此选项可以指定显示线框图时使用的网格线:X、Y 或 Z 以及它们的任意组合,如图 6-20。

勾选网格线 X、Y 或 Z 的复选框表示显示 X、Y 或 Z 线,反之则不显示。点击网格线属性旁的 ⊞ 按钮来打开属性设置,可以更改线型、颜色、不透明度和宽度。3D 线框图不支持复杂的线型。

7. 基准面

基准面是指线框图下方的区域,基准面属性控制线框图基准面的显示,可以在相对于曲面的任意 Z 高度处绘制基准面。

(1)显示基准面。通过勾选复选框来显示线框图的基准面,线框图的基准面也是将线框连接到坐标轴角的线。

(2)显示垂直线。通过勾选复选框来显示垂直线,即基准面与线框图之间的垂线,如图 6-21。

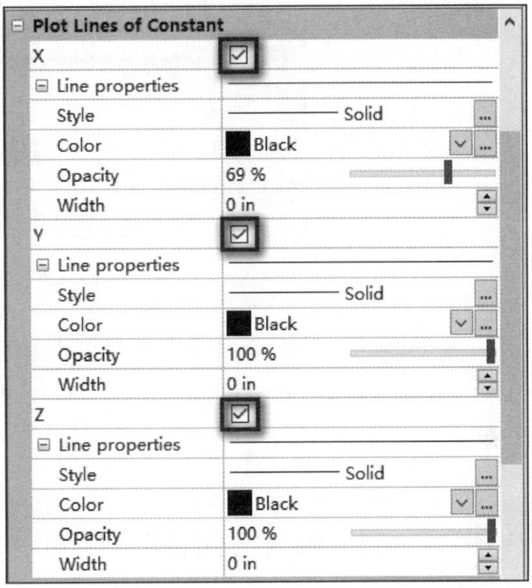

图 6-20　勾选 X、Y、Z 复选框

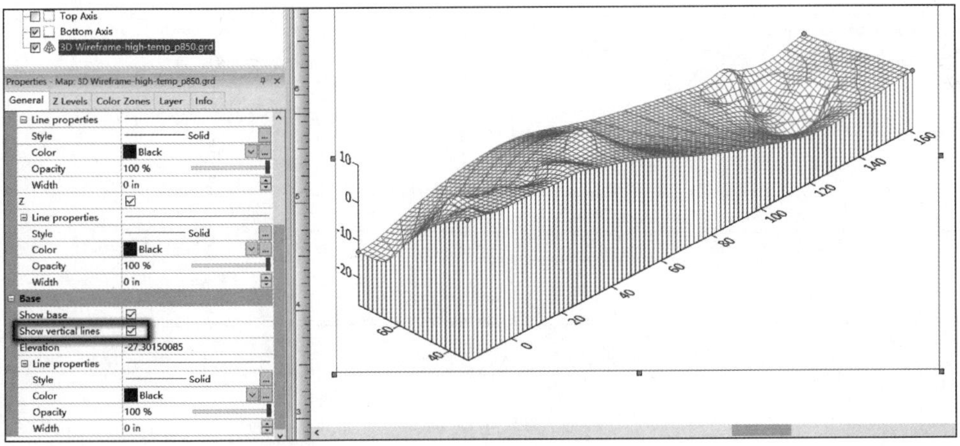

图 6-21　显示垂直线

(3)高程。可在右边数值框中直接输入需更改的值,设置基准面的高程,如图 6-22 所示。

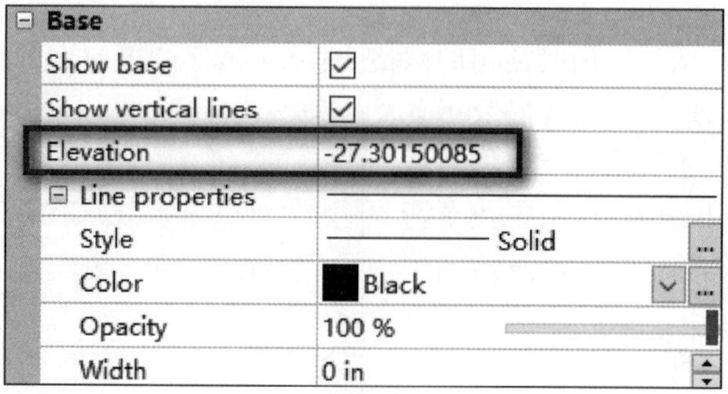

图 6-22　更改高程值

(4)基准面的线属性。与属性设置类似，点击"Base | Line properties"网格线属性旁的 ⊞ 按钮来打开属性设置，可以更改线型、颜色、不透明度和宽度(3D 线框图不支持复杂的线型)。

6.3.4.2　Z 线等级

Z Levels(Z 线等级)选项控制等值线 Z 的属性，包括等值线的起止范围、间距、颜色的取值范围、线型等。只有在"General"(常规)页面相应的网格线 Z 勾选上时，才能应用 Z Levels(Z 线等级)选项卡。

在属性窗口中单击 Z 等值线选项卡(Z Levels)，然后点击编辑按钮打开对话框，如图 6-23 所示。

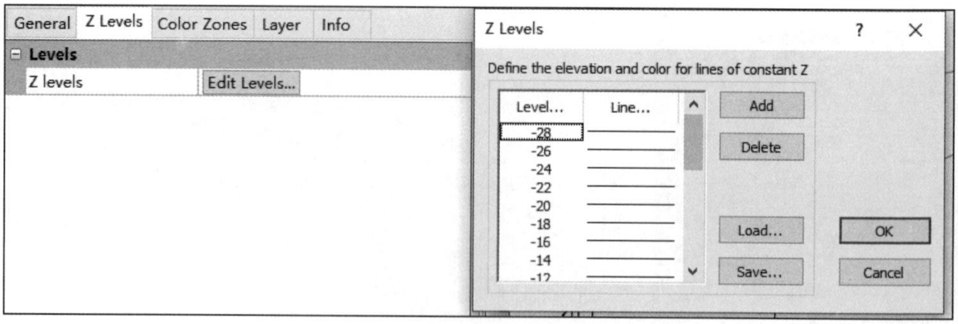

图 6-23　Z 等值线属性编辑

单击"Level"(等级)参数按钮使 Z 等值线间隔分配均匀，会出现"Contour Levels"(等值线等级)对话框，如图 6-24 所示。可自行设置最大值、最小值和间隔，也可以使用默认值。设置某个单独的等值线等级时，只需双击等级列表中要更改的值即可，以此可以为 Z 线等级创建不相等的间隔。

单击"Line"(线)按钮可以打开对话框为网格线创建渐变颜色或改变线型，如图 6-25 所示。需要改变某单独的等值线属性时，只需双击线型列表打开线属性对话框进行更改。

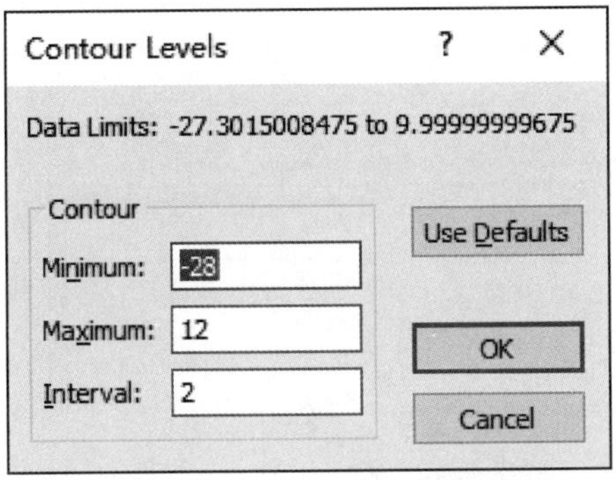

图 6-24　等值线等级设置

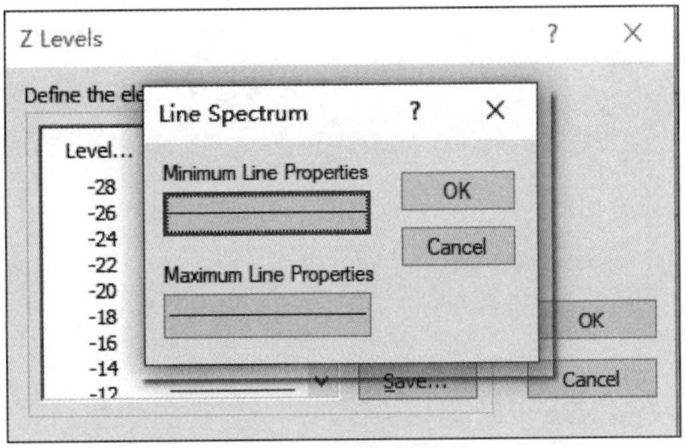

图 6-25　线属性设置

在 Z 等值线选项卡中单击右侧“Add”(添加)按钮,可在当前所选等级与其上一个等级之间添加一个等级,其值介于两个等级之间。“Delete”(删除)按钮可删除选中的等级。

单击“Load”(加载)按钮可以加载等级文件,可以手动创建等级文件,也可以使用线框图或等值线图创建。当等级文件包含其他内容,如“Label”(标注)和“Hachures”(影线)时,会影响 3D 线框上的 Z 等值线,而不会显示出来(标注或影线)。

6.3.4.3　颜色区域

单击“Color Zones”(颜色区域)选项卡的“Edit Levels”(编辑等级)按钮打开颜色设置对话框,以基于网格文件中的 Z 值将颜色和线型赋予网格线 X、Y 和 Z。类似于 Z 等级属性,只有在“General”(常规)页面相应的网格线 X、Y 或 Z 勾选上时,才能应用颜色区域选项卡,如图 6-26 所示。

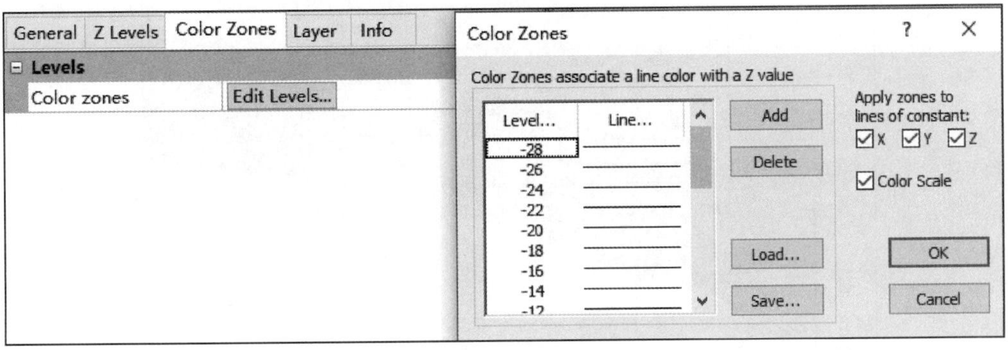

图 6-26　颜色区域设置

例如，使用“Color Zones”(颜色区域)属性来改变线框图的颜色，如图 6-27 所示。

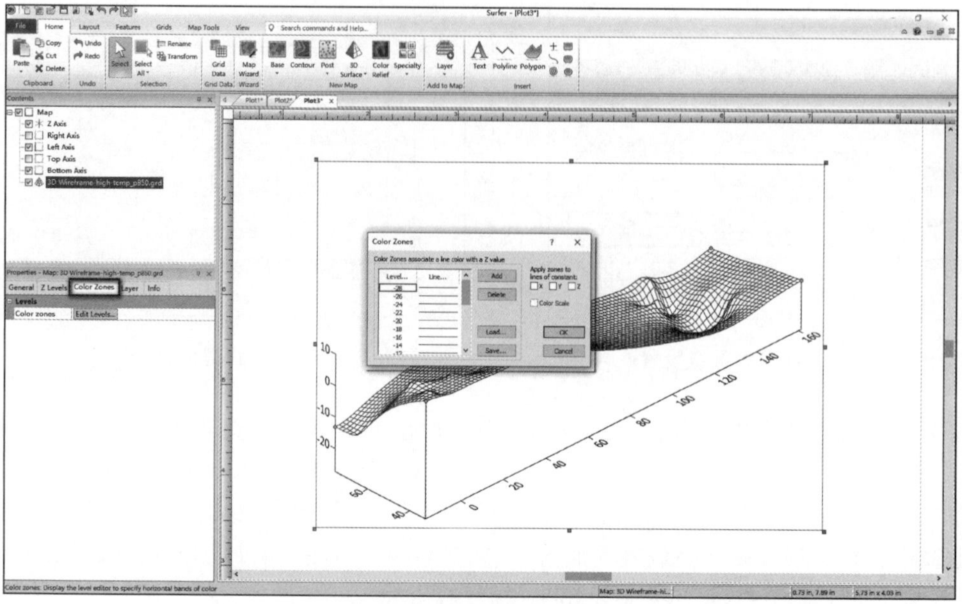

图 6-27　三维线框图颜色属性

在线谱设置中设置最小值和最大值处线的颜色，可创建渐变颜色，如图 6-28 所示。

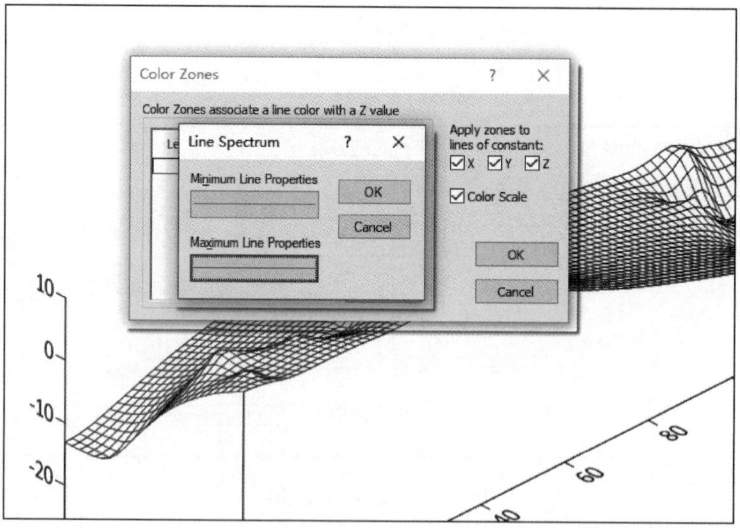

图 6-28　颜色属性设置

点击确定后看到颜色变化以及色标信息，如图 6-29 所示。

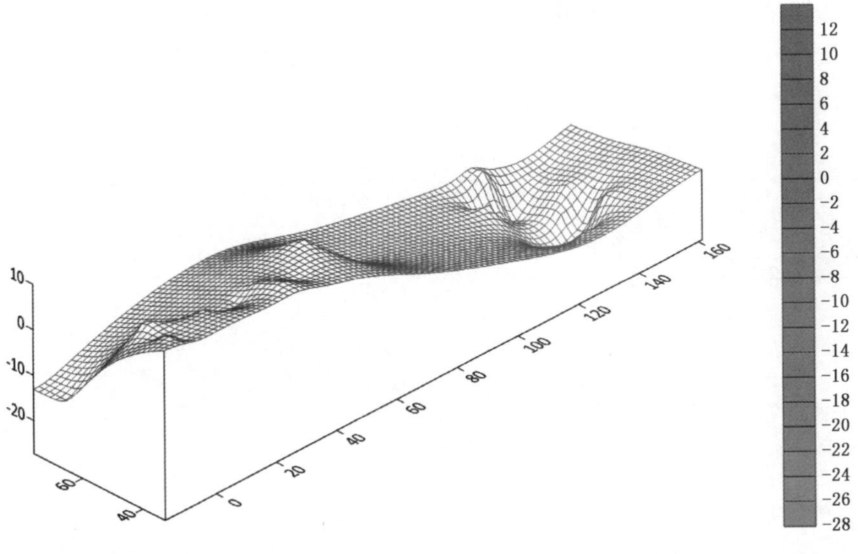

图 6-29　颜色效果

6.3.4.4　图层

底图、粘贴图、分类粘贴图、格点图、等值线图、地形图、矢量图、点云图、分水岭图、三维线框图、视域和经纬线可通过"Layer"(图层)属性里的透明度条控制整个地图层的透明度。而曲面图没有图层属性。

6.3.4.5　等级文件

对于三维线框图，"Level files"(等级文件)包含 Z 等级线属性和颜色区域线属性。可以将在 Z 等级或颜色区域中自定义的属性设置保存在等级文件中，并在其他的三维线框图或等值线图中调用该文件。

从线框图属性对话框创建的等级文件仅包含有关 Z 等级线属性的信息且不会将颜色填充，等值线标注或影线信息写入到色标文件中，但是，从高级等值线图等级属性对话框创建的等级文件可以包含此类附加信息。从线框属性对话框创建的等级文件可用于等值线图，反之亦然，而任何未被使用的其他信息都将被忽略。

6.3.4.6　填充线框图

线框图不允许创建填充颜色的等值线，但可以通过创建三维线框图并添加填充颜色的等值线图图层，这样就在线框图上创建了一个填充颜色的等值线。但一般来说，三维表面图更适合创建这种类型的地图。

在三维线框图上叠加填充的等值线图的步骤如下。

1. 通过"Home|New Map|3D Surface|3D Wireframe"创建一个三维线框图。

2. 选择并打开准备好的网格文件。

3. 在线框图上单击一次并选中。

4. 通过“Home|Add to Map|Layer|Contour”命令打开准备好的网格文件，得到图 6-30 的效果。

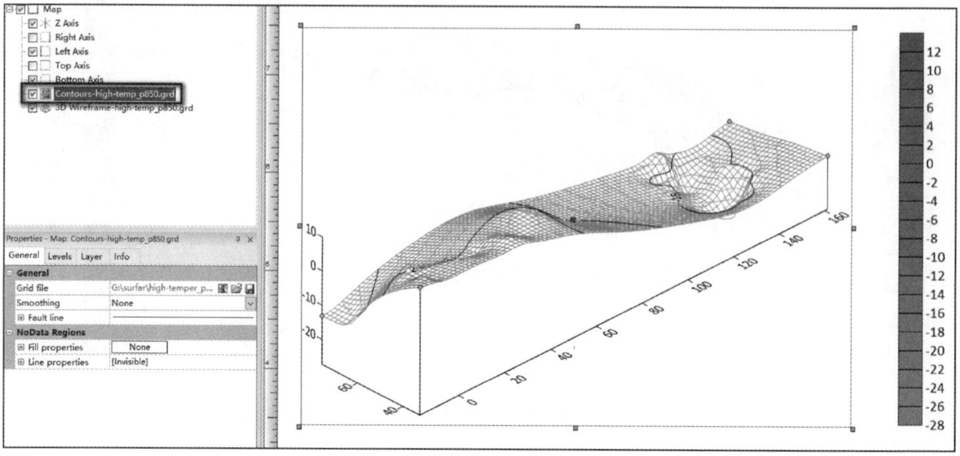

图 6-30　叠加等值线图层

5. 在等值线图上单击一次将其选中，点击属性窗口中的等级页面，并勾选填充等值线，得到如图 6-31 的效果，更改等值线图的其他参数可以即时看到地图效果随之改变。

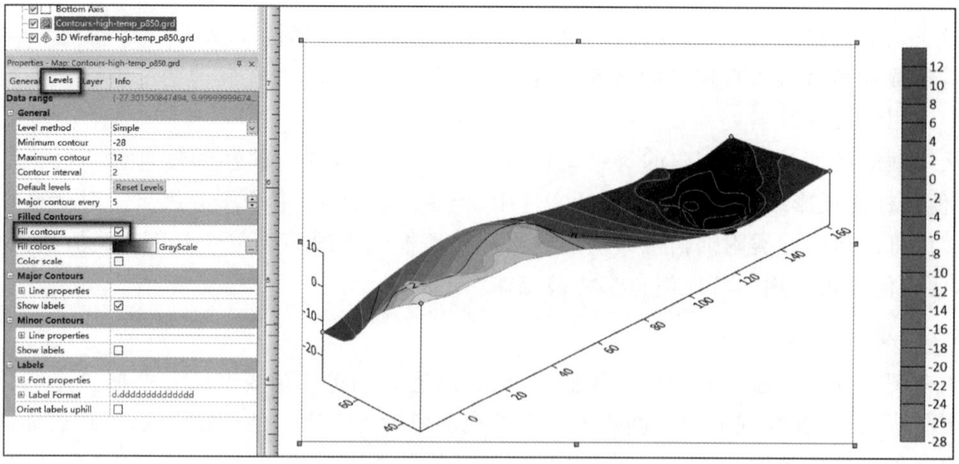

图 6-31　填充等值线效果

6. 这样，在三维线框图上就叠加了填充了的等值线图。由于没有在等值线上去除隐藏线，根据需要调整角度使所有区域可见。点击“Map Tools|View|Trackball”（地图工具|查看|轨迹球）命令，或者在地图上点击右键来选择轨迹球，为三维线框图设置需要的方向参数，或者通过鼠标直接旋转，如图 6-32 所示。也可以在地图属性的视图页面上调整倾斜度、视野、旋转和投影值，如图 6-33 所示。

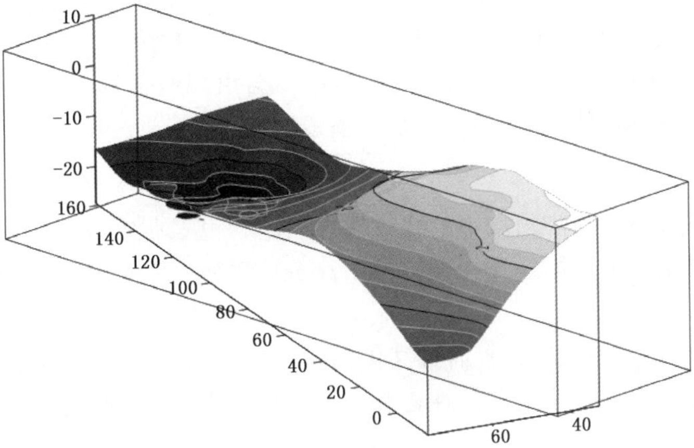

图 6-32　使用轨迹球工具调整角度

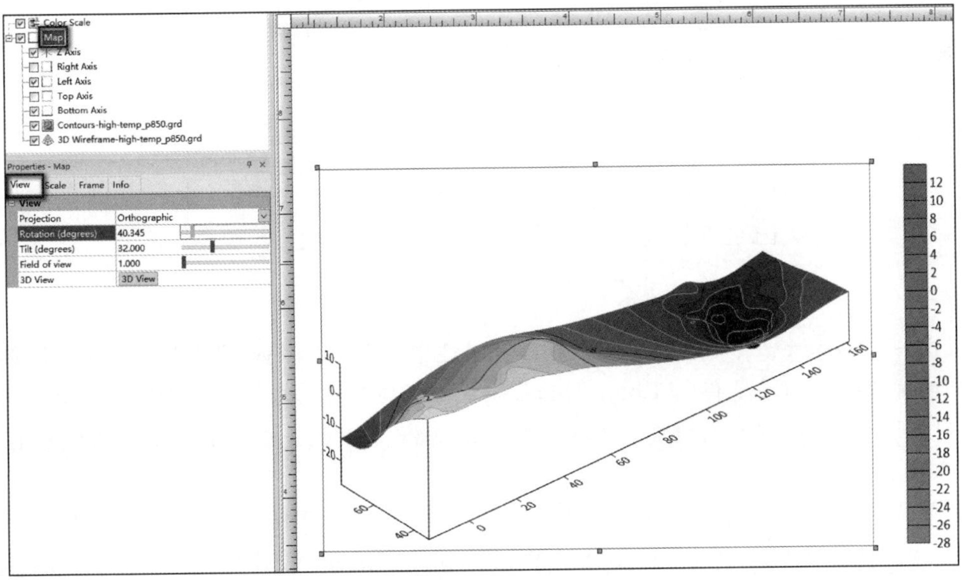

图 6-33　使用地图的视图工具

6.3.4.7　指定绘制的线

线框图上任何 X、Y 或 Z 线的组合都可以显示，当用 X、Y 线表示表面时，网格会显示在表面顶部，使用 Z 线表示时，将绘制高程等值线图。绘制指定三维线框图上的线，步骤如下。

1. 单击选中线框图。
2. 在属性窗口单击“General” 选项卡。
3. 在“绘制等值线”选项中通过勾选框进行 X、Y 或 Z 线的任意组合。

需要注意的是，在线框图上显示 Z 线时，使用 Z 等级选项卡来为各个 Z 线定义等级和线属性，改变的等级将影响线框图上 Z 线的显示，但不会出现线框标注或刻度线。如果想要在线框图上显示等值线标注或刻度线，需添加等值线图层。

6.3.4.8　线属性的优先级

线框图的线属性由“属性”窗口中的线框属性控制。根据所需效果，可以在属性窗口的三个不同的页面上设定线框图的线属性："Color Zones"页面、"Z Levels"页面、"General"属性页面。

其中，颜色区域定义的线属性拥有最高优先级，当启用颜色区域页面上的 “将区域应用于等值线”的复选框时(图 6-34)，这些属性将优先于所有其他分配的线属性。

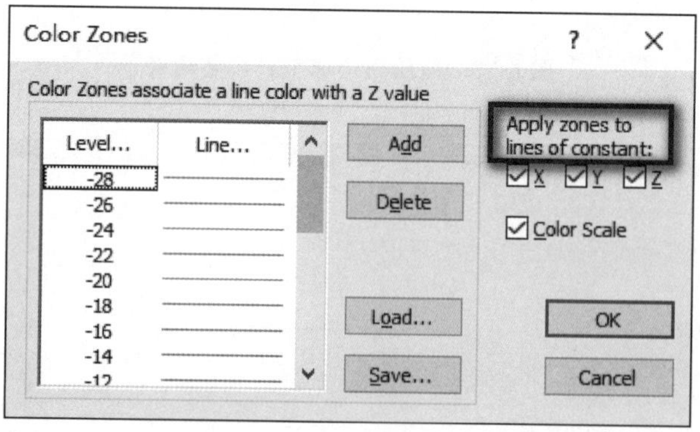

图 6-34　将区域应用于等值线

其次，在“General”页面上的“绘制等值线”属性中与在“ Z Levels”页面上定义的线属性具有相同的优先级。如果没有在“Color Zones”页面上的选项中设定，则次高优先级是“General”页面或“Z Levels”页面上的设置，以最后更改的为准。“Z Levels”页面设定的颜色仅用于 Z 线。

另外，在“General”页面的“等值线的绘制”部分中定义的 X 和 Y 线属性将应用到整个曲面，而不考虑曲面的相对水平。若要分配 X、Y 线在曲面的垂直范围内变化，需在“颜色区域”页面上设置线属性。而颜色区域的线属性随着网格的 Z 值变化而变化。此处可以实现不用考虑间距而将相同的线属性应用于所有 Z 等值线，若要应用随高度变化的 Z 线属性，需要在 Z

等级或者颜色区域面板中设置。

6.3.4.9　线框基准面

3D 线框的基准面是指线框下方的区域，其底部可以延伸到任何 Z 等级上。可以用 X、Y 线延长线的垂直线来表示基准面的侧面，即图 6-35 中加粗虚线部分。

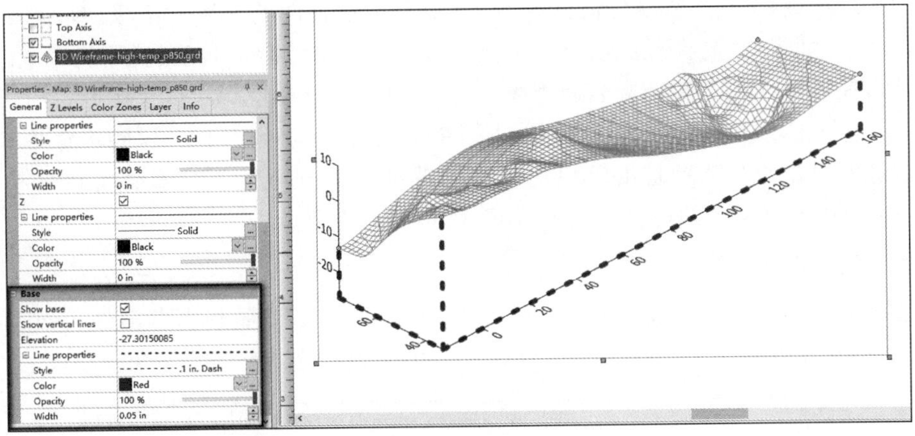

图 6-35　基准面区域

6.3.4.10　平滑线框图

三维线框图的平滑度是网格密度和地形的函数。例如，相同的数据创建一个 10×10 和 50×50 的网格文件，后者要平滑得多。可以通过增加网格文件的行、列数来达到平滑线框图的效果，有两种方法：(1)创建网格数据时，在网格数据对话框中设置更多的 X、Y 方向上的节点；(2)通过“Grids|Edit|Spline Smooth”(网格|编辑|样条平滑)命令(图 6-36)在现有网格文件中插入行和列。另外，“Grids|Edit|Filter”(网格|编辑|过滤器)命令可用于增加地图的平滑度。

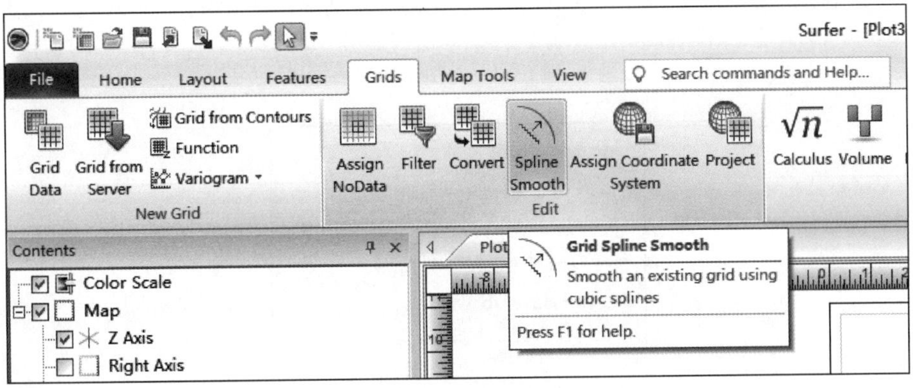

图 6-36　样条平滑

6.3.4.11 线框图 NoData 区域

网格文件的 NoData 区域由 3D 线框图上的低平坦区域表示。NoData 区域的等级设置为网格文件的最小 Z 值或“General”页面上的最小“Elevation”(高程)值,以较大者为准。以一个 Z 维度范围从 0 到 100 的网格文件为例。创建线框时,任何 NoData 区域在 Z = 0 值处均显示为较大的平坦区域,并且高程属性值也等于 0。如果高程属性更改为－15,则 NoData 区域保持不变,Z=0。如果将“高程”值增加到 10,则 NoData 区域是 Z=10 处的低平坦区域。

数字高程模型(DEM)可能在表面边缘上具有一些 NoData 区域。包含在 7.5′的四边形中的 DEM 多边形由轮廓组成,由于 UTM 坐标系和正北之间的角度可变,这些轮廓并不总是具有相同数量的数据点。结果是沿着地图边缘的数据点的规则阶梯式布置可以转换为沿着 Surfer 中生成的网格文件的边缘分配了 NoData 值的网格节点。

6.3.4.12 线谱设置

通过三维线框图的 Z 等级、颜色区域设置页面或网格节点编辑器等值线等级的线按钮(图 6-37),打开线谱设置(Line Spectrum)对话框可创建渐变颜色,如图 6-38 所示。

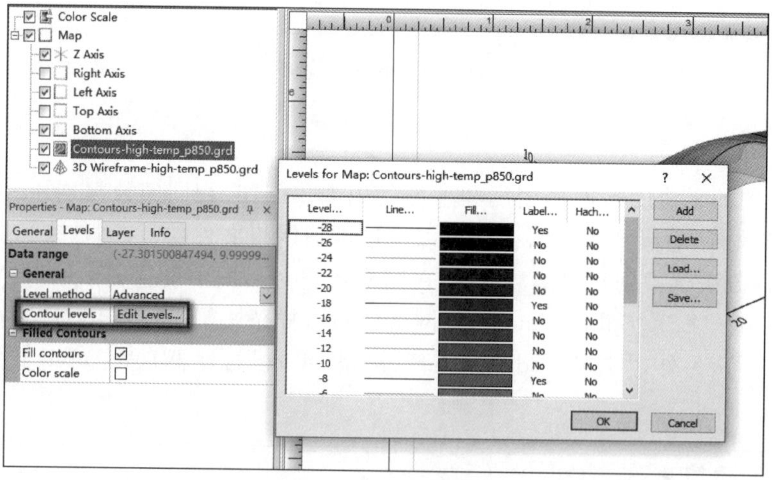

图 6-37 等值线等级

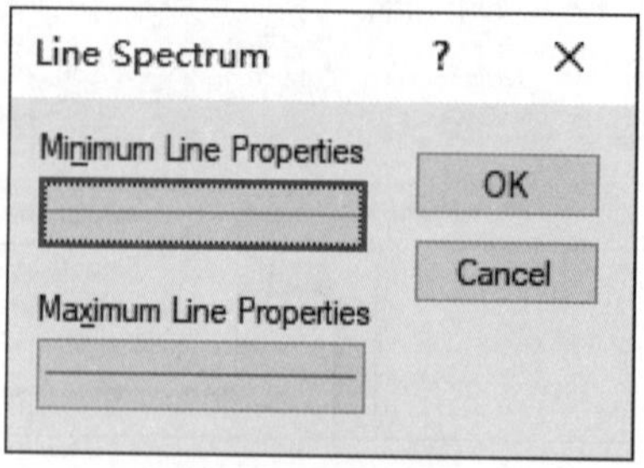

图 6-38 线谱设置

在线谱设置中单击“Minimum Line Properties”(最小线属性)和“Maximum Line Properties”(最大线属性)按钮来设置最小值和最大值处的线型、颜色和宽度。单击“最小线属性”或“最大线属性”按钮时，将显示“线属性”对话框。最小线属性分配给最小值等值线，最大线属性分配给最大值等值线。Surfer 会自动分配最小和最大值之间渐变线的颜色及宽度。

若分别为最大值和最小值等值线设置不同的线型，则不会有线型的渐变，而是将值按大小分为上下两部分，为最小值等值线设置的线型分配给下半部分，为最大值等值线设置的线型则分配给上半部分。

若不想显示等值线，则可在线谱设置中为最小和最大值设置不可见的线型。

6.4　绘制三维表面图

三维表面图(3D Surfaces)也被称作曲面图，是网格文件的彩色三维表示，颜色、照明、覆盖和网格都可以在表面上更改，可以将表面图与其他表面分层，以使这些表面彼此相交，也可以对多个三维表面贴图进行分层以创建框图。表面图可以具有其他地图类型的图层，但三维线框图除外。表面图允许在指定区域生成高程模型，并在表面图顶部添加数据层。如果将颜色用于显示曲面上的 Z 值，Surfer 将混合颜色以形成平滑的渐变，也可以调整照明来改变地图的显示外观。

6.4.1　创建三维表面图

通过调用“Home|New Map|3D Surface”(主页|新建图|3D 表面图)命令(图 6-39)会出现“网格文件”对话框。

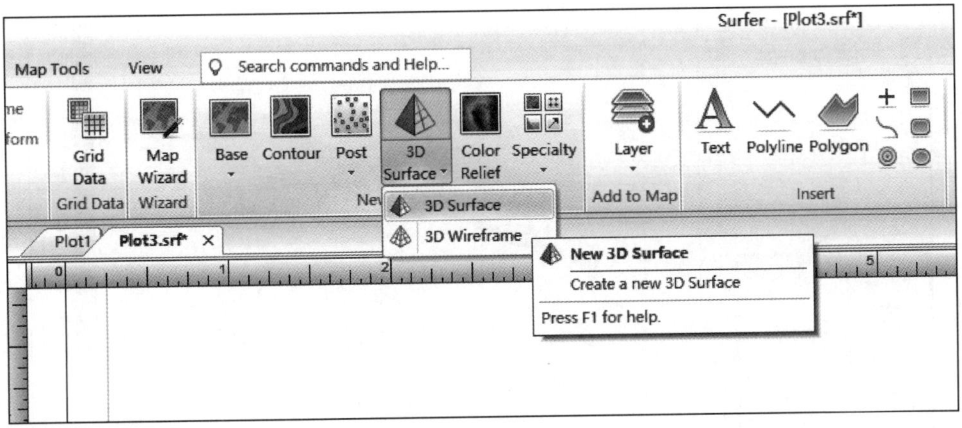

图 6-39　创建三维表面图(一)

选择准备好的网格文件并单击打开按钮，Surfer 将使用定义好的默认设置创建一个三维表面图(图 6-40)。

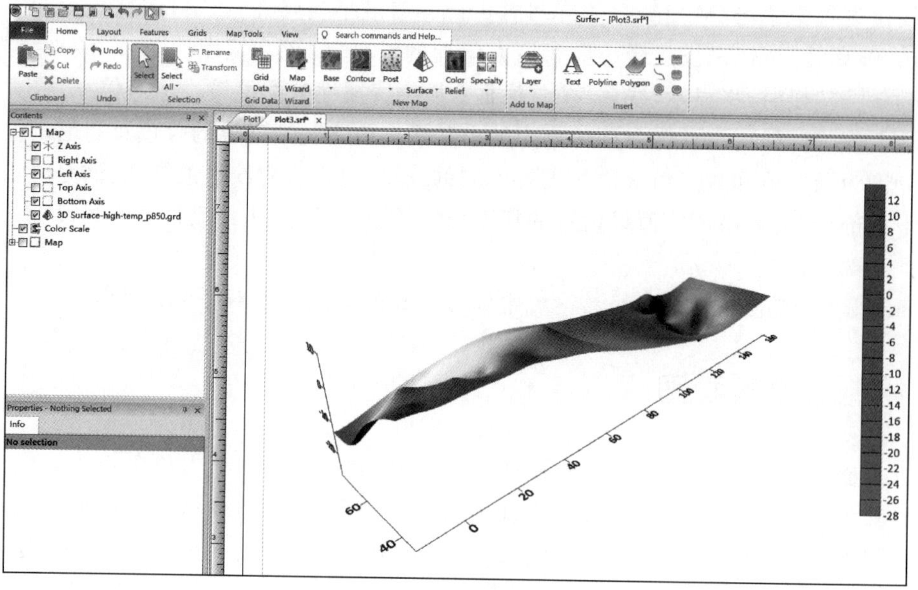

图 6-40　创建三维表面图(二)

6.4.2　编辑三维表面图

点击一次右侧绘图窗口内的表面图或者左上部内容窗口的三维表面图文件,即可选中表面图,左下部会出现属性窗口(图 6-41)。通过更改属性设置可更改三维表面图的外观显示。

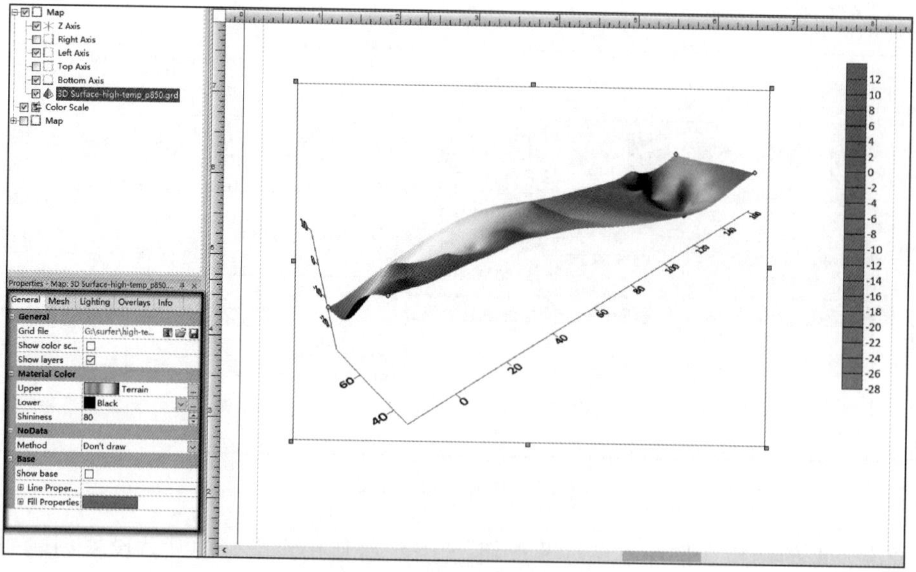

图 6-41　编辑三维表面图

6.4.3　添加地图层

在绘图窗口内，Surfer 创建的表面图是独立于其他地图的。举例来说，如果在已有等值线图的绘图窗口创建一个表面图，则同时有两个单独的图存在，每个图都有自己的一组坐标轴和缩放参数(图 6-42)。

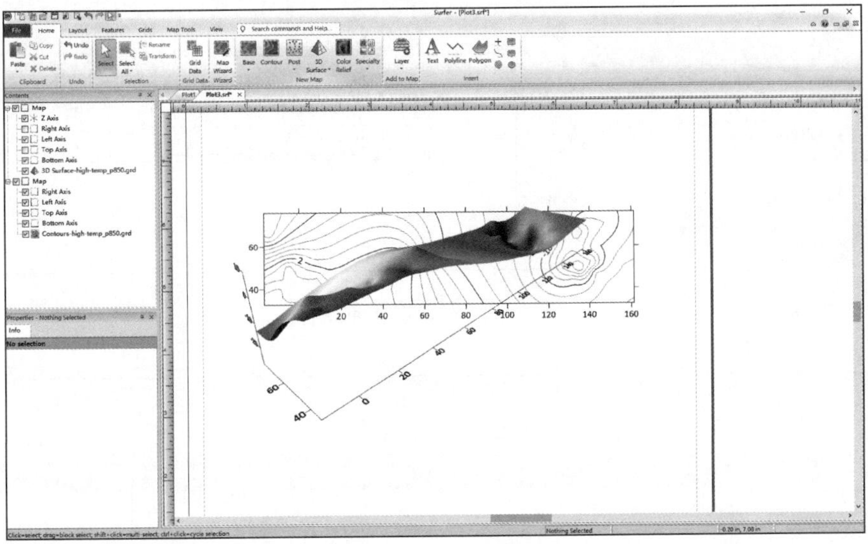

图 6-42　添加地图层

若想在表面图上创建一个等值线图并以单个图呈现，有三种方法。

1. 可以通过“Home|Select|Selec All”(主页|选择|选择全部)命令(如图 6-43)选中两个地图。

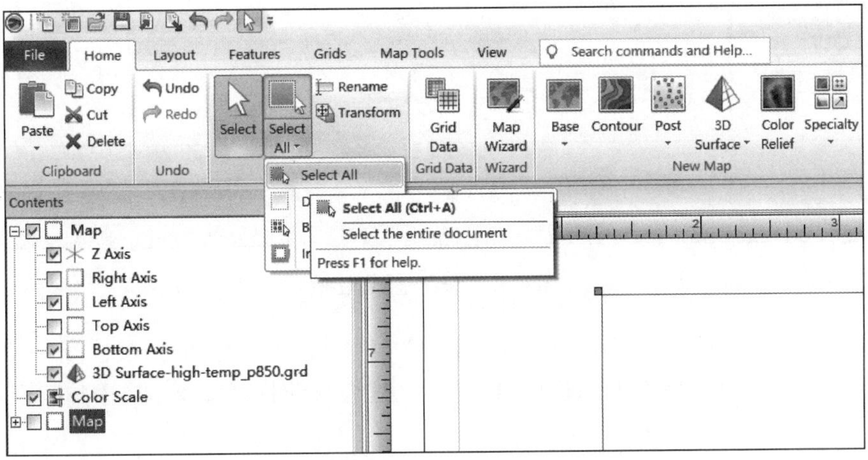

图 6-43　选择全部地图

然后通过“Map Tools|Overlay Maps”(地图工具|覆盖地图)命令(如图 6-44)将两个地图合为一个,如图 6-45 所示。

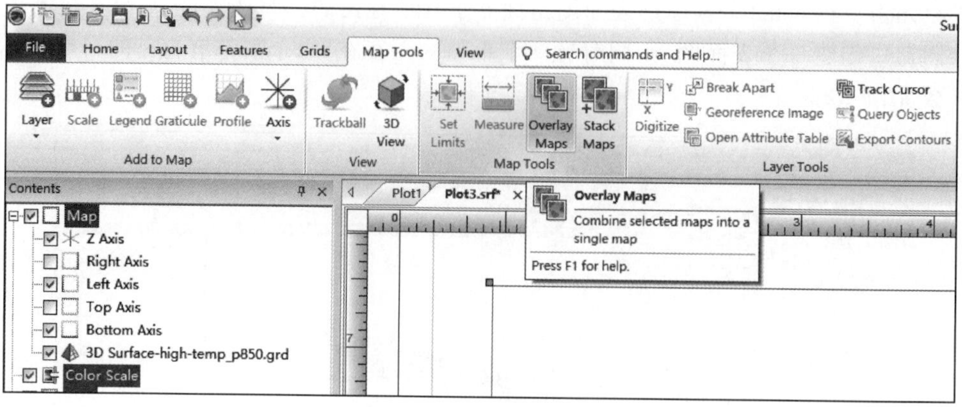

图 6-44　覆盖地图命令

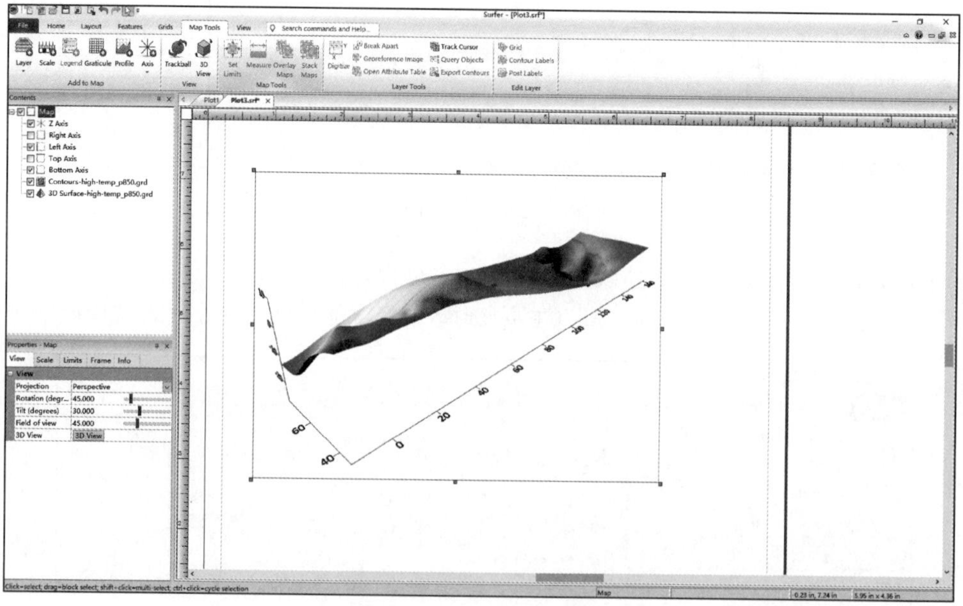

图 6-45　合并全部地图

2. 通过“Home|Add to Map|Layer|Contour”(主页|添加到地图|图层|等值线图)命令将等值线图直接添加到现有曲面上,如图 6-46 所示。这会自动将等值线图层添加到现有表面图数轴上。

3. 第三种方法是通过“Home|New Map”(主页|新建图)创建两个图,选择其中一个图并

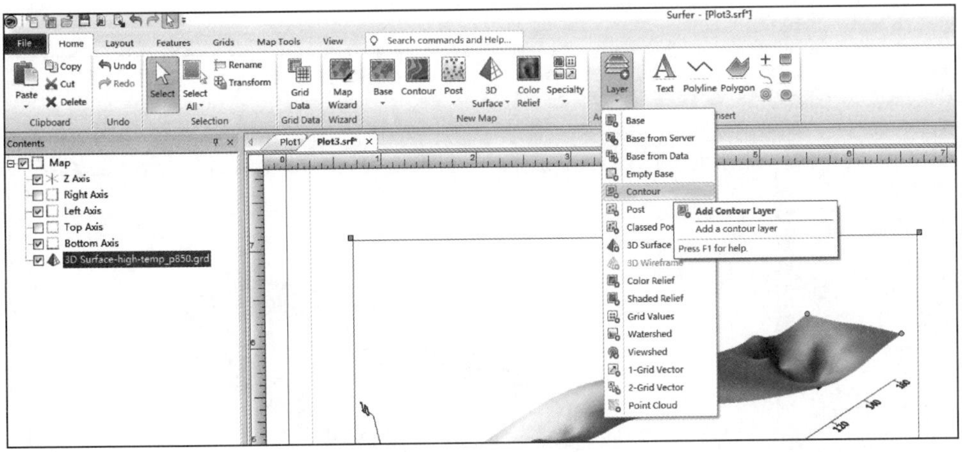

图 6-46 添加等值线图

将其拖到另一个图对象上，此操作等效于“覆盖地图”命令。例如，先创建两个单独的地图，通过“Home|New Map| Contour”创建一个等值线图；通过“Home|New Map|3D Surface”创建一个三维表面图。然后在内容窗口点击等值线图并将其拖拽到表面图上，这样就创建了使用同一组数轴和比例参数的且具有两个地图图层的单个地图。

表面图可以与影像图、矢量图和其他三维表面图叠加，可以在其上覆盖除三维线框图以外的其他类型的地图。三维表面图可以独立于其他地图创建，也可以和地图图层中的其他地图组合。此外，也可以和其他类型的地图一样进行缩放、剪裁或者位移等操作。

当有其他地图图层在三维表面图之上，且在内容窗口表面图被设置为不可见时，这些图层将不可见。

6.4.4 叠置三维表面图

Surfer 支持将多个重合的三维表面图叠在一起显示。通过勾选属性窗口中“General”页面的“Show base”(显示基准面)来显示基准面，并以此创建框图，如图 6-47 所示。

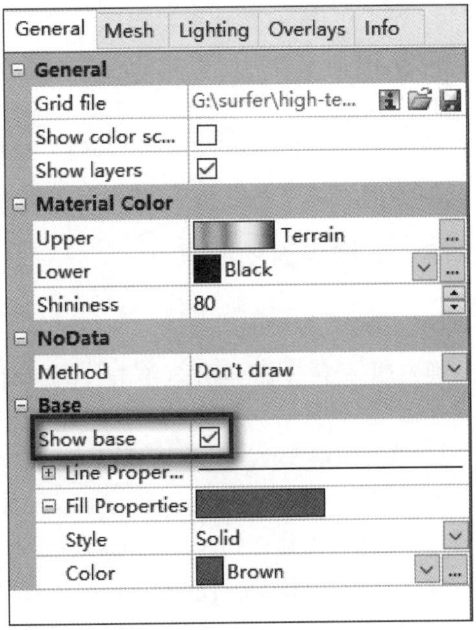

图 6-47 显示基准面

可以通过在内容窗口中改变各个表面图的顺序来控制显示哪种基色，最先绘制的三维表面图应排列在最下层，最后绘制的则在最上层。因而不同颜色的基准面表示了框图中不同的图层，如图 6-48 所示。

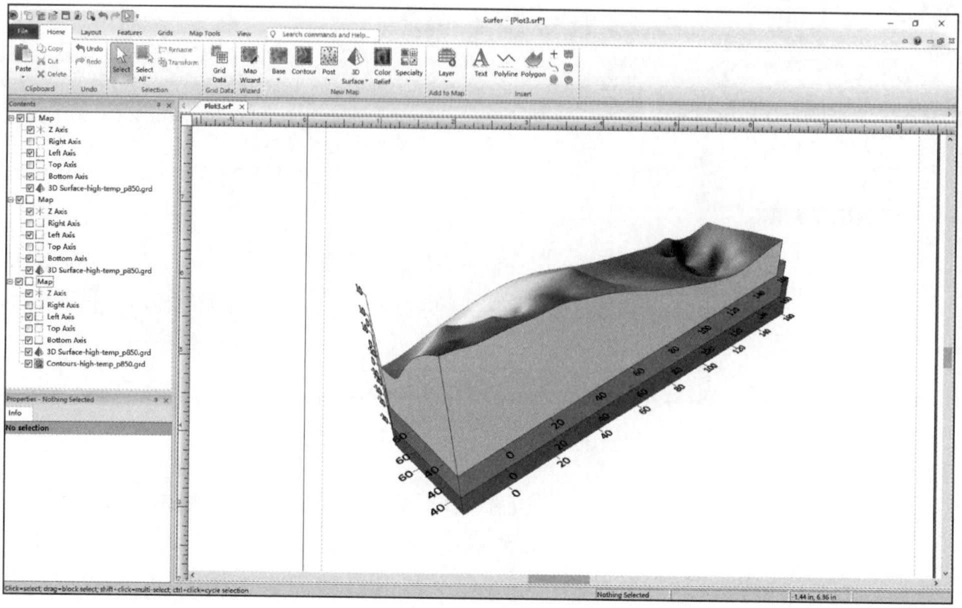

图 6-48　叠置三维表面图

需要注意以下三点：

1. 对于影像图(例如栅格底图)，若它与三维表面图包含相同的坐标范围，则可以将它添加到表面图，而影像图的坐标可能需要更改以便和表面图的坐标一致。

2. 两个或多个三维表面图可以相互叠置，这在合并两个相邻的表面图时很有用。此外，可以通过“Grids|Resize|Mosaic”(网格|调整大小|图案)命令来创建一个网格。

3. 表面图没有源坐标系，叠置在表面图上的所有地图必须具有相同的坐标。

6.4.5　三维表面图的属性

6.4.5.1　常规页面

要编辑一个三维表面图，单击一次表面图将其选中，其属性将显示在属性窗口。三维表面图属性的“常规页面”包含以下选项，如图 6-49 所示。

1. 导入网格文件(Input Grid File)

网格文件(Grid file)用于显示生成地图的网格文件的路径和名称，如果未显示完整的文件名，请将鼠标光标移到文件名上，会出现一个小窗口来完整展示。

网格信息(Grid Information)：按钮 显示有关用于生成地图图层的网格文件的信息，主要包括网格大小，网格文件包含的 X、Y、Z 的最大、最小值以及统计信息。如果网格文件包含超过 4000 万个节点，系统将询问是否要创建详细报告或快速报告。点击“是”来创建详细的网

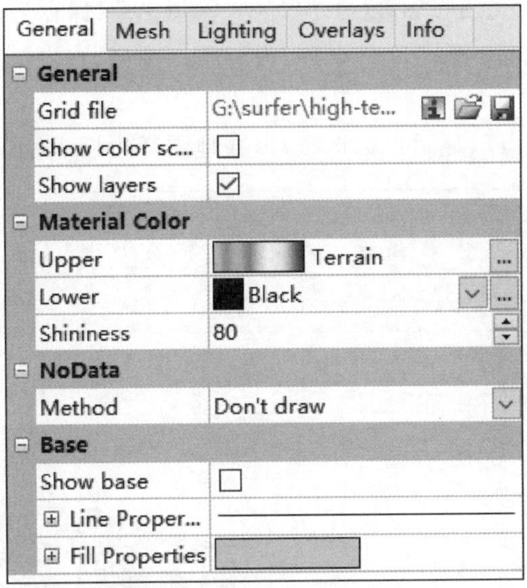

图 6-49　三维表面图常规页面

格报告，“否”将创建较短的快速网格报告。

变更文件(Change File)：点击按钮显示“打开网格(Open Grid)”对话框，可以为表面图指定一个新的或更新后的网格文件。更改文件后将重置地图限制，但不会重新计算数据限制。如果新网格的 Z 范围在旧文件的之外，则可能无法使用整个色谱(color spectrum)。在颜色谱(Colormap)编辑器中(图 6-50)，勾选“使用数据限制(Use data limits)”以使用完整的色谱，点击确定更新地图。

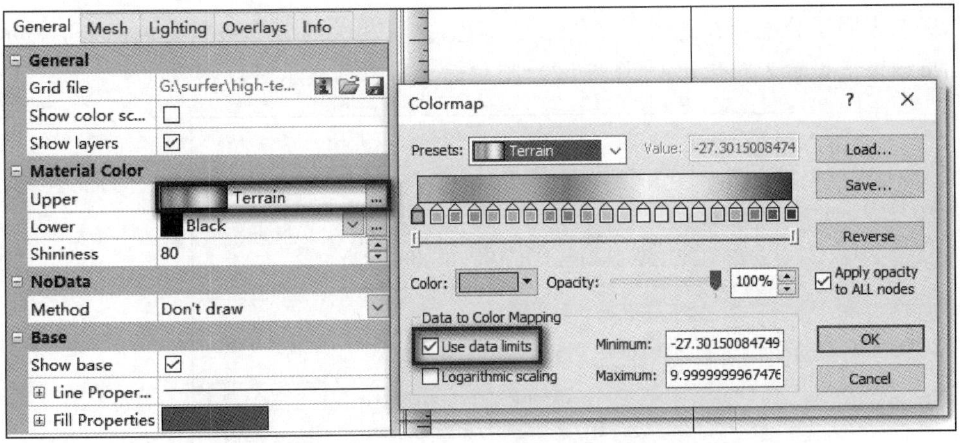

图 6-50　三维表面图常规页面

保存文件(Save File):点击按钮显示“Save Grid As”(保存为)对话框,可以将生成表面图的网格文件以新名称保存。输入文件名称、设置文件类型、点击保存即可保存文件。

2. 色标(Color Scale)

选中 “Show color scale”(显示色标选项)以在地图旁边显示色标卡(如图 6-51)。

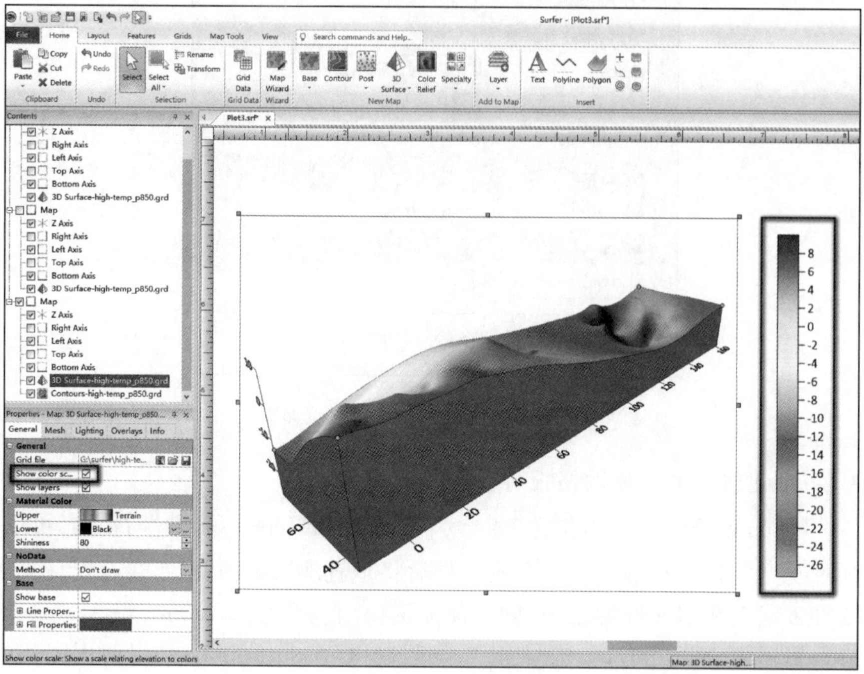

图 6-51　显示色标

色标卡表明了分配给在地图上 Z 等级的颜色,并且相关的 Z 等级值在色标卡上显示为标注。如果颜色谱设置为对数比例(图 6-52),则色标卡将自动显示对数比例。

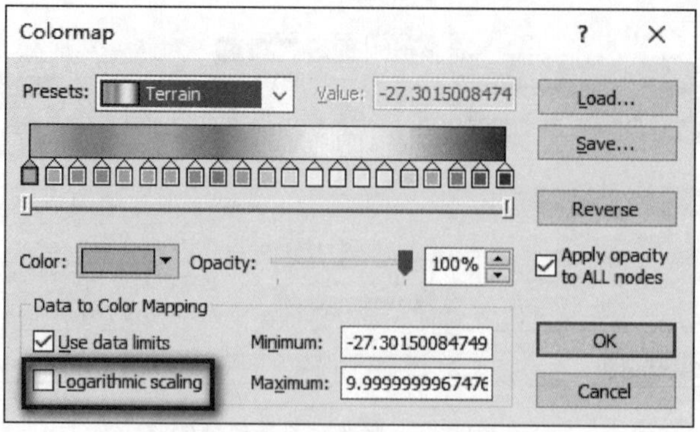

图 6-52　对数比例设置

3. 图层(Layers)

勾选“Show layers”(显示图层)以显示在表面图上叠置的图层。例如,将粘贴图图层添加到表面图的时候,勾选显示图层框以使粘贴图可见。多个图层可以结合成一个合成图,这样可以单独显示叠置图。叠置图图层在叠置图页面(图 6-53)控制。

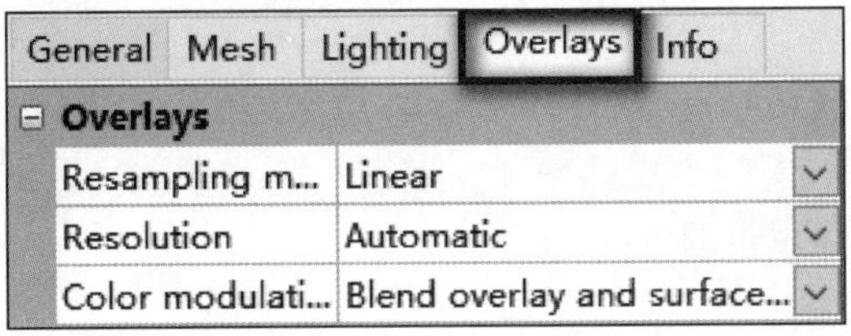

图 6-53　设置叠置图层

4. 材质颜色(Material Color)

该部分显示用于表面图上部和下部进行着色的色谱,光线角度和颜色也会影响表面图的外观。

上部(Upper):上部颜色控制表面图的主要色谱。要更改上表面的颜色,单击“Upper”旁边的颜色,如图 6-54 所示,从列表中选择任何新的颜色谱。

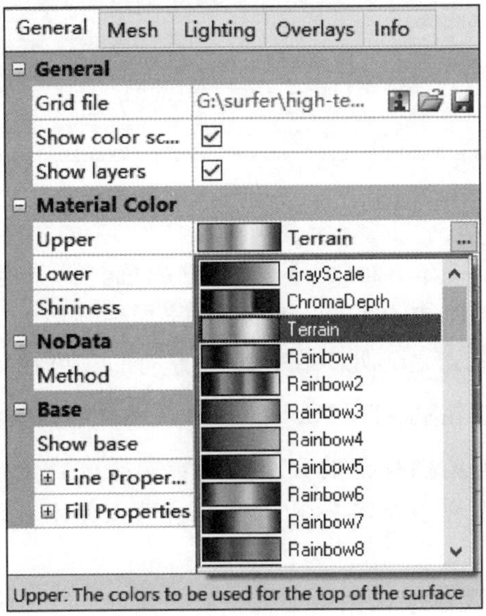

图 6-54　上部颜色设置

若未显示所需要的颜色谱,单击颜色图旁边的按钮 ... 以打开颜色谱编辑器,可以指定其他的颜色选项。若需将颜色谱设置为使用对数缩放,单击颜色谱右边的按钮 ... 并勾选“Logarithmic scaling”(以对数形式缩放)选项并点击确定,颜色谱会自动更新显示对数缩放。

在表面图上叠置地图图层尤其是影像底图时,若将“Upper”的材质颜色的颜色谱改为纯白色,会使叠置图层更明亮一些。具体操作如下。

(1)点击“Upper”旁的按钮 ... 打开颜色谱编辑器;

(2)将预设改为灰度;

(3)点击颜色谱的下限锚点(左侧),如图 6-55 所示;

(4)将颜色改为白色;

(5)点击编辑器中的确定按钮。

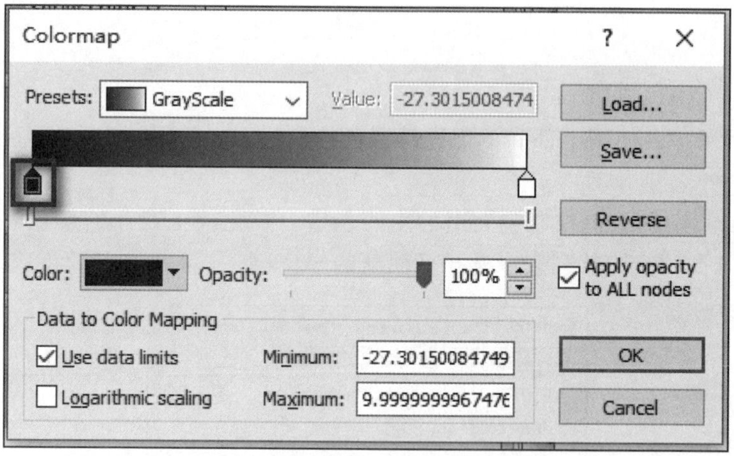

图 6-55 更改颜色谱下限锚点颜色

下部(Lower):控制表面底部单面(即下表面)的颜色。除非当下表面与光源成足够的角度,否则反射的光将不足以使下表面可见。另外,如果增强环境光(使颜色越接近白色)将使下表面的颜色更清晰,因为环境光是无处不在且没有方向的。可在“Lower”旁边的下拉框里更改颜色,也可以点击旁边的按钮 ... 打开“Color”对话框来自定义颜色或进行其他设置。

光泽度(Shininess):控制镜面反射的大小。随着光泽度百分比的提高,反射会变得更加集中,在输入框中可输入一个介于 0 到 100 的数后,也可以使用右侧的按钮来增大或减少当前数值(图 6-56)。

NoData 节点:该部分定义在表面图中如何处理分配了 NoData 值的节点,需将“Method”(方法)设置为“Don’t Draw”(不绘制)或“Remap”(重新映射)。如果选择了“不绘制”,则 NoData 区域不会在地图上绘制,而是在表面图上显示为透明的小间隙。如果选择了“重新映射”,则在下面的“重映射值”选项中键入新的 Z 值,该值的单位即 Z 坐标的单位,但需要确保新值在当前地图中的 Z 值范围内,默认值为网格 Z 的最小值。

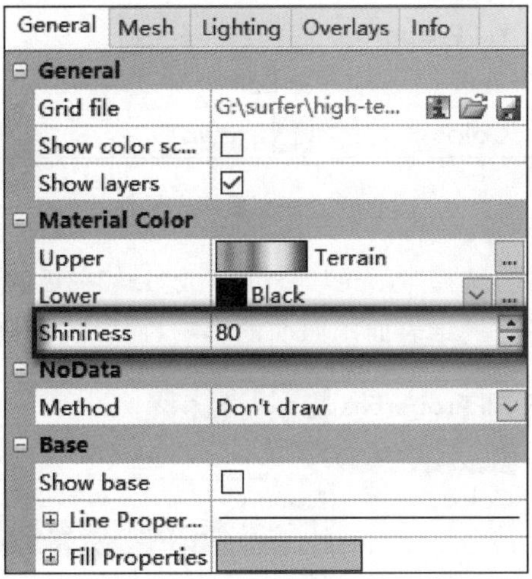

图 6-56　更改光泽度

5. 基准面

勾选“Show Base”(显示基准面)来填充从表面图的边缘到轴线的基准面部分,创建一个实体的外观。在创建框图时该选项很有用,可以通过调整“Contents”(对象管理器)中的三维表面图的排列顺序来控制框图中哪个基准面的颜色可见,地图中的最底层即为内容窗口中的最底层,同样的,地图中的最顶层也为内容窗口中的最上层。“Base Line Properties”(基准面的线属性):点击按钮⊞查看线属性(图 6-57)。

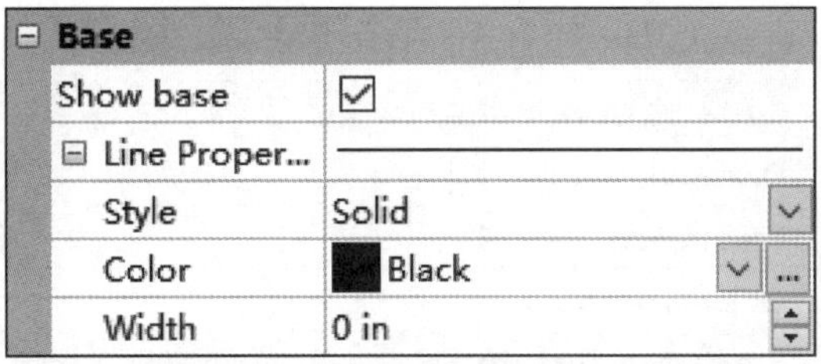

图 6-57　基准面线属性

(1)单击当前线条样式,然后选择“None”(无)或“Solid”(实线)来隐藏或显示基准面的线。

(2)单击颜色旁边的下拉框可以更改线条颜色,或者点击按钮 ... 打开颜色对话框,选择或自定义颜色。

(3)通过在“Width”(宽度)栏输入页面默认单位的值来更改线的宽度,或者通过右侧的按钮 ⬍ 来调整。“Base Fill Properties”(基准面填充属性):点击按钮⊞查看填充属性(如图 6-58)。

三维表面图的基准面填充属性不同于其他对象的填充属性。

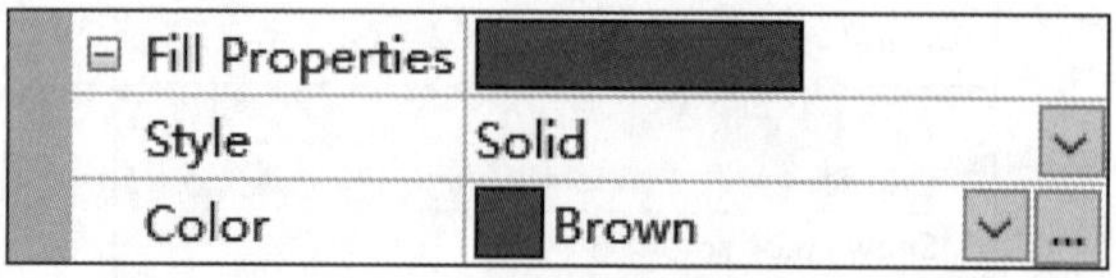

图 6-58　基准面填充属性

(1)单击当前的填充样式,选择“None”、“Solid”或“Lit”来更改样式,如图 6-59 所示。实体显示将均匀填充基准面且不受三维表面图照明的影响,而“点亮”则将其照明应用于基准面。

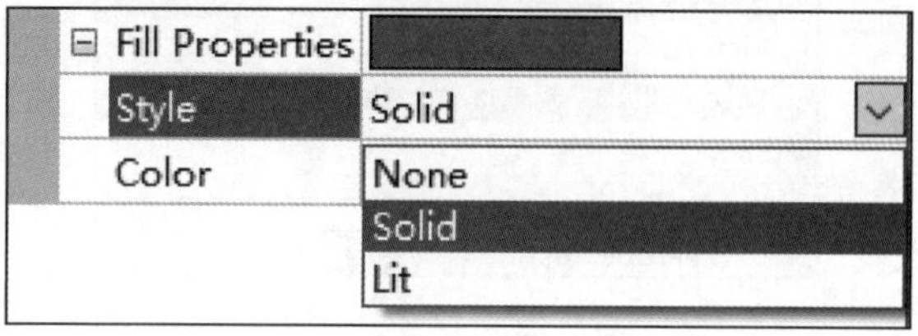

图 6-59　基准面填充属性

(2)单击“颜色(Color)”旁边的下拉框来更改颜色,或者点击按钮 ... 打开颜色对话框,选择或自定义颜色。

6.4.5.2　网格页面

单击三维表面图将其选中,打开属性窗口(图 6-60),网格页面用于增加三维表面图的网格线,网格线也可用于模拟线框。

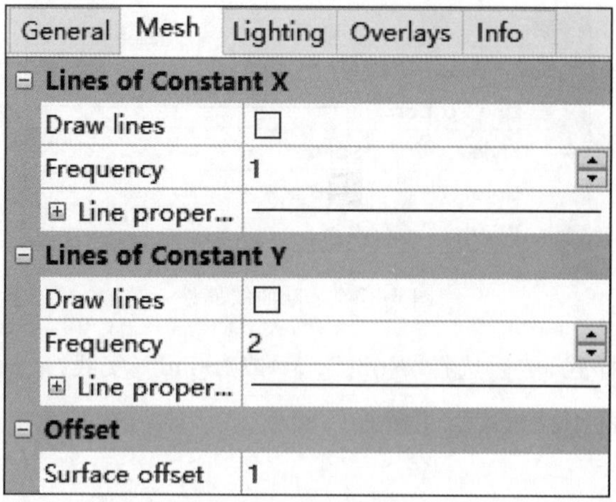

图 6-60　网格页面

1. 等值线 X(Lines of Constant X):勾选“Draw Lines”(绘制线条)来绘制三维表面图的 X 等值线。

2. 绘制频率(Frequency):通过在编辑框中输入新数字来更改 X 线的密度。如果值为 1,则 X 方向上的每个网格节点都会有一条网格线;如果值为 2,则 X 方向上每隔一个网格节点有一条网格线;如果值为 3,则 X 方向上每隔两个网格节点将有一条网格线,依此类推。

3. 线属性(Line Properties):单击按钮⊞查看 X 方向的网格线属性(图 6-61),可以更改线条样式、颜色、透明度和宽度(三维表面图网格线不支持复杂线型)。

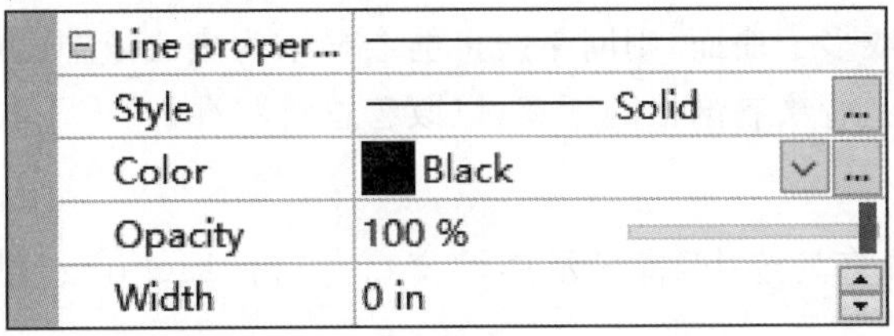

图 6-61　网格线属性

4. 等值线 Y(Lines of Constant Y):勾选"Draw Lines"来绘制三维表面图的 Y 等值线。

5. 绘制频率(Frequency):通过在编辑框中输入新数字来更改 Y 线的密度。如果值为 1,则 Y 方向上的每个网格节点都会有一条网格线;如果值为 2,则 Y 方向上每隔一个网格节点有一条网格线;如果值为 3,则 Y 方向上每隔两个网格节点将有一条网格线,依此类推。

6. 线属性(Line Properties):单击按钮⊞查看 Y 方向的网格线属性(图 6-62),可以更改线条样式、颜色、透明度和宽度(三维表面图网格线不支持复杂线型)。

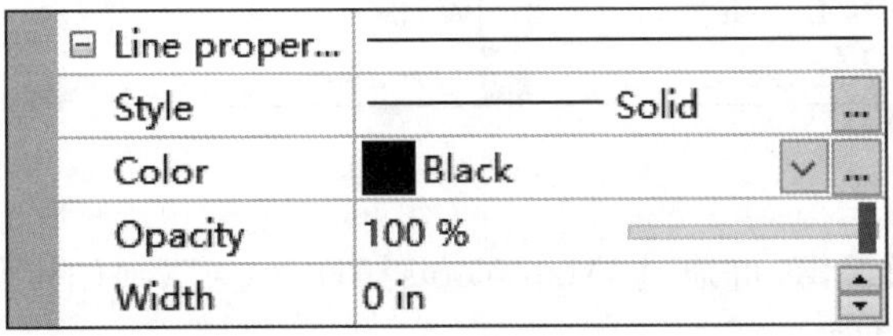

图 6-62　网格线属性

7. 曲面偏移(Offset):若叠置两个或更多的三维表面图,网格线可能显示为虚线或中断,可以尝试使用偏移值来更改曲面和网格线的绘制距离。偏移值和地图的单位无关,只是一个影响因子。如果想要使线条更清晰,建议对偏移值进行微调。

需要注意以下两点。

(1)两个方向上等值线的绘制频率默认值均为 1;

(2)网格偏移值 o 的计算公式为:$o=(m)(\text{factor})+r$

其中,m 代表多边形最大深度斜率;factor 代表用户在曲面偏移中设置的值,通常在 0.0 至 5.0 之间;r 代表能在绘制窗口坐标深度值中产生可解决差异的最小值(为一个常数)。

绘制网格线的步骤：

(1)单击三维表面图将其选中；

(2)在属性窗口，点击网格选项卡(Mesh)；

(3)分别勾选 X 等值线和 Y 等值线的“绘制线”；

(4)按需更改 X 和 Y 的线属性；

(5)可在绘制频率处直接输入数字来更改线的密度；

(6)如果叠置两个或多个曲面，则网格线可能会显示为虚线或中断，可以尝试改变“曲面偏移”值来更改曲面与其上所绘制网格的距离，以改善这种状况。

6.4.5.3　照明页面

单击三维表面图并将其选中，将显示属性窗口，点击“Lighting”(照明)切换到照明页面(图 6-63)。

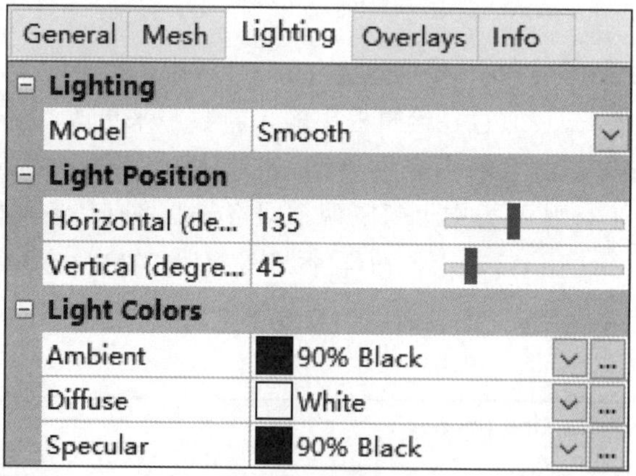

图 6-63　照明页面

若要通过三维视图编辑，可通过“Map Tools | 3D View”(地图工具 | 三维视图)命令(图 6-64)进入到三维视图界面。

选中内容窗口的“Environment“(环境)，将在属性窗口看到照明属性，如图 6-65 所示。

“Lighting”页面控制整个多层地图的照明，包括曲面以及任何与曲面组合的叠置图。光源相对于曲面是固定的，因此，如果旋转曲面，则光源也随之旋转。

三维视图中的山丘和反射地貌：当三维视图中包含山丘地貌晕渲图或反射率彩色地貌晕渲图时，光照属性将关闭，因为地图中山丘和反射率已经存在阴影了，两种照明系统的累加将导致三维视图中的地图出现非常暗的区域。若要使用三维视图中的照明属性而不是彩色山丘地貌晕渲或反射率晕渲，必须将彩色地貌图层常规页面中的“Terrain representation”(地形表示)选项设置为“Color only”(仅颜色)。

照明属性(Lighting Properties)：控制绘制窗口的三维表面图或三维视图里地图的光效。

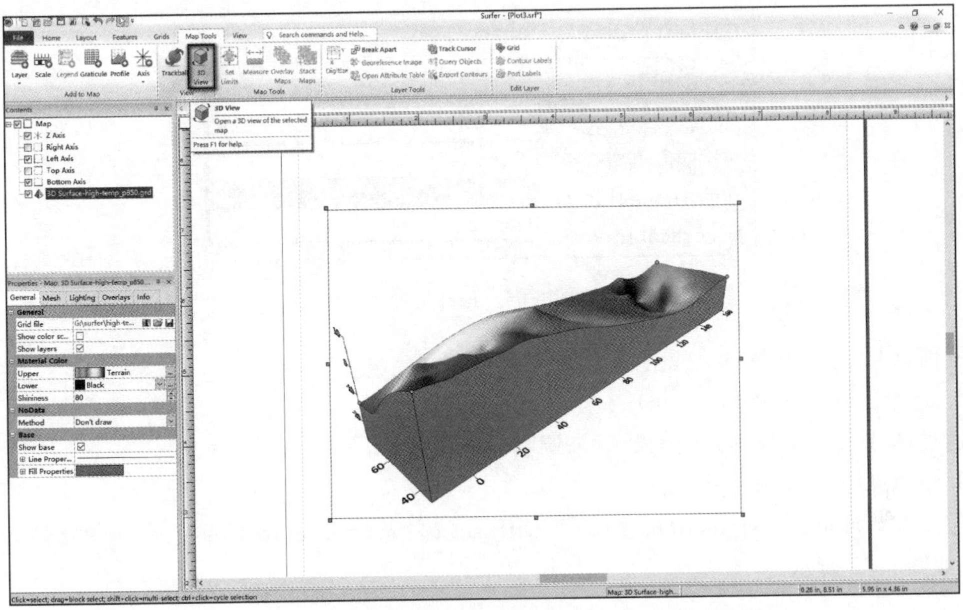

图 6-64　三维视图命令

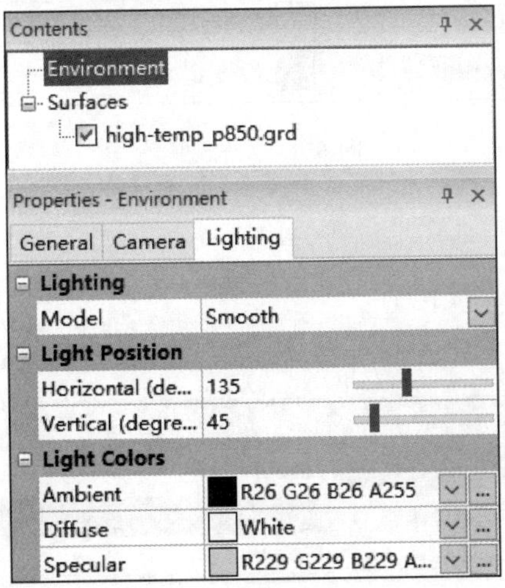

图 6-65　三维视图照明属性

1. 照明

有三个照明选项，在“模型(Model)”旁边的选择下拉框内选择所需选项，如图 6-66。

无(None)：禁用所有照明效果，显示的颜色仅来自于表面材质的颜色。

平滑(Smooth)：将每个网格单元平滑分割为两个三角形。

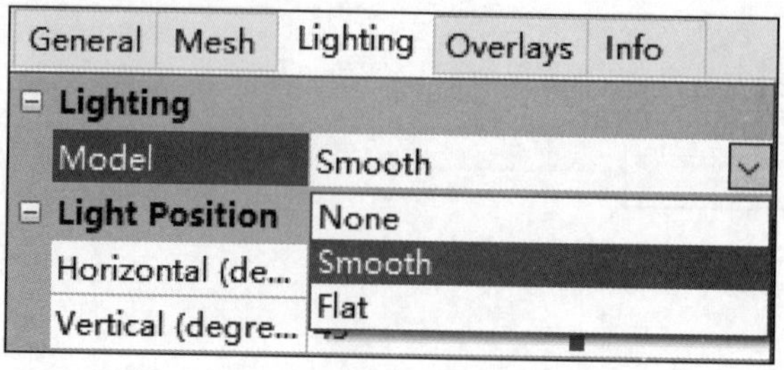

图 6-66　选择模型

平面(Flat):每个网格单元为一个颜色区域。

2. 光源位置(Light Position)

通过调节水平和垂直方向的数值来调整光源位置。

3. 光源颜色(Light Colors)

通过调节环境光(Ambient)、漫反射(Diffuse)、高光(Specular)的颜色来控制整体光线的颜色,如图 6-67 所示。

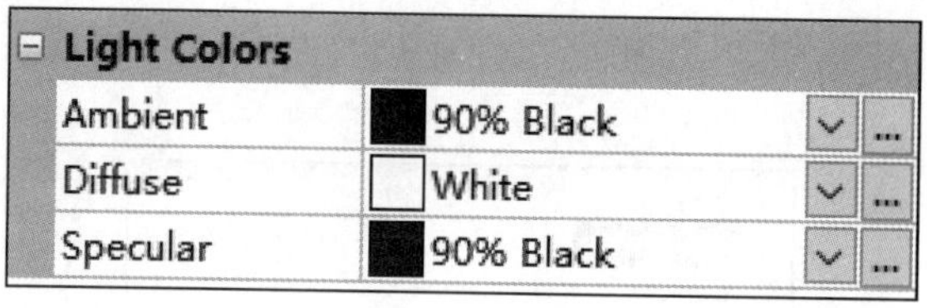

图 6-67　光源颜色

6.4.5.4　叠置页面

叠置页面有三个选项可以调节 :

1. 重采样(Resampling method),可以选择线型或邻近方法,如图 6-68 所示;

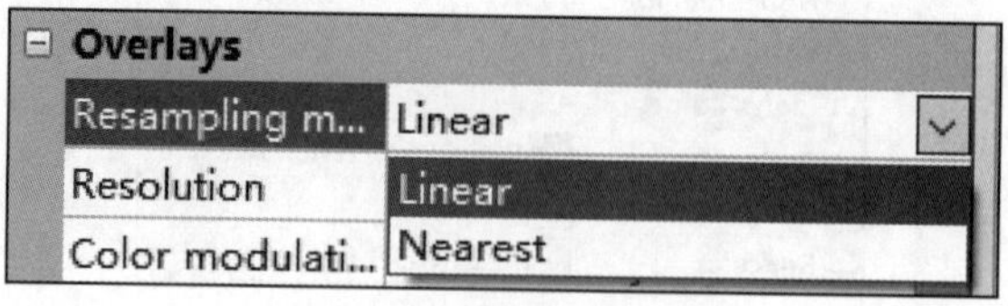

图 6-68　重采样方法

2. 分辨率(Resolution),如图 6-69 可选多种分辨率显示;

3. 颜色调制方法(Color modulation):有三种,分别是只用表面图颜色、只用叠置图颜色和融合叠置图和表面图颜色,如图 6-70 所示。

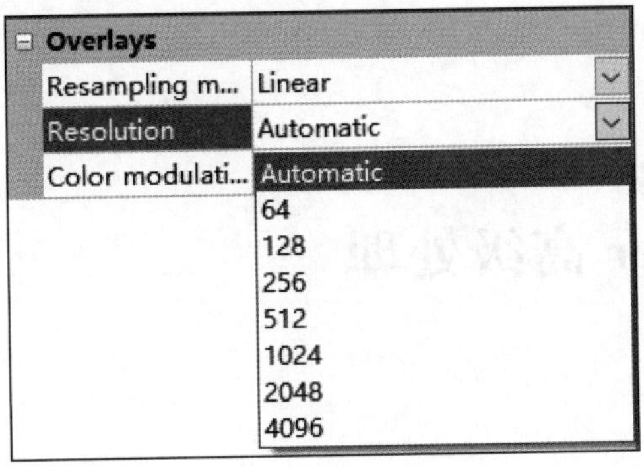

图 6-69　分辨率

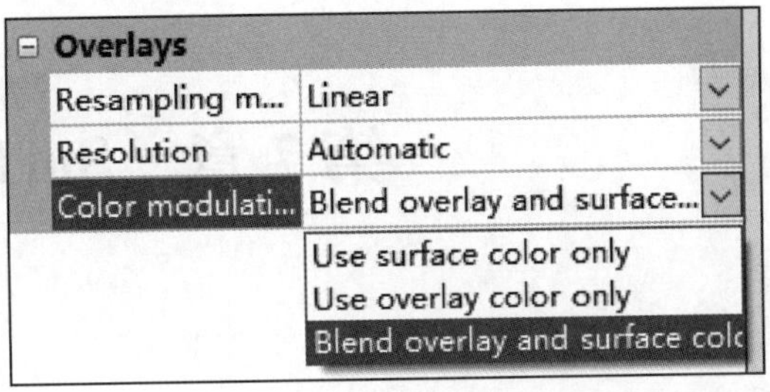

图 6-70　颜色调制方法

6.5　小结

本章主要介绍了三维图形的基础知识、三维数据组织、绘制三维线框图的方法以及绘制三维图形的方法。在第一小节三维图形基础知识里分别介绍了一维、二维和三维图形的定义和示例;第二小节则分析了三维数据组织和部分处理数据的方法;第三小节讲解了三维线框图的制作;第四小节对三维表面图的制作和生成做了比较详细的介绍。在每一小节都详述了功能菜单的主要使用方法和步骤。通过本章的学习,能较快创建出自定义的三维线框图和三维表面图,并在此基础上丰富和优化。

第 7 章　Surfer 高级处理

学习目标

本章主要介绍 Surfer 软件气象制图的高级处理，包括地理数据 shape 文件转换为[. bln]文件、图形标注、绘制图形比例尺和图形计算等内容，旨在让读者熟悉 Surfer 绘图基础知识和功能的基础上，通过本章节的学习，掌握 Surfer 绘图高级处理知识。

本章重点

- 了解白化文件制作
- 熟练添加图形标注
- 了解绘制图形比例尺
- 了解图形的计算

7. 1　制作白化文件

白化文件是一种存储边界信息的文本文件，具体内容包括闭合多边形、曲线和点的空间位置信息，在 Surfer 中的后缀名为“. bln”(以下称为[. bln]文件)。由于 Surfer 建立的网格文件是规则矩形的，而我们在气象制图时所需要的网格轮廓线大多数情况是基于地理边界的，这就需要将网格的某一部分标记为无效值，这部分被消隐的范围就是由[. bln]文件的边界信息确定，所以[. bln]文件对于网格白化至关重要。前面章节已经对网格白化的具体操作进行了详尽讲解，本小节重点就[. bln]文件制作的相关内容进行展开讲述，包括[. bln]文件的格式、创建和转换。

[. bln]文件最初的目的是用来做网格白化，由于包含边界信息，还可以用来绘制空白图为白化后的图形提供边界。需要注意的是，[. bln]文件用于网格白化时，边界信息必须是闭合的，可以由多个闭合多边形构成，但不能是非闭合曲线或点。

7.1.1　白化文件格式

[. bln]文件可以包含多段数据(图 7-1),每段表示一个实体对象(闭合多边形、曲线、点),由两列数据组成,其中第一行为标志行,标志行第一列 length 表示对象所包含的端点数总和,标志行第二列 flag 为白化标志参数,flag 值为 1 时,表示多边形内部的区域被白化,flag 值为 0 时,表示多边形外部的区域被白化,“Pname 1”表示该实体对象的 ID,用来连接外部数据,可以省略。由第二行开始依次为该段对象各端点的 x、y 坐标。当 length=1 时,对象为一个点;当 length>2 且第一个(x,y)坐标与最后一个(x,y)坐标相同时,对象为闭合多边形;当 length>1 且第一个(x,y)坐标与最后一个(x,y)坐标不相同时,对象为非闭合曲线。这里需要提醒一下,[. bln]文件用于网格白化时,每段数据必须满足 length>2 且第一个(x,y)坐标与最后一个(x,y)坐标相同,否则网格白化操作会失败。

.bln 文件通用格式

length,flag "Pname 1"
x_1,y_1
x_2,y_2
…
x_n,y_n
length,flag "Pname 2"
x_1,y_1
x_2,y_2
…
x_n,y_n

图 7-1　. bln 文件通用格式

以下为[. bln]文件的【例 7-1】,7-1. bln 给出了一个简单的闭合多边形边界,包含 6 个端点,第一个端点和最后一个端点重合,因而边界是闭合的。

【例 7-1】:

```
6,0
2,2
3,4
3,7
4,3
3,2
2,2
```

7.1.2　白化文件导入

Surfer 提供了三种[. bln]文件导入方式:

1. 导入为工作表。选择“File|Open”(文件|打开)命令或者用快捷键 Ctrl+O 调出打开文件对话框,选择“7-2. bln”,即可在工作表窗口中显示[. bln]文件数据,如图 7-2 所示。

2. 导入为对象。选择“File|Import”(文件|导入)命令或者用快捷键“Ctrl+I”调出打开文件对话框,选择“7-2. bln”,即可在绘图窗口中以对象形式绘制[. bln]文件,如图 7-3 所示。

3. 导入为基底图。选择“Home|New Map|New Base Map”(主页|新图|新基底图)命令,调出打开文件对话框,选择“7-2. bln”,即可在绘图窗口中以基底图形式绘制[. bln]文件,如图 7-4 所示。

在实际应用过程中,可以根据不同需要选择不同的[. bln]文件导入方式,如需对[. bln]文

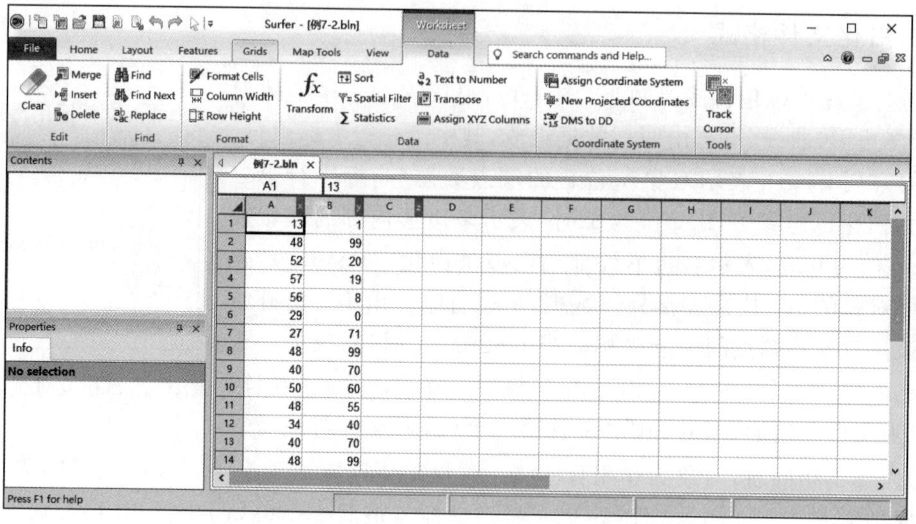

图 7-2　Surfer 导入[. bln]文件为工作表

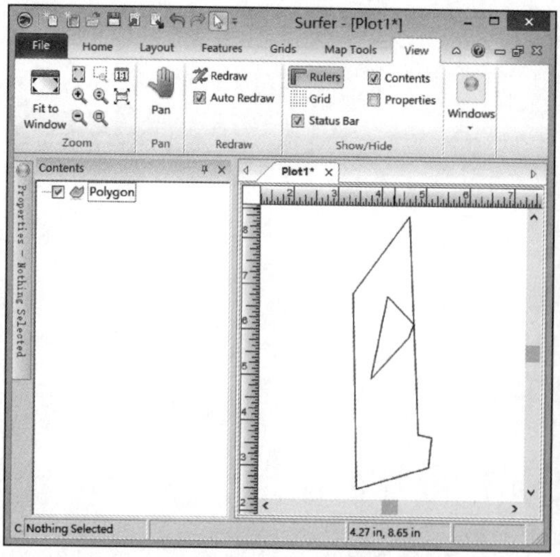

图 7-3　Surfer 导入[. bln]文件为对象

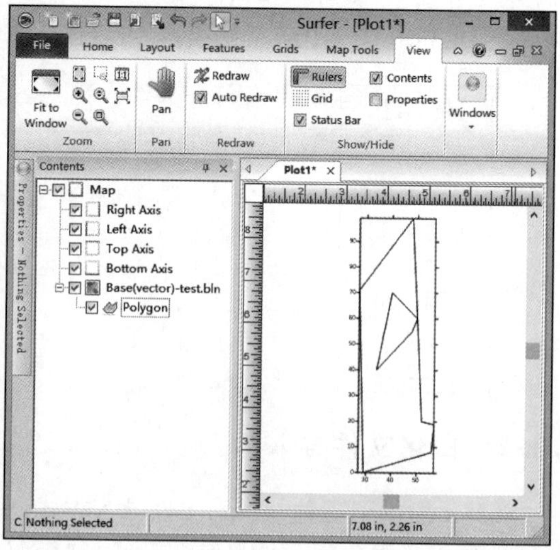

图 7-4　Surfer 导入[. bln]文件为基底图

件内容进行编辑，可以选择导入为工作表的方式；如需对[. bln]文件中包含对象进行操作，可以选择导入为对象的方式；如需提供图形边界信息，可以选择导入为基底图的方式。

7.1.3　白化文件导出

Surfer 提供了两种白化文件导出方式，一是在绘图窗口，选择“File|Export”（文件|导出）命令调出导出文件对话框，选择“BLN Golden Software Blanking(＊. bln)”文件类型，键入导

出文件名，点击“Save”，完成[. bln]文件导出；二是在工作表窗口，选择“File | Save”(文件 | 保存)命令或者选择“File | Save as”(文件 | 另存为)命令，调出导出文件对话框，选择“BLN Golden Software Blanking(*. bln)”文件类型，键入导出文件名，点击“Save”，完成[. bln]文件导出。

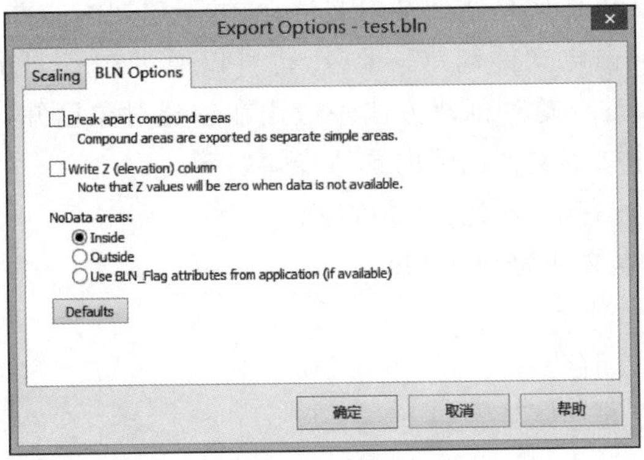

图 7-5　[. bln]文件导出选项对话框

需要注意的是，在绘图窗口导出[. bln]文件时，勾选导出文件对话框中的“show options dialog”(显示选项对话框)，则在点击“Save”后，会弹出导出选项对话框，如图 7-5 所示。对话框中的“Scaling”选项卡是对保存文件数据的坐标缩放比例进行设置，在由笛卡尔坐标向经纬度坐标转换时会经常使用；“BLN Options”选项卡提供了具体的[. bln]文件导出设置，包括以下选项。

1. “Break apart compound areas”(是否分离复合区)

勾选该选项，将会对图形中复合区域(例如包含小岛和湖泊的区域)进行分解，分别导出为独立的区域实体。[. bln]文件用于绘制图形边界时一般勾选该选项，用于白化时一般不勾选。

2. “Write Z(elevation)column”(是否写入高程数据)

勾选该选项，将高程数据作为第三列进行导出，如果图形不包含高程数据，则以“0”填充。

3. “NoData areas”(白化区域设置)

选项卡提供了三种白化区域设置，分别为“Inside”(内部白化)、“Outside”(外部白化)、“Use BLN_Flag attributes from application(if available)”(使用图形应用中的白化标记属性)。选择“Inside”则[. bln]文件导出时标志行第二列写入“1”，选择“Outside”则[. bln]文件导出时标志行第二列写入“0”，选择“Use BLN_Flag attributes from application(if available)”，则使用图形应用中的白化标记属性对每段对象进行标记。

4. “Defaults”(恢复默认设置)

点击“Defaults”按钮，则恢复默认设置。

7.1.4　白化文件创建

Surfer 创建一个[.bln]文件可以通过文本编辑、图形数字化以及直接绘制三种方法实现。

1. 文本编辑方法

[.bln]文件是一个 ASCII 码格式的文本文件，通过新建文本文件，按照[.bln]文件格式说明编辑相应内容即可完成白化文件创建。此外，也可以通过在 Surfer 中新建工作表，编辑相应内容并保存为[.bln]文件。这种创建方法一般用在创建对象已知，且对象的端点个数不是太多的情况下。通过新建文本文件创建的具体步骤如下。

(1)在指定目录下鼠标右击，新建|文本文档。

(2)重命名新建的文本文件为 test.bln。

(3)用记事本打开 test.bln。

(4)编辑文本内容，并保存。

通过新建工作表创建的具体步骤如下。

(1)选择“File|New|Worksheet”(文件|新建|工作表)。

(2)编辑如图 7-6 所示文本内容。

(3)选择“File|Save”或者“File|Save as”。

(4)保存类型选择“BLN Golden Software Blanking(*.bln)”，文件名输入 test.bln，点击“Save”按钮。

以上分别通过新建文本文件和工作表进行编辑的方法创建一个白化文件 test.bln，最终[.bln]文件用记事本打开效果如图 7-7 所示。

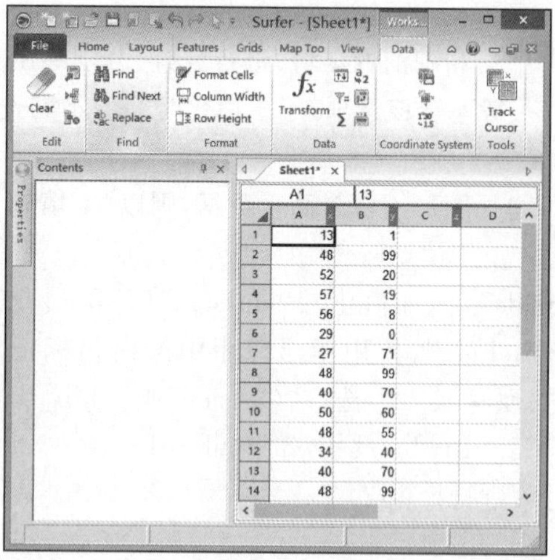

图 7-6　Surfer 工作表中编辑白化文件

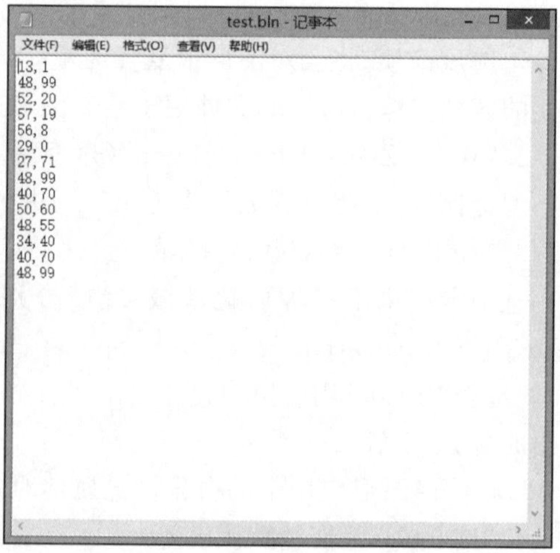

图 7-7　创建的白化文件打开效果

2. 图形数字化方法

Surfer 为图形到数字的转换提供了数字化功能，在数字化模式下，通过鼠标点击即可在图形上将白化区域边界的坐标自动输入到数字化编辑窗口，在数字化编辑窗口可以将数字化结果保存为白化文件。在制作气象图片时往往需要对某一行政区边界外的区域进行白化，当只有该行政边界的地图图片时，可以利用图形数字化方法创建白化文件。

以浙江省地图图片为例，如图 7-8 所示，利用图形数字化方法创建浙江省行政边界白化文件 ZJ. bln，具体操作步骤如下。

图 7-8　浙江省地图图片

(1)在“Plot1”场景中，选择“Home|New Map|New Base Map”(主页|新图|新基底图)命令，选择 zhejiang. jpg 文件并打开。

(2)选中图片，将图片放大至合适大小。

(3)选择“Map Tools|Layer Tools|Digitize”(图形工具|图层工具|数字化)命令进入图形数字化模式，此时鼠标箭头变为“十”字形。

(4)顺着浙江地图边界单击鼠标，在地图边界上产生红色十字形标记，同时将鼠标单击处的坐标自动写入到数字化坐标编辑对话框中，如图 7-9 所示，绘图场景中的十字形标记对应数字化编辑对话框中的数字化坐标。

(5)对整个浙江地图边界轮廓完成数字化后，在数字化坐标编辑对话框中选择“File|Save as”命令，将数字化结果保存为 ZJ. bln，按下“ESC”键，退出图形数字化模式。

图形数字化方法创建[. bln]文件时需要注意两点，第一是要将起始第一个坐标结果复制粘贴到最后一个，确保整个白化区域是闭合的，第二是要在第一行前面手动插入白化标志行，插入行第一列的数字为数字化的坐标个数，第二列为白化参数，0 是外部(轮廓图以外)白化，1

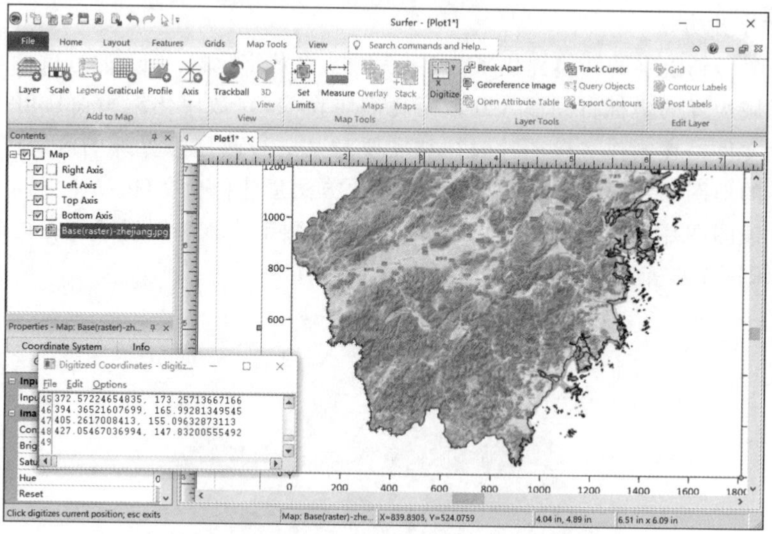

图 7-9　Surfer 图形数字化制作[. bln]文件

是内部(轮廓图以内)白化。以多个对象的形式创建[. bln]文件,也就是将数字化结果保存为多段数据时,需要分别在每段数据前面手动插入白化标志行。

3. 直接绘制方法

Surfer 提供了强大的图形编辑功能,可以在图层中绘制曲线。基于已有图形,利用曲线绘制功能便能将白化边界直接描绘出来,再通过图层控制将包含绘制好的闭合曲线的图层导出为[. bln]文件。直接绘制方法是在图形中直接绘制出白化区域的边界,处理起来便捷直观,但由于是手动绘制,存在一定的误差。

以杭州市卫星地图图片(png 格式)为例,如图 7-10 所示,通过曲线绘制功能,描绘出杭州市地图边界,并导出为[. bln]文件,具体操作步骤如下。

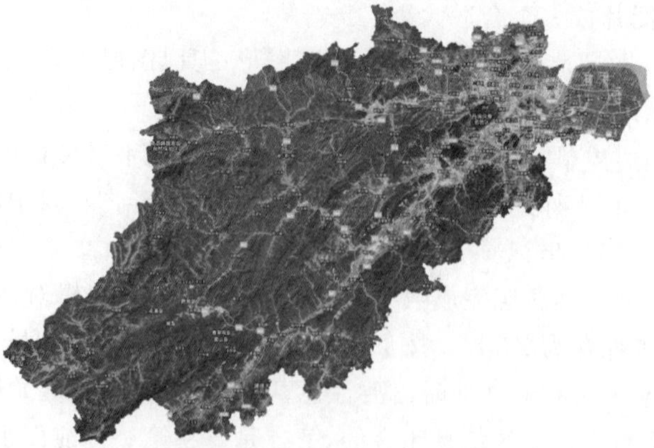

图 7-10　杭州卫星地图图片

(1)在“Plot1”场景中，选择“Home|New Map|New Base Map”命令，选择“杭州 . png”文件并打开。

(2)选中导入的图片，选择“Map Tools|Add to Map|Layer|Empty Base”(图形工具|图形叠加|图层|添加空的基底图)命令，在原有图形基础上添加一个空的基底图，如图 7-11 所示，新建的空白基底图“Base(Vector)”可以在左侧的“Contents”内找到。这样做的目的是为绘制地图边界曲线做准备，使得绘制的曲线保存在单独的图层从而脱离原有图形，便于直接导出为白化文件。

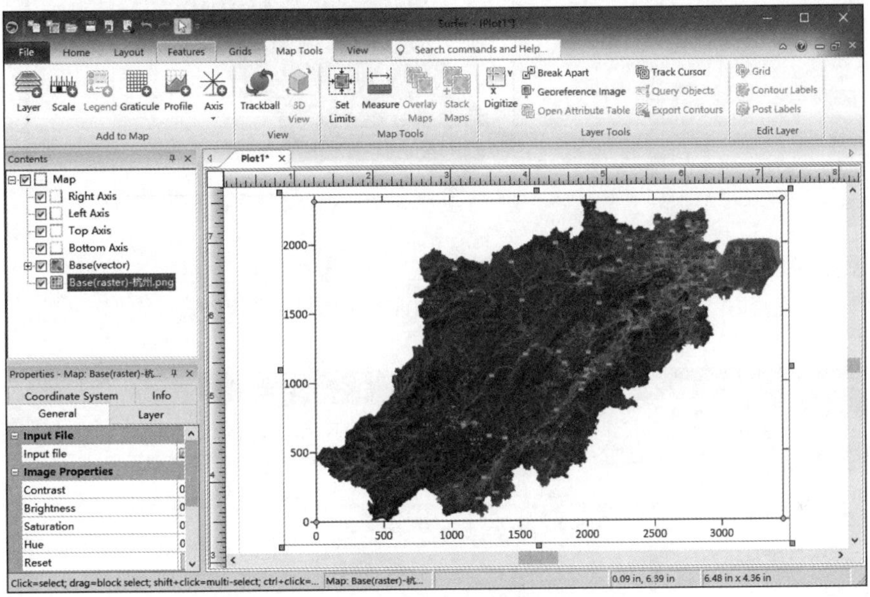

图 7-11　添加新的空白基底图

(3)在“Contents”内选中新建的空白基底图图层，选择“Features|Group|Start Editing”(特征|组合|开始编辑)命令，进入图形编辑模式。

(4)选择“Features|Insert|Polyline”(特征|插入|曲线)命令，按住鼠标左键顺着杭州地图边界在空白基底图图层中绘制曲线，在边界锯齿较多的地方可以使用鼠标滚轮放大图形，尽可能使绘制的曲线与边界重合。

(5)曲线绘制完毕时双击鼠标左键退出曲线绘制。绘制完毕的图形如图 7-12 所示，图形中多了一条绘制的杭州地图边界曲线。点击“Stop Editing”(停止编辑)命令，退出图形编辑模式。

(6)在“Contents”中，取消“Right Axis”(右坐标轴)、“Left Axis”(左坐标轴)、“Top Axis”(上坐标轴)、“Bottom Axis”(下坐标轴)以及“Base(raster)－杭州 . png”(基底图(栅格图)－杭州 . png)前面的勾选，只留下之前新建的空白基底图图层，如图 7-13 所示，这么做是为了在导出过程中不将坐标轴和其他图层的数据导出。

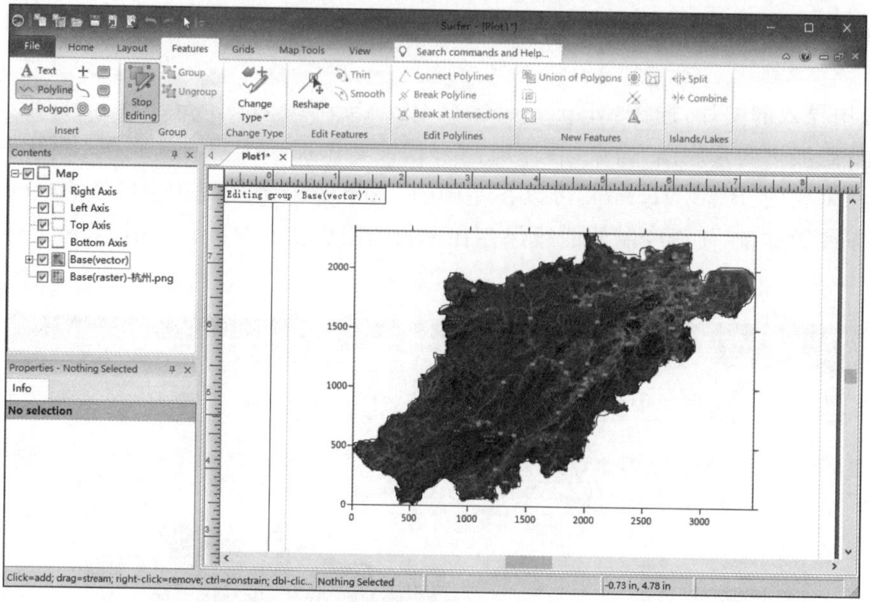

图 7-12　利用添加曲线功能绘制杭州地图边界

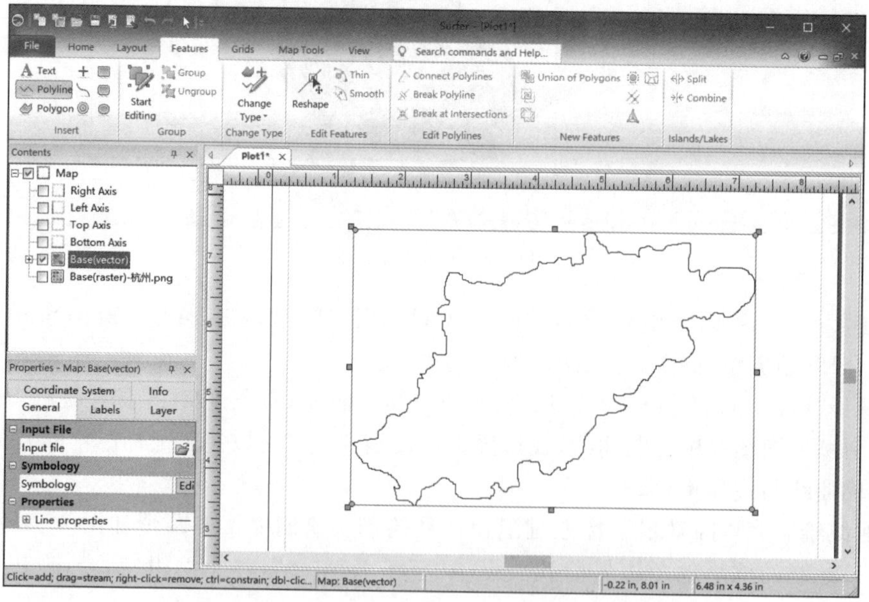

图 7-13　空白基底图图层中绘制的杭州地图边界曲线

(7)选择“File|Export”(文件|导出)命令,将绘制曲线导出为[.bln]文件。

需要注意的是,使用直接绘制方法创建[.bln]文件时,同样需要将第一行坐标对数据复制粘贴至最后一行。

7.1.5 利用 shape 文件制作白化文件

气象制图往往需要以地图边界作为白化区域的边界数据，且要求白化文件基于经纬度坐标，而前面介绍的利用图形数字化方法和直接绘制方法创建的白化文件均为笛卡尔坐标的图形边界数据，且由于手动操作精度不高，这就需要借助现有的地图数据文件来创建所需的白化文件。Shape 文件（*.shp）可以存储行政区划、河流、湖泊等空间对象的几何位置及相关属性，作为一种空间数据开放格式，已成为地理信息软件界的一个开放标准。在 Surfer 中[.shp]文件可以作为基底图直接导入绘图场景，且能够直接导出为[.bln]文件。具体操作步骤如下。

1. 在“Plot1”场景中，选择“Home|New Map|New Base Map”（主页|新图|新基底图）命令，选择“Zhejiang.shp”文件并打开，如图 7-14 所示。

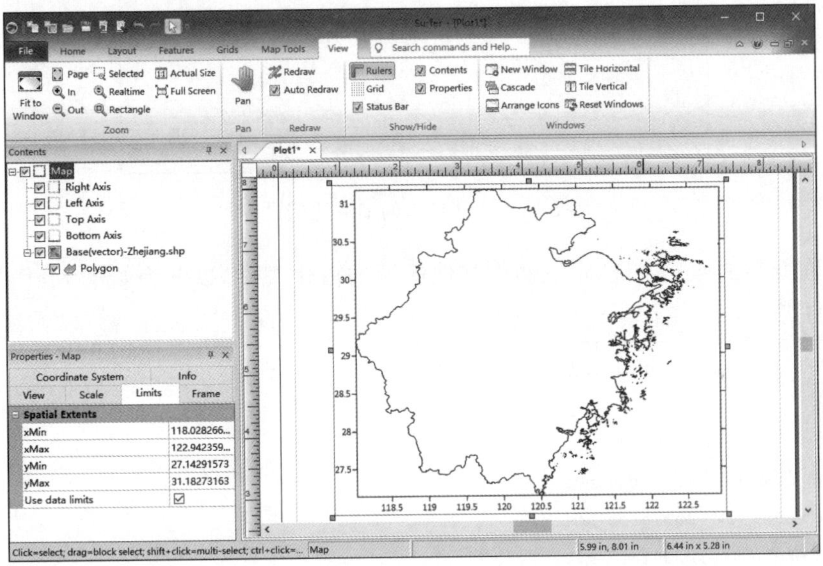

图 7-14 Zhejiang.shp 文件作为基底图

2. 在“Contents”中选中“Map”，“Properties”显示针对选中“Map”的属性设置。在属性管理器中选择“Limits”，具体属性如表 7-1 所示，勾选“Use data limits”（使用数据范围）选项，将数据范围限定在浙江区域，由属性值可以查看相应的经纬度范围。

表 7-1 图形范围属性设置列表

属性名称	属性说明
xMin	x 轴数据最小值
xMax	x 轴数据最大值
yMin	y 轴数据最小值
yMax	y 轴数据最大值
Use data limits	使用图形中数据的范围

3. 在“Contents”中取消“Right Axis”“Left Axis”“Top Axis”“Bottom Axis”之前的勾选，选择“File|Export”将基底图中的浙江行政边界导出为 ZJ. bln。

4. ZJ. bln 导出设置时，缩放设置如图 7-15 所示，“Scaling source”(缩放来源)设置为“Base (vector)- Zhejiang. shp”。

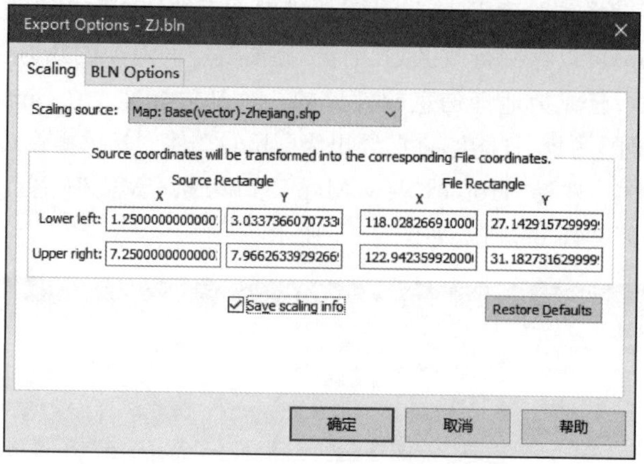

图 7-15　文件导出的缩放比例设置

通过上面介绍的操作方法，可以制作其他区域的白化文件，以下为基于 Matlab 的[. shp]转[. bln]文件脚本。

```
function [out] = shp2bln(input,output,blank)
try
  map_province = shaperead(input);
  map_province_x = map_province. X;
  map_province_y = map_province. Y;
  num = length(map_province_x);
  n = 0;
  temp = '';
  content = '';
  for i = 1:num
    if(~isnan(map_province_x(i)))
      n = n + 1;
      temp = [sprintf('%s\r\n',temp),num2str(map_province_x(i)),
             ',',num2str(map_province_y(i))];
    else
      temp = [num2str(n),',',num2str(blank),sprintf('%s',temp)];
      content = [content,sprintf('\r\n%s',temp)];
```

```
      n = 0;
      temp = '';
    end
  end
  content = strtrim(content);
  fid = fopen(output,'w');
  fprintf(fid,'%s',content);
  fclose(fid);
  out = true;
catch
  out = false;
end
end
```

执行语句为:file = shp2bln('D:\Zhejiang.shp','D:\ZJ.bln',0)。执行结果为:file = 1。'D:\Zhejiang.shp'是输入[.shp]文件的全路径,'D:\ZJ.bln'是输出[.bln]文件的全路径,0 为白化参数,表示区域边界外部白化。

7.2 添加图形标注

气象制图中的很多场景都需要对图形进行标注,例如绘制图形的坐标轴的含义需要通过标注来解释,图例、网格线、指北针这些图形标注在绘图有需要时都要及时添加。本小节的 Surfer 高级处理主要围绕怎样对图形进行标注来展开,目的是在绘制气象图形基础上通过标注提供更多辅助信息,进一步丰富图形内容。

7.2.1 添加坐标轴标注

利用 Surfer 制作一幅图形时,Surfer 会根据图形坐标信息自动绘制出坐标轴,默认包括底边轴、左边轴、顶边轴和右边轴,3D 图形还有一个额外的 Z 边轴。通过添加和修改坐标轴标注,可以提高图形的美观和完整性。

坐标轴标注相关操作可以通过坐标轴属性设置完成,在“Contents”中选中某一个坐标轴时,可以在“Properties”中对该坐标轴进行相应的属性设置,坐标轴有关的属性设置说明见表 7-2。

表 7-2　坐标轴属性设置列表

属性分类	属性名称	属性说明
General（常规属性）	Line properties	设置坐标轴轴线的属性，包括线型、颜色、透明度、宽度
	Axis plane	设置当前坐标轴所在的轴平面
	Title text	设置坐标轴标题文本
	Offset along axis	设置标题沿着轴向的偏移量
	Offset from axis	设置标题垂直于轴向离开的偏移量
	Angle(degrees)	设置标题显示的角度
	Font Properties	设置标题字体属性，包括字体样式、大小、前景色、前景透明度、背景色、背景透明度、加粗、斜体、删除线、下划线
Ticks（刻度线属性）	Major Ticks|Style	设置主刻度线线型
	Major Ticks|Length	设置主刻度线长度
	Minor Ticks|Style	设置副刻度线线型
	Minor Ticks|Length	设置副刻度线长度
	Minor ticks per major	设置每隔多少个副刻度线一个主刻度线
Labels（刻度标签属性）	Show	设置是否显示刻度标注
	Angle(degrees)	设置刻度标注显示的角度
	Offset from axis	设置刻度标注沿着轴向的偏移量
	Label Format	设置刻度标注的格式，“Type”设置格式种类，提供“Fixed”（固定格式）、“Exponential”（科学计数格式）、“Compact”（紧凑格式）、“Date/time”（日期格式）、“DMS（lat/long）”（经纬度格式）；“Decimal digits”设置小数点后保留的位数；“Thousands”设置千位标志符；“Absolute value”设置显示绝对值；“Trim exponent zeros”设置去掉科学计数法指数上的 0；“Prefix”设置前缀；“Suffix”设置后缀
	Font Properties	设置刻度标注字体属性，包括字体样式、大小、前景色、前景透明度、背景色、背景透明度、加粗、斜体、删除线、下划线
Scaling（刻度缩放属性）	Automatic	设置是否自动缩放
	Axis minimum	设置坐标轴最小刻度值
	Axis maxmum	设置坐标轴最大刻度值
	major interval	设置主刻度线间隔值
	First major tick	设置第一个主刻度线值
	Last major tick	设置最后一个主刻度线值
	Cross Y axis at	设置坐标轴与 Y 轴的交点
	Cross Z axis at	设置坐标轴与 Z 轴的交点
	Reserve axis	反转坐标轴

续表

属性分类	属性名称	属性说明
Grid Lines（刻度网格线属性）	Major Grid Lines|Show	设置是否显示主刻度网格线
	Major Grid Lines|Line Properties	设置主刻度网格线属性，包括线型、颜色、透明度、宽度等
	Minor Grid Lines|Show	设置是否显示副刻度网格线
	Minor Grid Lines|Line Properties	设置副刻度网格线属性，包括线型、颜色、透明度、宽度等

以下从添加标题标注、调整刻度标注大小、调整刻度标注间距、添加经纬标注等四个方面讲解 Surfer 坐标轴标注方面的处理步骤。

1. 为坐标轴添加标题标注

(1)在“Contents”选中“Bottom Axis”，在轴的两端出现待处理的蓝色小圈，并且在整个图形的周围显示绿色小方块，这表明该轴是整个图形的一个子对象。

(2)在“Properties”中选择“General”选项卡，点开“Title”前面的“＋”号，点击“Title Text”后面带有“∑”的按钮打开文本编辑对话框。

(3)设置字体为“微软雅黑”，字体大小设置为 18 pts，点击加粗按钮和居中按钮，这里的操作和 Word 类似，不再赘述，最后在文本编辑框内输入“经度”，点击“OK”(确认)按钮，如图 7-16所示。

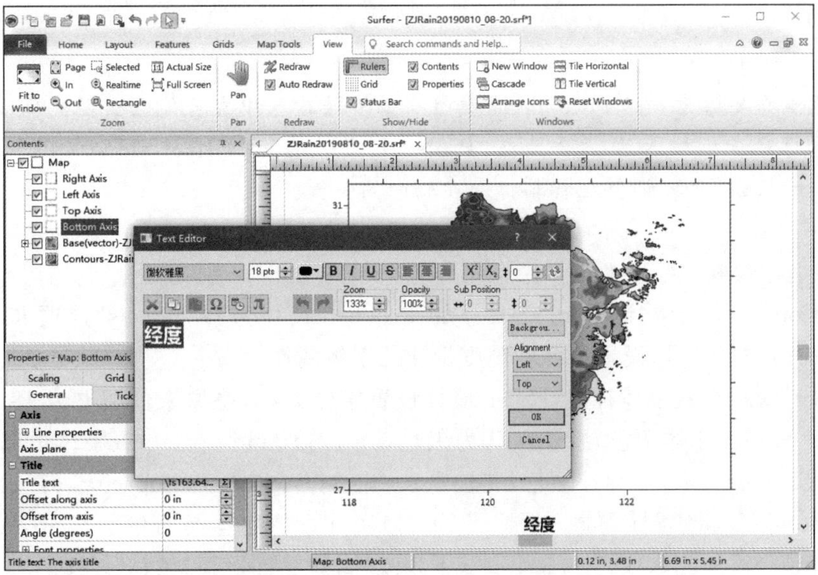

图 7-16　坐标轴标题添加操作

(4)同样的，Y 轴的标题标注添加需选中“Left Axis”进行相应操作，最终坐标轴标题标注添加效果如图 7-17 所示。

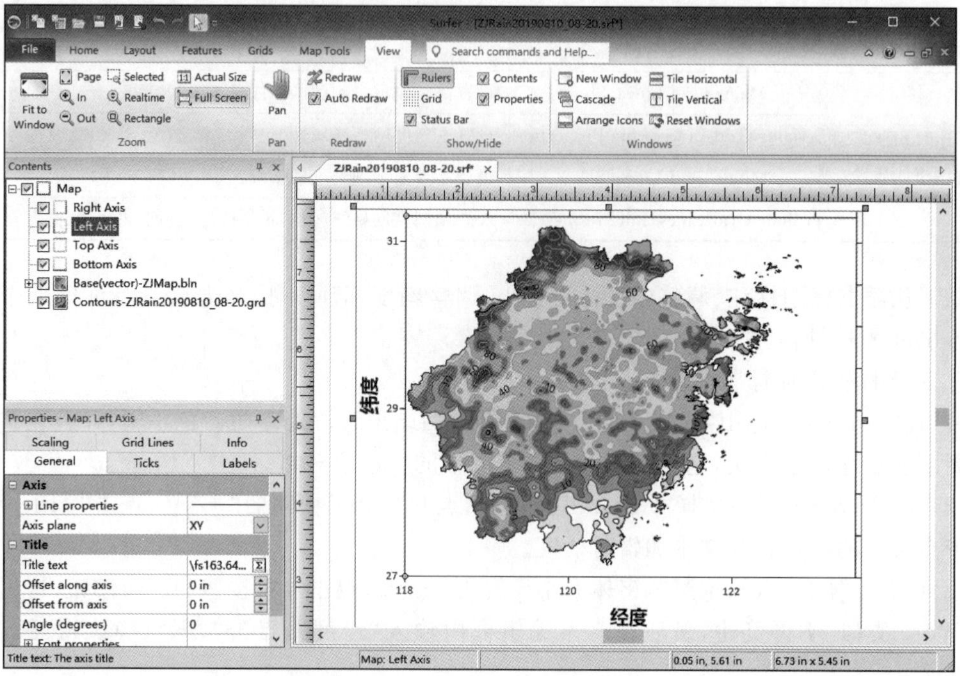

图 7-17　坐标轴标题添加效果

小提示：这里需要注意，在“Title Text”属性后面直接输入中文可能会出现乱码，利用文本编辑对话框输入则不会。在“Properties”中设置“Offset along axis”和“Offset from axis”可以调整坐标轴标题在轴向的位置。

2. 调整坐标轴刻度标注大小

（1）在“Contents”选中“Bottom Axis”，在“Properties”中选择“Labels”选项卡，点开“Font Properties”前面的“+”号，设置坐标轴刻度标注的字体属性。

（2）“Font”属性设置字体样式，“Size”属性设置字体大小，将原来值调整为 18，增大字体，“Foreground color”（字体颜色）属性默认为黑色，“Foreground opacity”（字体透明度）设置为 100%，“Background color”（背景颜色）属性默认白色，“Background opacity”（背景透明度）设置为 0%，“Bold”（加粗）属性勾选，“Italic”（倾斜）属性设置字体是否倾斜，“Strikeout”（删除线）属性设置是否添加删除线，“underline”（下划线）属性设置是否添加下划线。

（3）坐标轴刻度标注保留一位有效数字，需要设置“Label Format”（标注格式）属性，“Type”（种类）属性选择“Fixed”（固定），“Decimal digits”（小数点后保留几位有效数字）属性设置为 1。Y 轴设置操作与 X 轴一致，不再赘述，最终效果如图 7-18 所示。

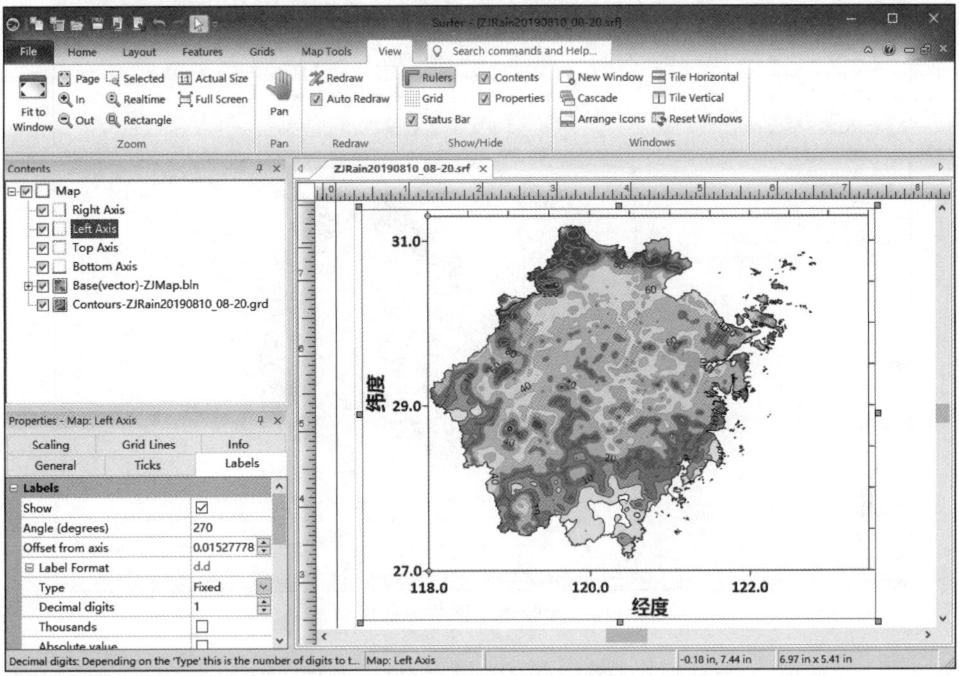

图 7-18　调整坐标轴刻度标注大小

3. 调整坐标轴刻度标注间距

(1)原始图形坐标轴刻度标注间距为 2,需要调小至每 1 个单位一个刻度。在“Contents”中选中“Bottom Axis”,在“Properties”中选择“Scaling”选项卡,设置相关属性。

(2)“Scaling”选项卡下有四个属性设置,分别为“Scaling”(缩放)属性、“Tick Positions”(刻度标注位置)属性、“Axis Positions”(坐标轴位置)属性、“Axis direction”(坐标轴方向)属性。将“Scaling”属性下的“Major interval”(刻度标注间距)的值修改为 1;“Automatic”(自动)属性将自动设置坐标轴刻度标注,取消该属性的勾选;“Axis minimum”(坐标轴最小值)和“Axis maximum”(坐标轴最大值)属性设置坐标轴的范围,最小值为 118,最大值为 123.14;“First major tick”(第一个主刻度线)和“Last major tick”(最后一个主刻度线)属性设置起始刻度标注和结束刻度标注分别为 118 和 123。“Cross Y axis at”(与 Y 轴相交于)属性设为 27,表示该坐标轴与 Y 轴相交的纬度值为 27,“Cross Z axis at”(与 Z 轴相交于)属性由于非 3D 图形不设置。按照 X 轴的刻度标注间距属性设置方法,对 Y 轴进行相应操作,最终效果如图 7-19 所示。

4. 为经纬坐标添加经纬标注

(1)在“Contents”选中“Bottom Axis”,在“Properties”中选择“Labels”(刻度标签属性)选项卡,利用“Label Format”(刻度标注样式)属性设置坐标轴刻度标注的样式。

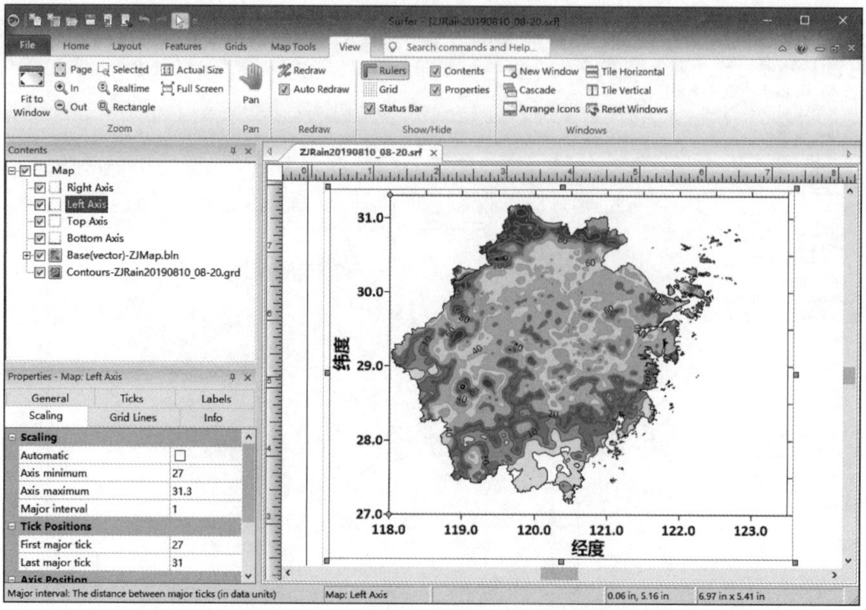

图 7-19　调整坐标轴刻度标注间距

(2)“Type”(种类)子属性选择“DMS(lat/long)”(经纬刻度),“DMS Format”(经纬刻度样式)子属性选择“ddmm. mm E”,“Decimal digits”(小数点后保留几位有效数字)子属性设为 1。

(3)Y 轴也做相同处理,并对绘图场景进行保存,最终效果如图 7-20 所示。

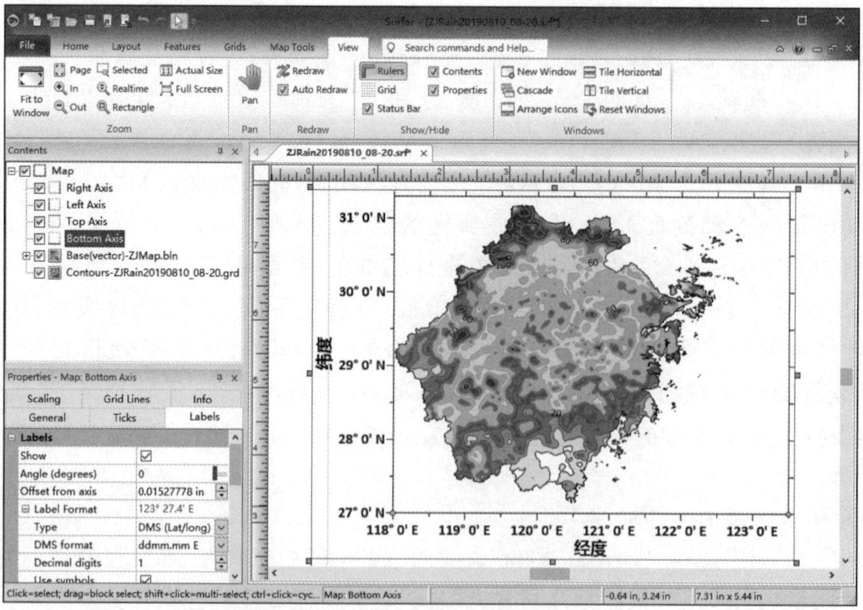

图 7-20　为坐标轴刻度添加经纬标注

小提示：在 Surfer 早期版本中，对坐标轴刻度标注格式的设置没有经纬格式，可以通过插入文本对经纬符号进行文本编辑的方式解决。

7.2.2 添加图例

利用 Surfer 绘制分类散点标注后需要对标注进行解释说明，即需要添加与分类标注相对应的图例。Surfer 提供了为图形对象自动创建图例的功能，具体的操作步骤如下。

1. 添加图例图层。在场景中选中分类散点图层，选择“Map Tools|Add to Map|Legend”（图形工具|添加图形|添加图例），Surfer 自动将要素分类以图例形式添加到图形中，对象管理器中出现“Legend”（图例）图层，该图层的属性设置说明见表 7-3。

表 7-3 图例属性设置列表

属性分类	属性名称	属性说明
General（常规属性）	Type	设置图例边框样式，选“None”为无边框，选“Square”为方形边框，选“Rounded”为椭圆形边框
	Margin	设置图例中内容到边框的距离
	Line properties	设置图例边框线属性，包括线型、颜色、透明度、宽度
	Fill properties	设置图例填充属性，包括样式、前景色、前景透明度，也可以设置选择从文件加载，或者从剪切板加载
	Title text	设置图例标题文本
	Font Properties	设置图例标题文本的字体属性，包括字体样式、大小、前景色、前景透明度、背景色、背景透明度、加粗、斜体、删除线、下划线
Layers（图层属性）	Show layer name	设置是否显示图例所代表的图层名称
	Font Properties	设置图层名称的字体属性，包括字体样式、大小、前景色、前景透明度、背景色、背景透明度、加粗、斜体、删除线、下划线
	Layer to edit	显示当前正在编辑的图例所对应的图层名称
	Edit layer list	编辑图例对应的图层列表
	Template	编辑图例内容样式，“\symbol”代表标志，“\lower to \upper”代表数据由小到大，样式可以自定义编辑
	Symbol size method	设置图例中标记的大小，“Based on font”表示标记大小与内容字体大小一致；“same as plot”表示标记大小与图形中标记大小一致；“Custom”表示标记大小设置为固定值
	Custom size	设置标记大小的固定值
	Sample order	设置图例内容的展示顺序，“Ascend”表示升序，“Descend”表示降序

续表

属性分类	属性名称	属性说明
Layers（图层属性）	Font Properties	设置图例内容的字体属性，包括字体样式、大小、前景色、前景透明度、背景色、背景透明度、加粗、斜体、删除线、下划线
	Label Format	设置图例标签的格式，“Type”设置格式种类，提供“Fixed”（固定格式）、“Exponential”（科学计数格式）、“Compact”（紧凑格式）、“Date/time”（日期格式）、“DMS(lat/long)”（经纬格式）；“Decimal digits”设置小数点后保留的位数；“Thousands”设置千位标志符；“Absolute value”设置显示绝对值；“Trim exponent zeros”设置去掉科学计数法指数上的 0；“Prefix”设置前缀；“Suffix”设置后缀

2. 设置图例属性。选中图例，在属性管理器中对其进行相应属性设置。“General”选项卡提供图例框架和标题相关属性的设置，“Layers”选项卡提供是否显示图例对应的分类散点图图层名称及图例中分类信息相关属性设置。选择“General”选项卡，图例框架选择“Square”，周边为矩形边框，无填充，边框线为黑色，点击“Title Text”（标题文本）后面带有“Σ”的按钮打开文本编辑对话框设置标题为“站点雨量分类（单位：mm）”，选择“微软雅黑”，字体大小 16 pts，加粗，居中。选择“Layers”选项卡，不勾选显示图层信息，“Sample Order”（样本顺序）属性选择“Ascend”（升序），分类信息字体设置加粗。

图 7-21 为站点雨量分类散点分布，从图例中可以看到站点雨量标注的分类标准。

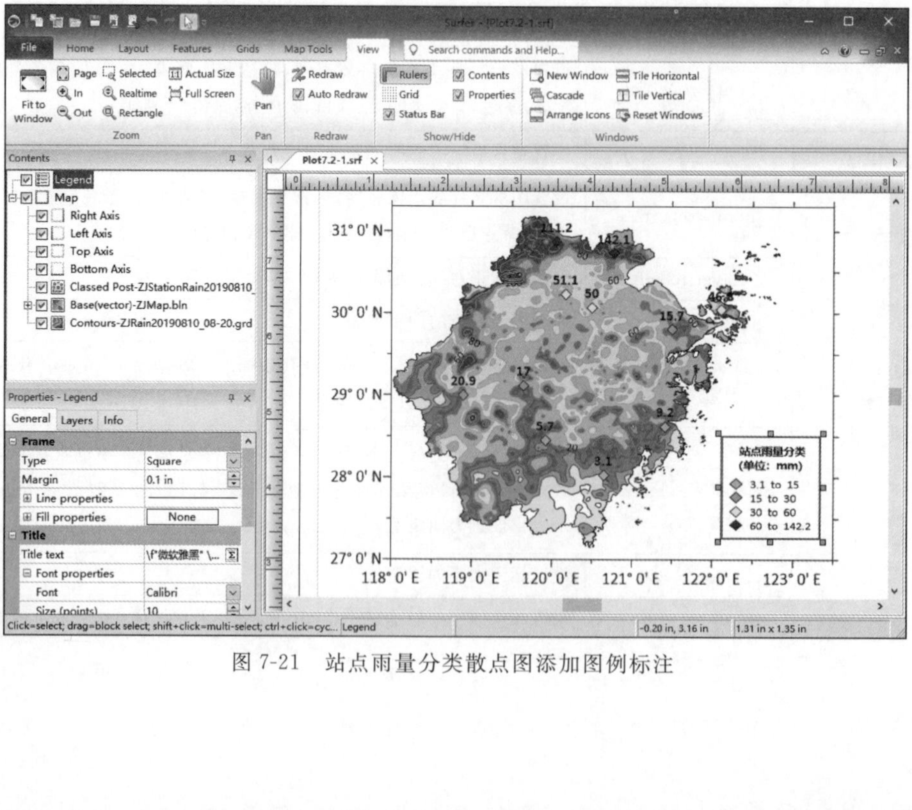

图 7-21　站点雨量分类散点图添加图例标注

小提示：鼠标左键点击图例可以选中图例，按住左键选中图例可以任意拖动图例至合适位置，在图例边框上按住左键拖动鼠标可以使图例放大或缩小至合适尺寸。

7.2.3　添加网格线

Surfer 提供了为图形加载网格线的功能，该功能在气象制图尤其是基于经纬度网格的等值线图制作中，能方便快捷地绘制出经纬度网格。具体操作步骤如下。

1. 添加网格线图层。在“Contents”中选中需要添加网格线的图层，选择“Map Tools|Add to Map|Graticule”（图形工具|添加图形|添加网格线）命令，Surfer 自动将网格线添加至图形中。选中网格线图层，可以在属性管理器中对网格线属性进行设置，具体的网格线属性设置说明见表 7-4。

表 7-4　网格线属性设置列表

属性分类	属性名称	属性说明
General（常规属性）	Units	设置网格线单位，默认的是“Unknown map units”，即与绘制图形的单位一致
	Style	设置网格线的样式，“None”为不显示，“Lines”为直线显示，“Crosses”为十字线显示
	Line properties	设置网格线的线条属性，包括线型、颜色、透明度、宽度
	Longitude(X) Spacing|Origin	设置网格线的起始经度值
	Longitude(X) Spacing|Spacing	设置网格线经度的采样频率，即每隔多少个经度画一条网格线
	Latitude(Y) Spacing|Origin	设置网格线的起始纬度值
	Latitude(Y) Spacing|Spacing	设置网格线纬度的采样频率，即每隔多少个纬度画一条网格线
Labels（标签属性）	Location	设置网格线经纬标签显示的位置，“None”为不显示标签，“Left”为纬度标签在左侧坐标轴；“Right”为纬度标签在右侧坐标轴；“Bottom”为经度标签在底部坐标轴；“Top”为经度标签在顶部坐标轴
	Orientation	设置经纬标签显示的方位，“Horizontal”为水平显示，“Vertical”为垂直显示，“Along line”为沿着网格线方向显示，“Normal to line”为垂直于网格线方向显示
	Placement	设置经纬标签相对于坐标轴的位置，“Inside”为在坐标轴内侧显示，“Outside”为在坐标轴外侧显示

续表

属性分类	属性名称	属性说明
Labels（标签属性）	Frequency	设置经纬标签显示的频率，即每隔几个单位显示一个标签
	Offset	设置经纬标签离开坐标轴的距离
	Show ticks	设置是否显示经纬标签刻度线
	Tick length	设置经纬标签刻度线的长度
	Font Properties	设置经纬标签的字体属性，包括字体样式、大小、前景色、前景透明度、背景色、背景透明度、加粗、斜体、删除线、下划线
	Label Format	设置经纬标签的格式，“Type”设置格式种类，提供“Fixed”（固定格式）、“Exponential”（科学计数格式）、“Compact”（紧凑格式）、“Date/time”（日期格式）、“DMS(lat/long)”（经纬格式）；“Decimal digits”设置小数点后保留的位数；“Thousands”设置千位标志符；“Absolute value”设置显示绝对值；“Trim exponent zeros”设置去掉科学计数法指数上的0；“Prefix”设置前缀；“Suffix”设置后缀
	Tick line properties	设置经纬标签刻度线的线条属性，包括线型、颜色、透明度、宽度
Layer（图层属性）	Opacity	设置网格线图层的透明度

2. 网格线属性设置。在对象管理器中选中网格线图层，在属性管理器中进行网格线的属性设置。选择“General”选项，在“Line properties”中设置“Style”为点线(Dash)，“Color”为黑色，“Opacity”为50%，线宽为0.01 in，以浙江区域为例，当坐标轴起始经度为118°E，起始纬度为27°N时，相应的“Longitude (X) Spacing”起始值设为118，间隔为0.5，“Latitude (Y) Spacing”起始值设为27，间隔为0.5。选择“Labels”选项，提供了网格线在坐标轴上标注的相关属性设置，当坐标轴本身带有标注时，需要将网格线在坐标轴上的标注隐藏，“Longitude Labels”（经向标注）属性选择“None”，“Latitude Labels”（纬向标注）属性选择“None”。

图7-22为2019年8月10日08—20时浙江区域累计降水量等值线填充图添加网格线的最终效果。

7.2.4 添加指北针

指北针在地图中应用较为广泛，Surfer可以先在图形中添加一个“点”对象，然后对该对象进行标记相关的属性设置，将“点”对象以指北针的形式呈现，即可在图形中完成指北针标注的添加。具体的操作步骤如下。

1. 添加点标记。在场景中选中绘制好的图形，选择“Home|Insert|Point”（主页|插入|添加“点”对象）进入插入“点”编辑模式，在图形中合适位置单击鼠标左键，即完成“点”对象的插入，这时图形中插入位置处会出现默认的“+”符号标记。“点”对象的属性设置说明见表7-5。

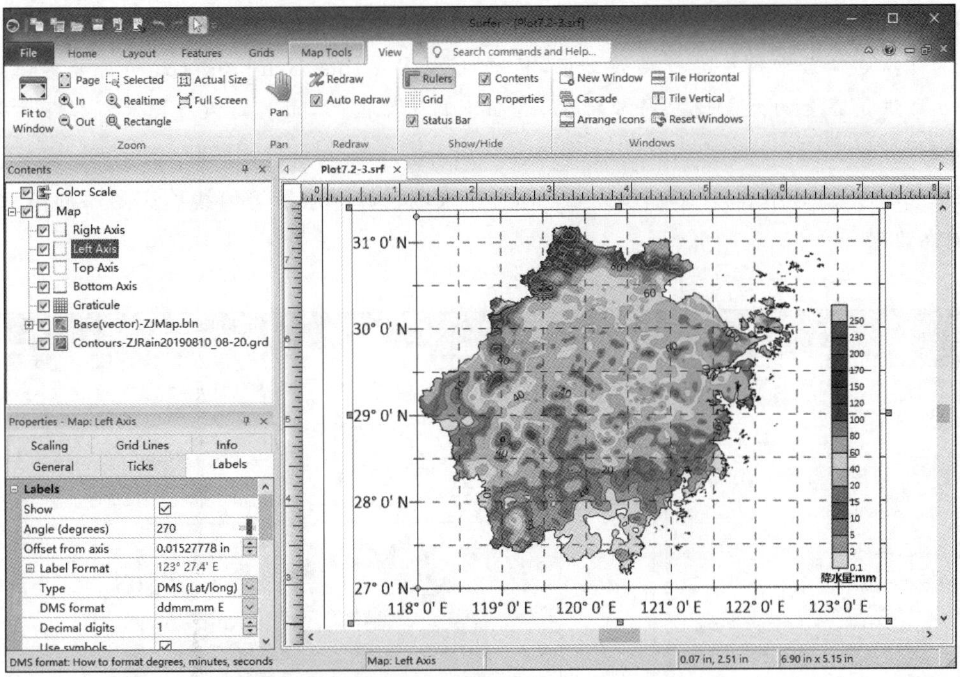

图 7-22　累计降水量等值线图添加网格线效果

表 7-5　点对象属性设置列表

属性分类	属性名称	属性说明
Symbol（标记属性）	Symbol	选择格点值标记的样式
	Symbol set	选择格点值标记的样式分类
	Size	设置格点值标记的大小
	Fill color	设置格点值标记的填充颜色
	Fill opacity	设置格点值标记的填充透明度
	Line color	设置格点值标记的边框颜色
	Line opacity	设置格点值标记的边框透明度

2. 设置点标记属性为指北针。在图形中选中插入的“+”，在属性管理器中设置其相关属性。选择“Symbol”（标记属性）选项，“Symbol”属性选择第 71 个标记指北针，“Size”属性设置指北针标注的大小。

小提示：Surfer15 提供了丰富的符号标记供用户选择，"Symbol"选项下的"Symbol set"可以选择若干种特定种类的标记，其中"GSI Weather Symbols"（天气符号标记）提供了齐全的天气现象符号标记，这在绘制气象图形，尤其是天气图时提供了方便。

图 7-23 为 2019 年 8 月 10 日 08—20 时浙江区域累计降水量等值线填充图添加指北针标注的最终效果。

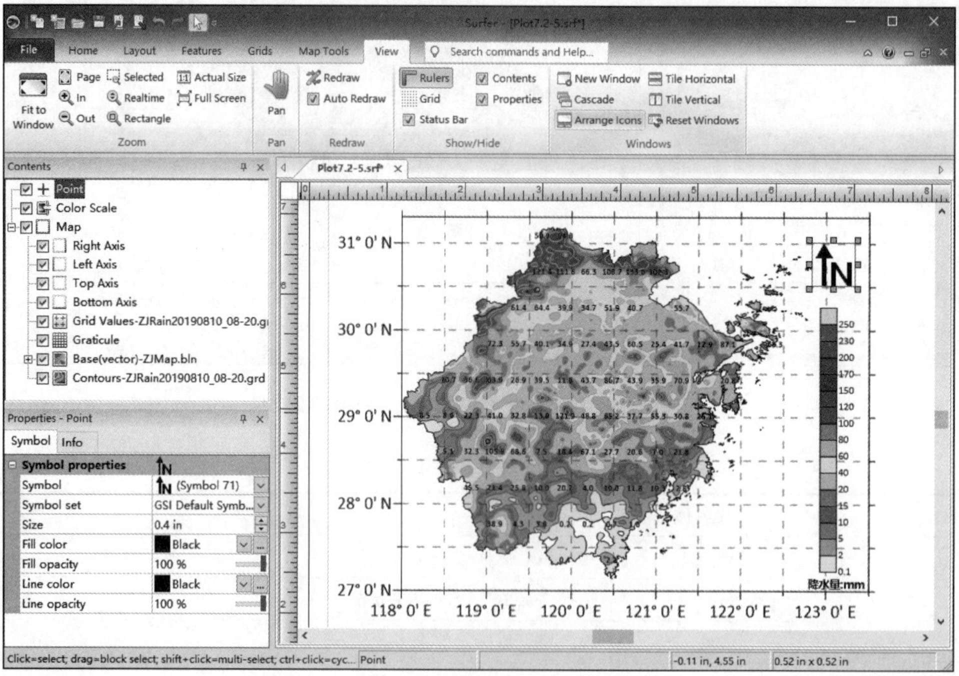

图 7-23　添加指北针标注效果

7.3　绘制图形比例尺

在绘制地图和其他平面图时，需要把实际距离按一定的比例缩小（或放大），再画在图纸上。这时，就要确定图上距离和相对应的实际距离的比。一幅图的图上距离和实际距离的比，叫做这幅图的比例尺。数字比例式如 1∶100000，地图上表现为在地图上画一条线段，并注明地图上 1 cm 所代表的实际距离。

小提示：在比例尺计算过程中要注意单位换算，图上用厘米，实地用千米，如果图上 1 cm 表示实际 20 km，则比例尺为 1∶2000000。

Surfer 在绘制图形比例尺时首先要确定图形的比例尺大小，其次要设置好图形在绘图页面中所占的比例，最后利用比例尺大小和图形比例绘制出相应的图形比例尺。

7.3.1　修改默认的绘图页面单位

由比例尺的定义可知，绘制比例尺需要在地图上注明 1 cm 的线段所代表的实际距离，而 Surfer 默认的绘图页面的标尺单位为英寸(in)，英寸与厘米间的单位换算公式为 1 in＝2.54 cm，直接在以英寸为单位的绘图页面下绘制比例尺需要进行单位换算，处理起来比较繁琐，因而需要将默认的绘图页面单位修改为以 cm 为单位。

修改默认的绘图页面单位的操作步骤是：选择“File|Options”(文件|选项)命令，在弹出的对话框中，将“General”设置中的“Page Units”(页面单位)修改为“Centimeters”(厘米)，如图 7-24 所示，点击“OK”(确认)即可将绘图页面的单位修改为厘米。

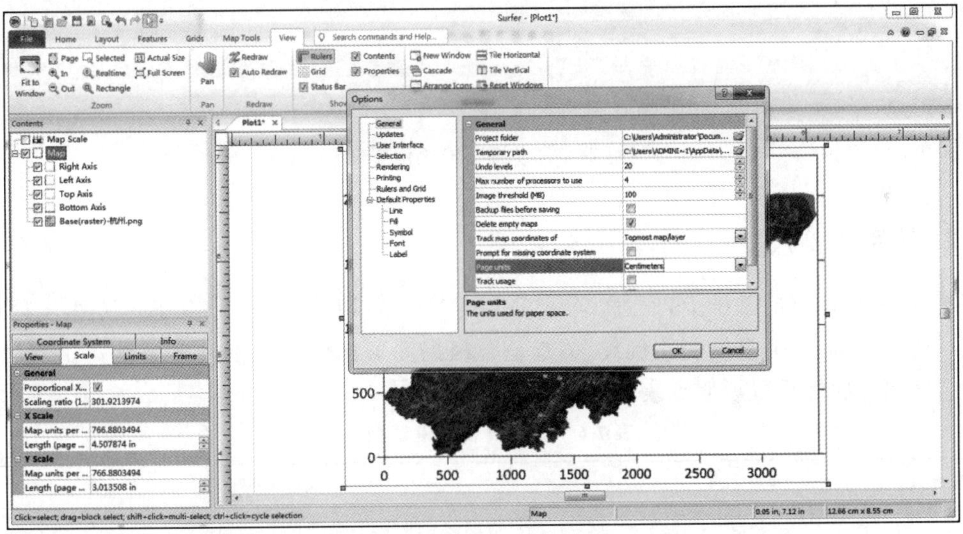

图 7-24　将默认绘图页面单位修改为厘米

7.3.2　设置图形比例

图形比例是指在图形绘制页面中图形单位与页面单位的对应关系，在绘制图形比例尺时绘制页面单位为厘米，设置图形比例也就是要确立 1 cm 等于多少个图形单位，图形在页面中的 X 轴方向占多少厘米，Y 轴方向占多少厘米，具体操作为在对象管理器中选中“Map”，在属性管理器中选择“Scale”(比例)选项卡，就可以看到如图 7-25 所示的 X 轴、Y 轴方向图形比例属性设置，如果是 3D 曲面图、线框图，则还有 Z 轴方向的图形比例属性设置。

X Scale（X 轴比例）、Y Scale（Y 轴比例）和 Z Scale（Z 轴比例）属性用来设置沿所选坐标轴的图形比例，可对每个坐标轴设置不同的比例尺。

"Map units per cm"（每厘米图形单位）属性，用来设置指定轴上每页面单位上（1 cm）代表图形上的多少个图形单位。例如，要使图形以每厘米 1000 个图形单位的比例尺绘制，则在编辑框中键入数字 1000，图形单位会自动更新来反映所做的改变。例如，如果图形在设定方向为 4000 个单位，则该图形在该方向的长度为 4 cm。

"Length(page units)"（长度）属性用来设置特定方向上的图形长度。当改变长度值时，则"Map units per cm"（每厘米图形单位属性）编辑框中数值自动更新，来反映所做的改变。

"Proportional XY Scaling"（XY 按比例缩放）复选框用来使 X、Y 方向同比例设置，当该复选框被选中时，改变 X、Y 方向的任一方向数值，另一方向则按同比例缩放，X、Y 轴均被赋予了每厘米相同的单位数。要对坐标轴分别设置比例尺，则需要关闭该复选框。

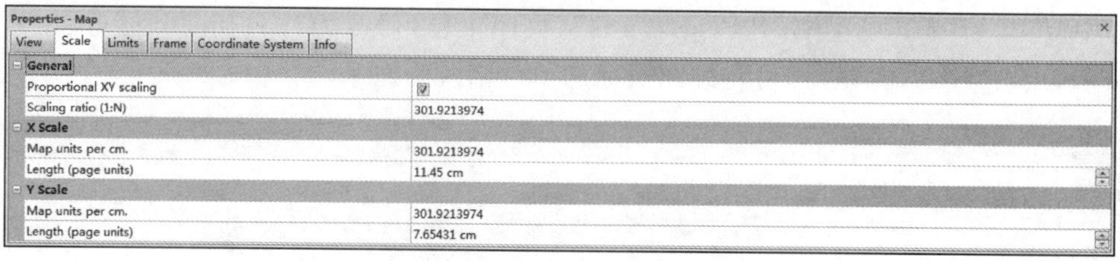

图 7-25　设置图形比例属性

7.3.3　绘制比例尺

在图形比例确定的基础上，通过"Map Tools | Add to Map | Add Scale Bar"（图形工具 | 添加图形 | 添加比例尺）命令绘制比例尺，关键是要根据图形比例及比例尺大小设置比例尺的相关属性，比例尺属性设置说明见表 7-6。

表 7-6　比例尺属性设置列表

属性分类	属性名称	属性说明
General（常规属性）	Style	设置比例尺展示的效果样式，提供 8 种可选样式
	Number of cycles	设置比例尺循环段数，例如设为 4 时将显示 4 段比例尺
	Cycle spacing	设置比例尺循环间隔，单位为图形单位
	Show subdivisions	设置是否显示次级分段间隔
	Number of subdivisions	设置次级分段间隔的个数
	Scale tracks	设置比例尺参照的坐标轴
	Line properties	设置比例尺线框的属性，包括线型、颜色、透明度、宽度
	Title	设置比例尺的标题文本

续表

属性分类	属性名称	属性说明
General （常规属性）	Title above scale bar	设置是否在比例尺上方显示标题
	Title offset	设置标题相对于比例尺的偏移量
	Lafbels above scale bar	设置是否在标签上方显示标签
	label offset	设置标签相对于比例尺的偏移量
	label increment	设置标签间隔，即每隔多少图形单位一个标签
	Angle(degrees)	设置标签显示的角度
	Font Properties	设置标签字体属性，包括字体样式、大小、前景色、前景透明度、背景色、背景透明度、加粗、斜体、删除线、下划线
	Label Format	设置比例尺标签的格式，Type"设置格式种类，提供"Fixed"（固定格式）、"Exponential"（科学计数格式）、"Compact"（紧凑格式）、"Date/time"（日期格式）、"DMS(lat/long)"（经纬格式）；"Decimal digits"设置小数点后保留的位数；"Thousands"设置千位标志符；"Absolute value"设置显示绝对值；"Trim exponent zeros"设置去掉科学计数法指数上的 0；"Prefix"设置前缀；"Suffix"设置后缀

结合以上讲解的图形比例尺绘制的要点，绘制大小为 1∶2000000 的图形比例尺完整操作步骤如下。

1. 打开需要绘制比例尺的图形。在"Plot1"场景中，选择"Home|New Map|New Base Map"（主页|新图|新基底图）命令，选择"杭州 .png"文件并打开。这里以杭州卫星地图为例，已知杭州地区（含区、县）东西距离约 229 km，南北距离约 153 km。

2. 修改默认的绘图页面单位为厘米。选择"File|Options"命令，在弹出的对话框中，将"General"设置中的"Page Units"修改为"Centimeters"。

3. 在对象管理器中选中"Map"对象，通过属性管理器中的"Scale"选项卡设置图形比例，如图 7-26 所示。已知比例尺大小为 1∶2000000，即地图上 1 cm 代表实际距离 20 km，图形实际距离 x 轴方向为 229 km，y 轴方向为 153 km，分别除以 20，得到图形在绘制页面中的 x 轴长度为 11.45 cm，y 轴长度为 7.65 cm。在属性管理器中设置"X Scale"的"Length(page units)"属性为 11.45 cm，"Y Scale"的"Length(page units)"属性为 7.65 cm，"Map units per cm"自动变为 301.9213974，这个数字表示 1 cm 代表 301.9213974 个图形单位，在绘制图形比例尺时该属性值比较关键。

4. 添加图形比例尺并设置属性。在绘制页面中选中图形，选择"Map Tools|Add to Map|Add Scale Bar"（图形工具|添加图形|添加比例尺）命令，为图形添加一个比例尺。在对象管理器中选中添加的"Map Scale"对象，通过属性管理器设置比例尺相关属性完成比例尺绘制。"General"设置中，"Number of Cycles"（比例刻度分段数），这是比例尺黑白段的总段数，默认值为 4，两黑两白，黑白交替，这里需要设为 1，表示比例尺线段段数为一段；"Scale tracks"（刻

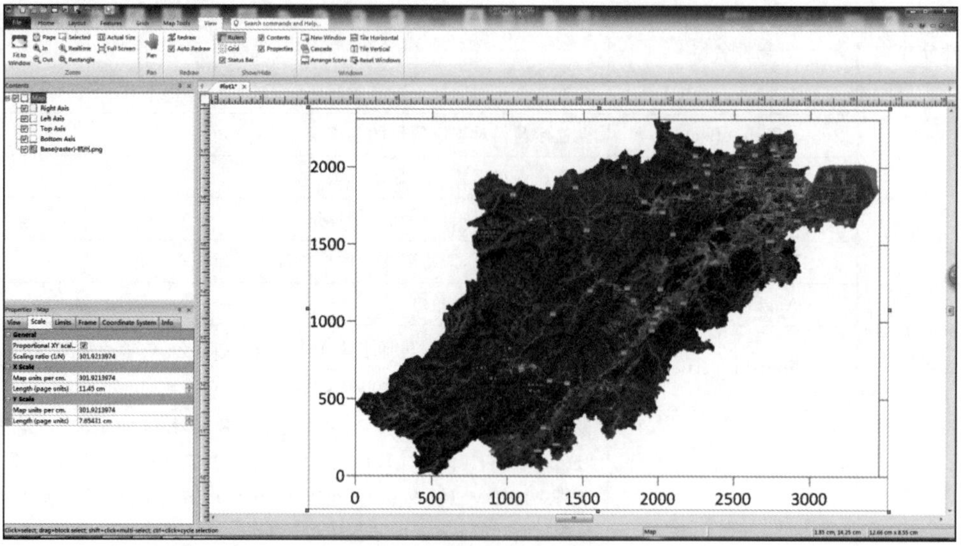

图 7-26 设置杭州市地图的图形比例

度尺指定轴)，默认值是定为 X 轴方向，可以选择下拉列表框中的一个值用来确定设置比例尺所基于的方向，如果 X、Y 方向等比例设置，则 X、Y 轴选项产生相同结果，Z 轴选项只适用于曲面图、合并的曲面图及带 3D 标签线的倾斜散点图；“Cycle Spacing”(每段间隔长度)这个属性表示比例尺一段的长度有多少个图形单位，这里必须与步骤(3)中的“Map units per cm”的设置值 301.9213974 保持一致，这样才能保证比例尺线段的长度为 1 cm；修改“Label increment”的值为 20，表示 1 cm 的图上距离代表实际距离 20 km，由于属性值不带单位，需要通过“Home|Insert|Text”命令在比例尺刻度“20”后面添加单位的文本为“km”；通过“Font properties”和“Label Format”设置比例尺标注字体的属性及格式，最终效果如图 7-27 所示。

小提示：在绘制比例尺的过程中，如何设置比例尺的每段间隔长度(Cycle Spacing)是核心，注意这里的“长度”不是英寸，也不是厘米，而是多少个图形单位，即“Map units per cm”(每厘米图形单位)的属性值，当以图形比例中的“每厘米图形单位”的值作为每段间隔长度时，才能确保比例尺线段的长度为 1 cm，才符合比例尺绘制的相关定义要求。

5. 隐藏比例尺的刻度值。只显示比例尺所代表的实际距离，这样的比例尺样式被普遍使用。设置“Foreground color”(前景色)为白色可以隐藏比例尺的刻度，修改“Style”属性可以改变比例尺的样式，在比例尺上添加文本“20 km”，即可完成比例尺的绘制。

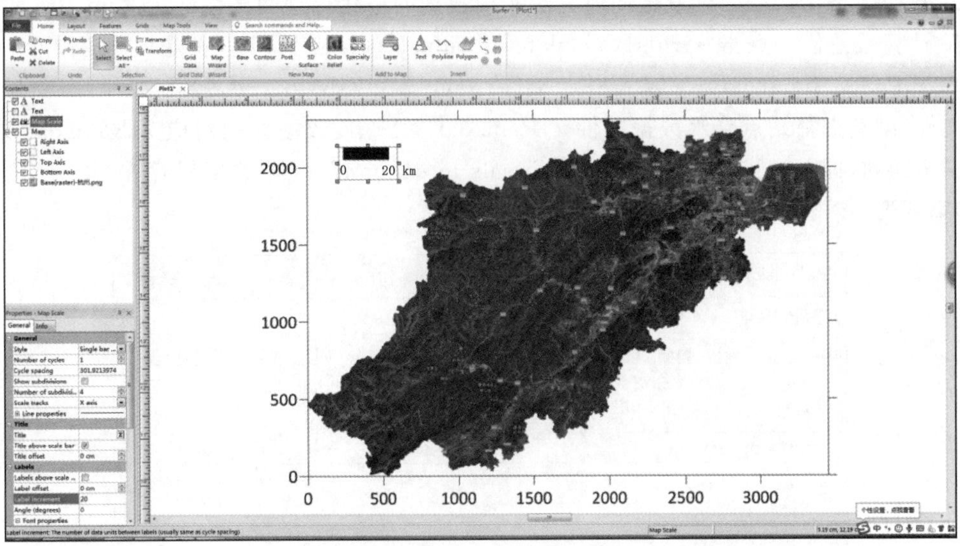

图 7-27 图形比例尺绘制效果

7.4 图形计算

利用 Surfer 可以做一些图形计算，这里主要介绍如何计算图形残差、面积和体积，计算残差可以帮助我们更好判断网格化数据与原始数据的吻合程度，定量评估数据网格化效果，计算图形面积和体积在现实生活中很有意义，比如利用 Surfer 可以计算出降水区域的面积、某个湖泊的容积、工程土方量等。

7.4.1 图形残差计算

Surfer 计算的图形残差是指原始数据文件中的散点值与由散点内插得到的格点值在同一点的差值，当散点值大于格点值时残差为正，当散点值小于格点值时残差为负，如果数据文件中的散点值为空值，则该点的残差计算结果不显示，当散点值与内插的格点值不重合时，Surfer 会利用双线性插值的方法计算出散点位置处的格点值。

图形残差计算的公式为：

$$Z_{res} = Z_{dat} - Z_{grd}$$

式中，Z_{res} 为残差值，Z_{dat} 为数据文件的 Z 值，Z_{grd} 为网格文件的内插值。

图形残差计算的目的是为了定量给出原始数据的内插效果，如果残差普遍较大，则插值效果较差。利用 Surfer 计算图形残差的操作步骤如下。

1. 创建数据文件。以浙江区域站点降水数据 ZJRain. dat 为例，数据内容包括站号、经度、纬度、降水量。

2. 数据网格化。采用克里金插值方法实现数据网格化得到网格文件 ZJRain. grd。

3. 计算残差值。点击“Grids|Calculate|Residuals”(格点|计算|残差)命令弹出对话框，如图 7-28 所示，“Input Grid”(输入格点文件)浏览选择 ZJRain. grd，“XYZ Data”(原始 XYZ 数据文件)浏览选择站点降水数据文件 ZJRain. dat，X、Y、Z 数据分别对应 ZJRain. dat 文件中的第二至四列，即 lng、lat、rain，“Store residuals in column”(残差数据保存在哪一列)选择 E 列，即第五列，点击“OK”(确认)。

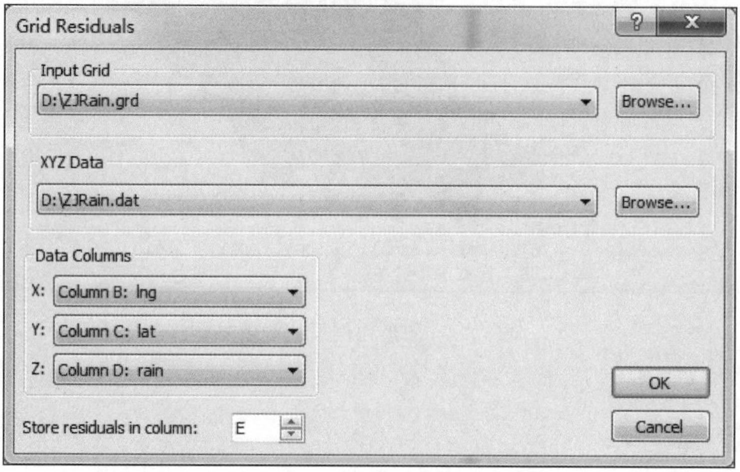

图 7-28　图形残差计算选项对话框

4. 残差计算结果保存与评估。残差计算结果自动生成在工作表的第五列，如图 7-29 所示，如果要保存计算结果，可以通过“File|Save as”(文件|另存为)命令保存为[. dat]文件。为了评估网格化结果与原始数据的吻合程度，可以在工作表中计算残差的统计值来定量衡量，在工作表中点击列“E”选中所有的残差数据，点击“Data|Statistics”(数据|统计)命令弹出数据统计选项对话框，如图 7-30 所示，可以选择需要统计的参数，如“Maximum”(最大值)、“Minimum”(最小值)、“Mean”(平均值)、“Standard deviation”(标准差)等。

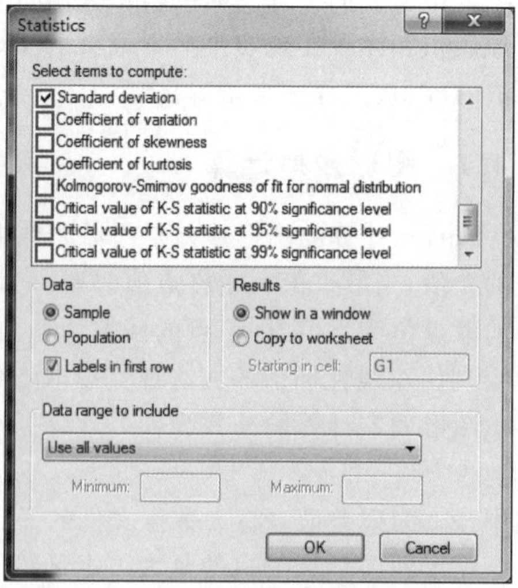

图 7-29　数据统计选项对话框

7.4.2　图形面积计算

Surfer 提供了计算图形面积的功能(程贤辅，2015)，计算结果通过图形单位与实际单位的转化

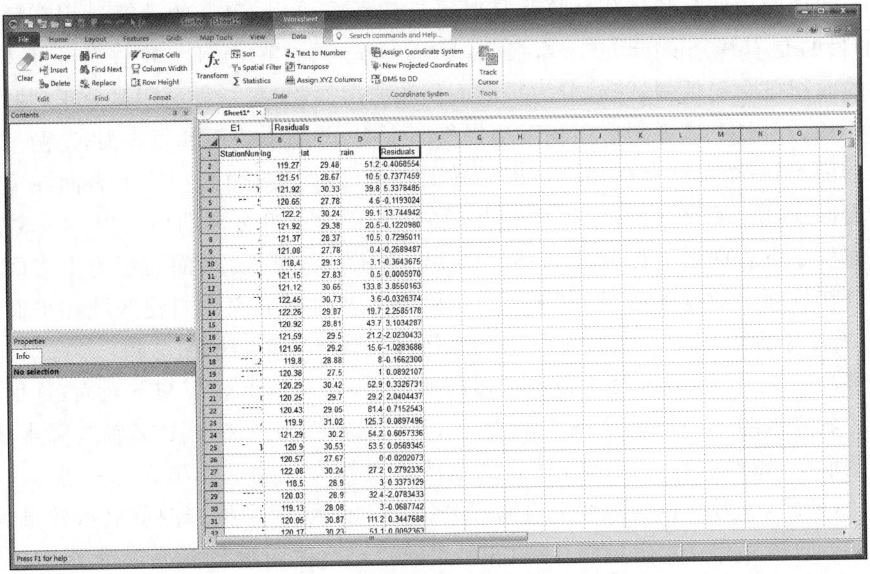

图 7-30　图形残差计算结果

可以得到实际面积。例如，给出浙江区域降水等值线图(非真实数据 Areaout. grd)，如图 7-31 所示，利用 Surfer 计算处理可以求出降水量在 70 mm 以上的区域面积。

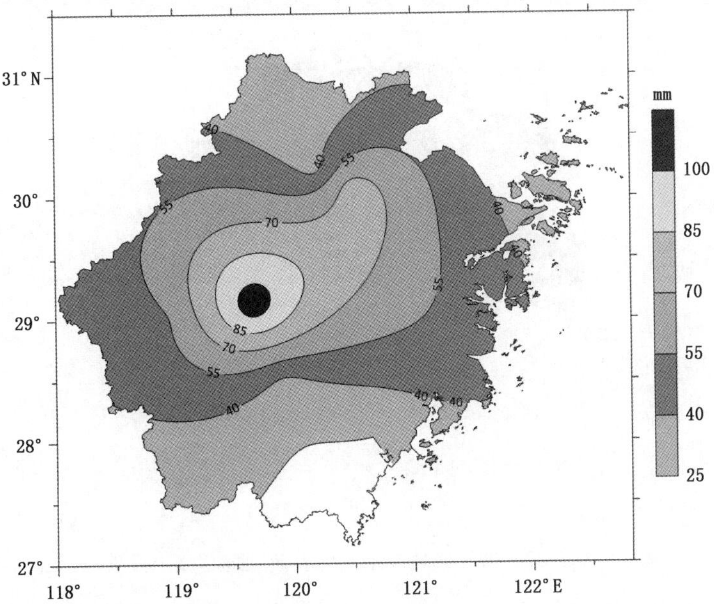

图 7-31　浙江区域降水等值线填充图(非真实数据)

Surfer图形面积计算和体积计算都是以报告的形式给出，复杂的计算过程在后台自动完成，我们的目的是看懂Surfer的计算报告，因而首先要了解Surfer软件关于面积的定义。Surfer中的面积概念包括两部分，分为平面面积和曲面面积，每一种面积又分正(裁切)面积和负(填充)面积。Surfer计算图形面积需要提供两个面，分为上表面和下表面，这两个面中必定有一个是曲面，另一个可以是曲面也可以是平面。正(裁切)曲面面积为上表面在下表面之上部分的曲面面积，负(填充)曲面面积为上表面在下表面之下部分的曲面面积，正(裁切)平面面积为上表面位于下表面之上部分在平面上的投影面积，负(填充)平面面积为上表面位于下表面之下部分在平面上的投影面积，白化平面面积为上表面和下表面白化区域在平面上的投影面积之和，整个平面面积为正平面面积、负平面面积、白化平面面积的总和。

为了求图7-31中70 mm降水以上区域的面积，要先确定上表面和下表面，这里上表面为整个浙江区域降水的3D曲面，如图7-32所示，其中XY轴为经纬坐标，Z轴为降水量，注意不要看成是地形图，图形中越高的部分代表的是降水量越大。用Z=70的水平平面(降水量等于70 mm的平面)作为下表面裁切上表面，如图7-33所示，为了提升图形显示效果，在下表面上叠加浙江行政边界和降水等值线，可以很清楚看出，3D曲面被70 mm降水水平面裁切出的上部分为70 mm以上降水的曲面，这部分也就是正(裁切)曲面面积，其在水平面的投影正(裁切)平面面积也就是我们要求的70 mm降水以上区域面积，相应的3D曲面被70 mm降水水平面切割的下部分为负(填充)曲面面积，其在水平面的投影为负(填充)平面面积，这里的白化平面面积为70 mm降水平面内除浙江区域以外部分的面积。

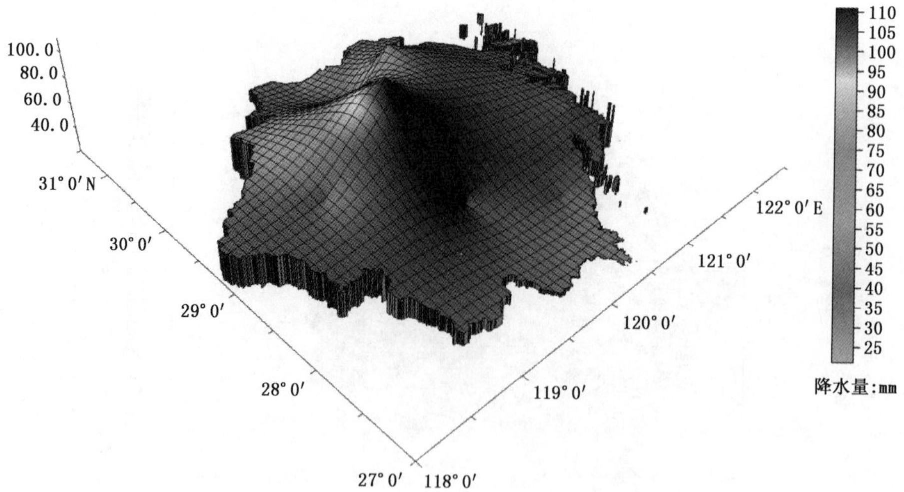

图7-32　浙江区域降水三维表面(曲面)显示效果

在明确Surfer中有关面积的定义基础上，选择"Grids|Calculate|Volume"(格点|计算|体积计算)命令弹出网格体积对话框，如图7-34所示。"Upper Surface"(上表面)选择绘制

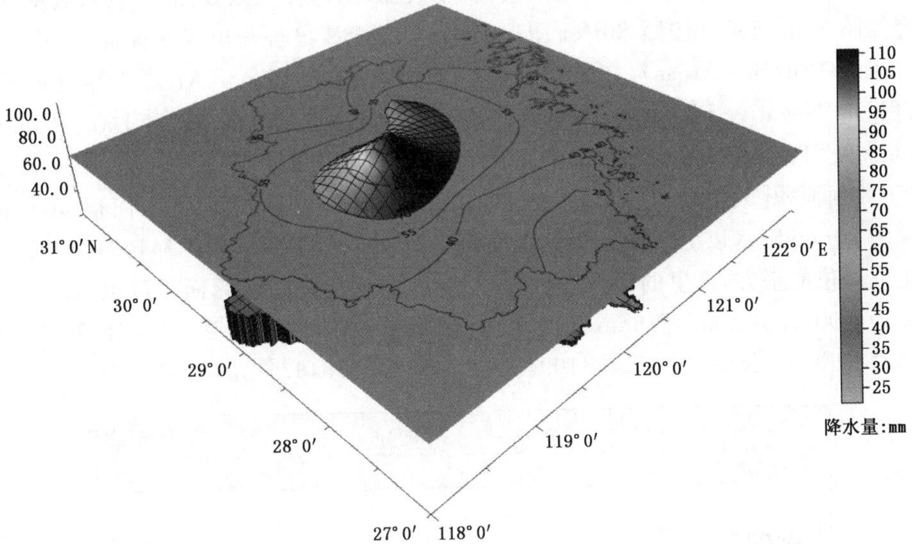

图 7-33　浙江 70 mm 降水以上区域三维表面显示效果

图 7-32的网格文件 Areaout. grd,“Lower Surface”(下表面)选择固定的 Z 值 70,点击“OK”(确认),得到 Surfer 体积面积计算报告。

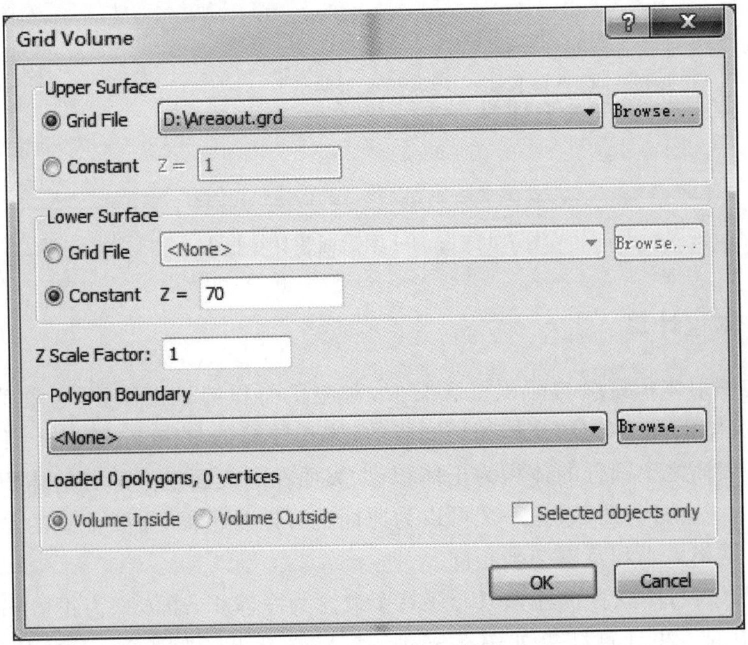

图 7-34　网格体积选项对话框

计算报告包括四部分内容，分别是上表面、下表面、图形体积以及图形面积，其中图形面积报告内容如图 7-35 所示。按照 Surfer 图形面积定义，计算报告给出了平面面积（Planar Areas）和曲面面积（Surface Areas），其中平面面积包括“Positive Planar Area[Cut]”（正平面面积[裁切面积]）、“Negative Planar Area[Fill]”（负平面面积[填充面积]）、“NoData Planar Area”（白化面积）和“Total Planar Area”（平面面积总和），曲面面积包括“Positive Surface Area[Cut]”（正曲面面积[裁切面积]）和“Negative Surface Area[Fill]”（负曲面面积[填充面积]）。我们要求的 70mm 降水以上区域面积为正平面面积，报告中数值为 1.4741094386645，该数值单位为图形单位的平方，这里的图形单位为经纬度，那么最终的实际面积可以估算出来，假定赤道周长为 40008.522 km，70mm 降水以上区域平均纬度为北纬 30°，计算实际面积为 (40008.522/360)×(cos30°)×1.4741094386645＝141.87646721421 km^2。

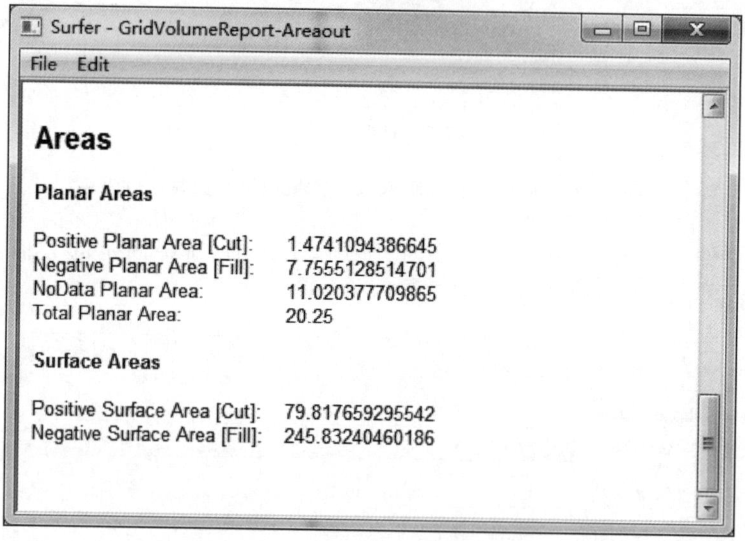

图 7-35　Surfer 图形面积计算报告

7.4.3　图形体积计算

Sufer 中的图形体积概念与面积概念类似，对应正面积的是正体积，也称为裁切体积，对应负面积的是负体积，也称为填充体积。同样的，体积计算的是由上、下两个面确定的实体体积，上表面在下表面之上部分的体积为正体积，上表面在下表面之下部分的体积为负体积，上、下这两个面其中一个必为曲面，另一个可以为曲面也可以是平面，需要注意的是在设置两个曲面网格文件时，网格大小和范围必须相同。

Surfer 图形体积计算（程贤辅，2015）还有个概念为净体积，净体积为正体积与负体积的差值。计算报告中的体积计算结果如图 7-36 所示，报告给出了“Trapezoidal Rule”（梯形计算法）、“Simpson’s Rule”（辛普森计算法）、“Simpson’s 3/8 Rule”（辛普森 3/8 计算法）计算得到的净体积，“Positive Volume [Cut]”(正体积[裁切体积])、“Negative Volume [Fill]”(负体积[填充体积])以及“Net Volume [Cut-Fill]”(裁切体积－填充体积)。

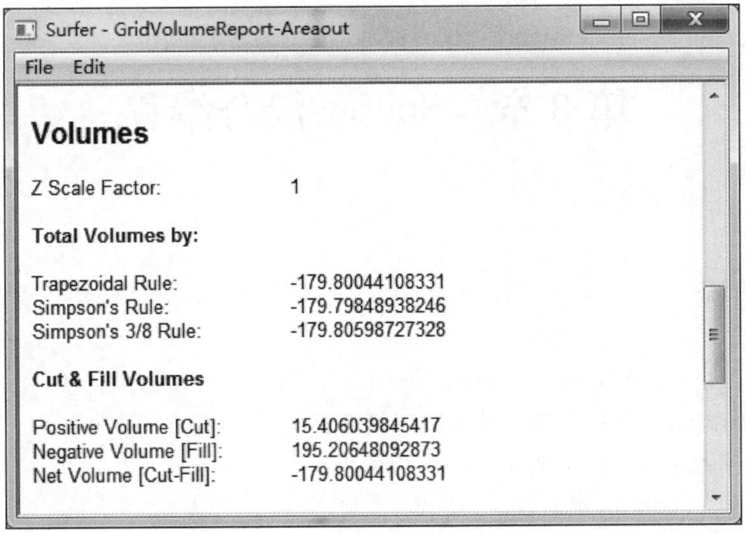

图 7-36　Surfer 图形体积计算报告

7.5　小结

本章重点介绍了 Surfer 气象绘图高级处理方面的内容，具体包括如何制作白化文件，如何在绘制好的基础图形上添加各种类型的标注，如何设置图形比例绘制比例尺，如何将不同图形进行组合叠加，如何利用 Surfer 计算图形残差、面积和体积等。本章结合 Surfer 气象绘图中常见的问题，以步骤展开的形式，着重讲解了 Surfer 软件高级处理方法，例如基于 shp 文件的白化文件制作方法、坐标轴、图例、网格线、指北针等标注的添加方法，页面单位、图形比例设置方法、图形残差、面积和体积计算方法等。

第 8 章　Surfer 混合编程

学习目标

本章的学习目标是对 Surfer Automation(Surfer 软件的自动化编程接口)有一定的了解。本章将从基本操作出发,通过介绍三种不同高级语言(C#、VB、Python)与 Surfer 混合编程的具体步骤,启发读者对 Surfer 软件的二次编程的思路。

本章重点

- 了解 Surfer Automation 的基本概念
- 掌握 C# 调用 Surfer 软件接口二次开发的基本步骤
- 掌握 VB 调用 Surfer 软件接口二次开发的基本步骤
- 掌握 Python 调用 Surfer 软件接口二次开发的基本步骤

8.1　Surfer Automation 简介

为了适应用户对 Surfer 软件二次开发的需要,Golden Software 公司提供了 Surfer Automation 编程接口,允许 Scripter 或其他高级编程语言(C#、VB、C++等)编程调用 Surfer 的插值绘图等功能,从而提高自动化程度,提升运行效率。

8.1.1　Surfer Automation 接口的调用原则

Surfer Automation 接口的调用原则是分级调用,从最顶层的 Application(应用)对象开始,所有基于 Surfer Automation 接口都要从 Application 对象实例调用。Application 对象实例可以直接调用 surfer 功能函数(如二维插值函数等),也可以基于 Application 建立绘图文档及绘图图层等功能性对象实例(胡峻 等,2015)。

8.1.2　Surfer Automation 接口的基本函数

1. 构造函数、CreateObject 函数：建立并返回一个 Surfer Application 对象实例，是调用 Surfer 软件函数的前提。

2. Grid 系列函数：一系列关于数据网格化的操作函数，主要包括 GridData、GridData2、GridBlank 等，这些函数创建新的网格化文件或进行网格化计算。

3. Add 函数：建立绘图文档及绘图图层，如 AddBaseMap、AddCoutourMap 等（胡峻 等，2015）[37]。

8.2　C＃与 Surfer 混合编程

8.2.1　C＃简介

C＃是一个是由微软（Microsoft）公司开发的面向对象的编程语言，并得到了 Ecma 和 ISO 标准认可。它是微软[.Net]框架的一部分，由 Anders Hejlsberg 带领的团队在[.Net]框架开发期间开发。

C＃编程具有很多优点，首先它是一种面向对象的编程语言，类似于 Java，是一种主流的软件开发方法。其次 C＃通过[.net]框架组件模块来达到简化编程的目的，这也使得它变得容易学习，在微软提供的集成开发环境中，开发者甚至可以在图形界面添加拖动组件辅助程序开发。C＃可以在包括 windows、Linux、Mac OS 等多种计算机平台上编译，更是对于微软本身的 windows 系统有天然的亲和性，可以与 windows 平台上的很多软件结合完成高效的程序部署。

目前，C＃ 作为一种易学实用、功能强大的编程语言，已经成为一种广泛应用的专业语言，下面是用 C＃编写的 HelloWorld 经典程序。

```
using System;
namespace HelloWorld
{
    //类名为 HelloWorld
    class HelloWorld
    {
        // main 函数
        static void Main(string[] args)
        {
            //控制台打印"Hello World"
            Console.WriteLine("Hello World!");
            Console.ReadKey();
        }
    }
}
```

8.2.2　C＃环境准备

微软公司提供了 3 种 C＃ 编程的开发工具，包括：Visual Studio（VS）、Visual C＃ Express（VCE）、Visual Web Developer。开发者可以在微软 Visual Studio 网站下载这些工具，使用这些 IDE 工具，开发者可以编写各种 C＃ 程序，从简单的命令行应用程序到更复杂的应用程序。

本节采用 Windows 10 64 位系统运行的 Visual Studio 2013 版(以下简称 VS2013)作为 C＃的编程环境，Surfer 版本为 15。

8.2.3　实例讲解

本节将以 C＃调用 Surfer 网格化插值散点数据的程序为例，具体介绍 C＃调用 Surfer 程序的详细步骤。

1. 新建 C＃控制台项目

首先，运行 VS2013，进入首页。在左上角点击"FILE"(文件)标签，在弹出的菜单中依次选择"New|Project"(新建|工程)，进入新建项目对话框，如图 8-1 所示。

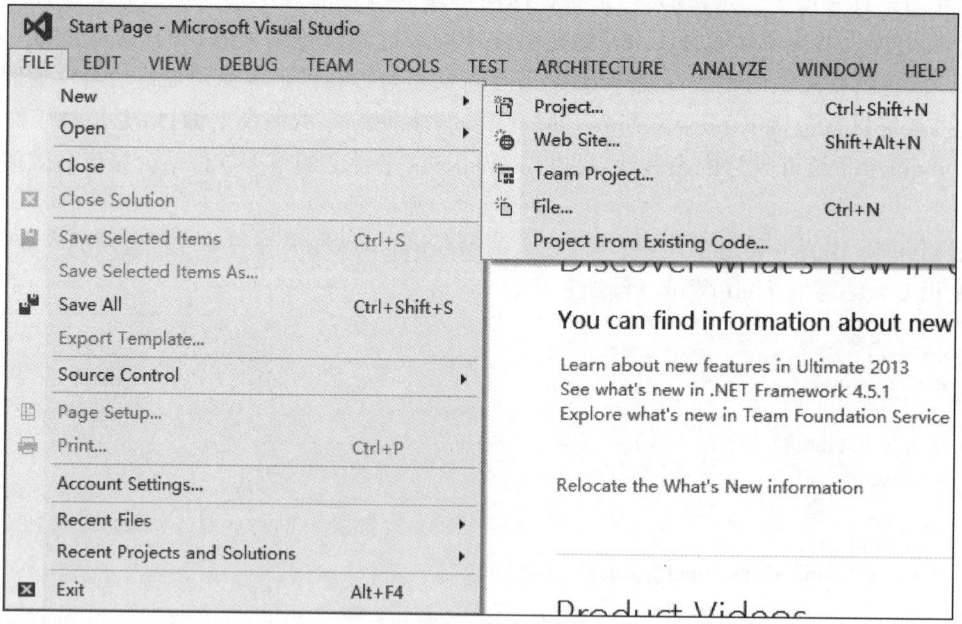

图 8-1　新建 C＃控制台项目(一)

在对话框的左边导航条依次找到"Installed|Templates|Visual C＃"(已安装|模板|Visual C＃)，在中间的类型选择框中选择 Console Application，然后下方 Name 输入栏中输入项目名称 SurferTest，点击确定生成新的 C＃控制台项目，如图 8-2 所示。

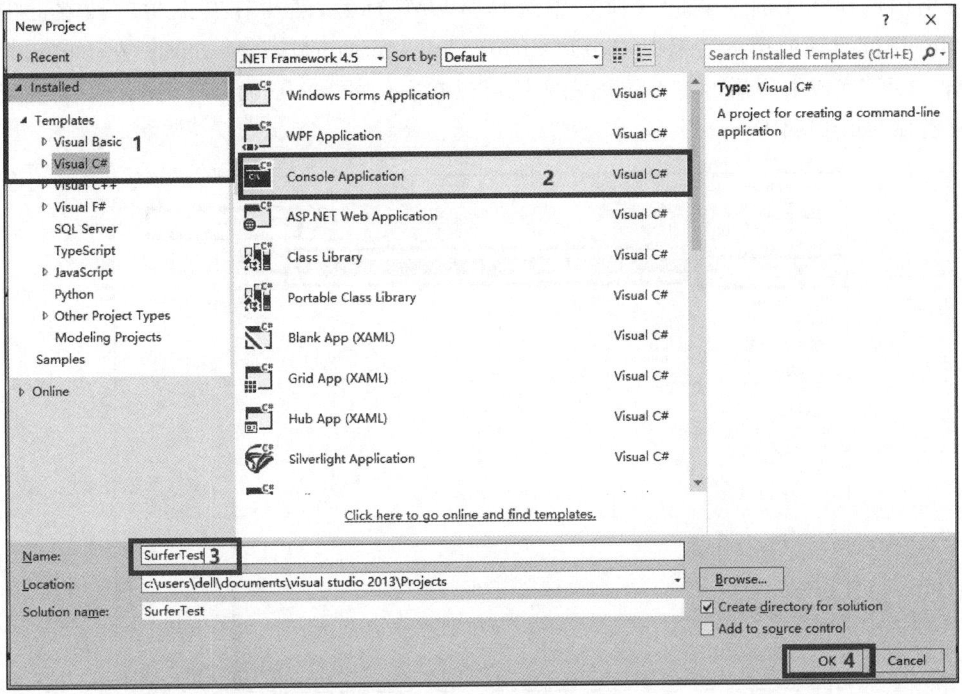

图 8-2 新建 C# 控制台项目(二)

2. 项目中添加引用 Surfer 15 类库

打开项目解决方案,在屏幕右侧的“Solution Explorer”(解决方案导航器)中用鼠标右键单击“References”(引用),选择“Add Reference”(添加引用),弹出引用选择器界面,如图 8-3 所示。

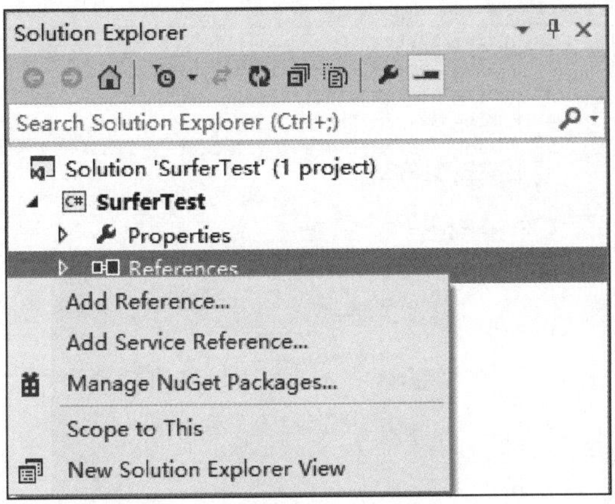

图 8-3 引用 Surfer 15 类库(一)

在引用选择器界面左侧的导航栏中选择“COM”标签，然后在右上角的搜索框中输入 Surfer，在中间出现的搜索结果中，找到“Surfer 15 Type Library”，单击该栏左边的选择框打勾，单击“OK”完成引用添加。在添加完成后可以在右侧的“References”(引用)下看到新增的 Surfer 类库，如图 8-4 所示。

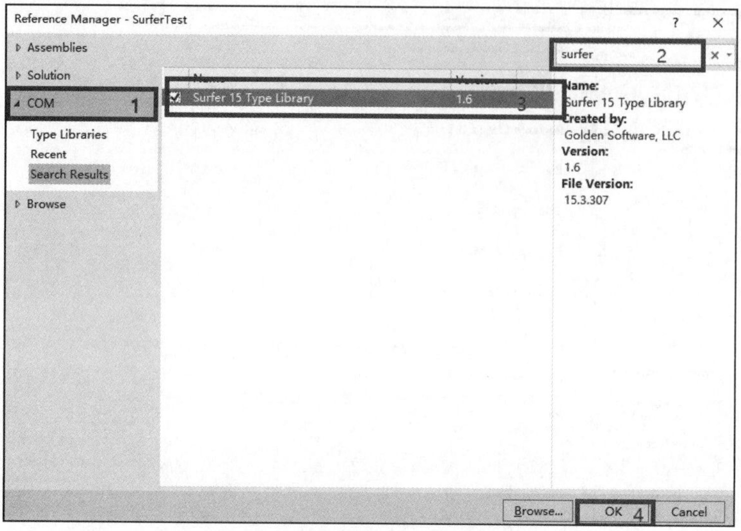

图 8-4　引用 Surfer 15 类库(二)

3. 在代码内引用 using Surfer;

在“Solution Explorer”(解决方案导航器)中选择 Program. cs，然后在主窗体中可以看到本项目的主函数 Main 所在的类。在默认引用下增加一行引用(using Surfer;)，如图 8-5 所示。

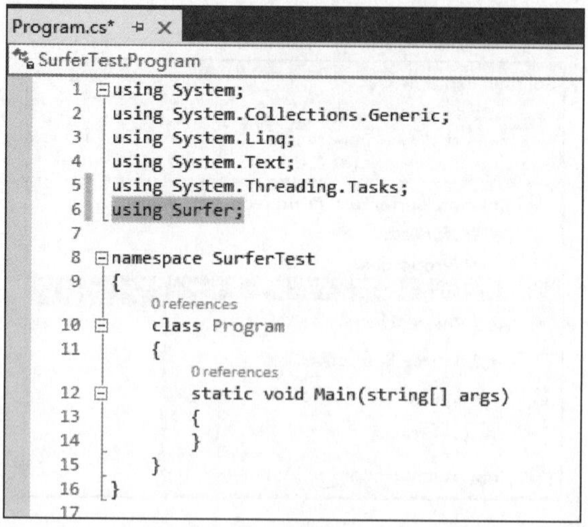

图 8-5　代码内引用 Surfer

4. 编写 Main 函数

接下来在 Main 函数中编写调用 Surfer 程序。要调用 Surfer 程序完成格点化插值任务，需要以下几个步骤。

(1)创建 Surfer App 实例，命名为 app：

```
Application app = new Application();
```

要测试调用是否成功，我们需要查看 app. Version 的值：

```
Console.WriteLine("创建 surfer 实例成功:" + app.Version);
```

如果调用成功，则程序会在控制台打印版本号："创建 surfer 实例成功：15. xx. xxx"

(2)调用 Surfer App 函数

```
app.GridData2(DataFile: path + "data.dat", … ,OutGrid: path + "grid.grd", … )
```

准备好用于插值的散点数据文件"data. dat"，在括号内输入正确的参数，通过 Surfer App 实例 app，调用函数 GridData2 来完成插值工作，结果保存到"grid. grd"文件中(详见完整代码)。

app. GridData2 有 bool 类型的返回值，当函数运行成功时返回"true"，否则返回"false"，可以以此来判断函数是否调用成功。

(3)退出 Surfer App

```
app.Quit();
```

(4)系统释放 Surfer App 内存

```
GC.Collect(GC.GetGeneration(app));
```

这样，一个简单的 C＃调用 Surfer 网格化插值散点数据的程序就完成了，保存文件后，点击屏幕上方的"Start"(开始)按钮，运行程序，如图 8-6 所示。

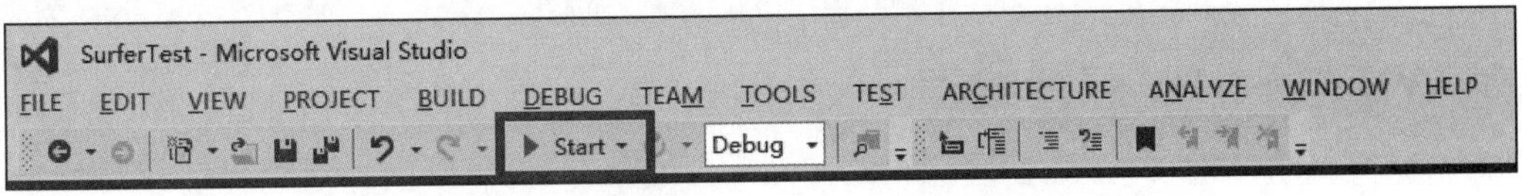

图 8-6 运行 C＃程序

下面，是完整 Main 函数代码，运行结果如图 8-7 所示。

```
var path = AppDomain.CurrentDomain.BaseDirectory;
Application app = new Application();
//调用 Surfer 实例成功,显示 surfer 版本
string Version = app.Version;
Console.WriteLine("创建 surfer 实例成功:" + Version);
bool success = app.GridData2(                       //调用网格化数据函数
DataFile: path + "data.dat",                     //数据文件地址
xCol: 1,                                          //x 为第一列数据
yCol: 2,                                          //y 为第二列数据
zCol: 3,                                          //z 为第三列数据
DupMethod: Surfer.SrfDupMethod.srfDupNone,    //去除重复
xMin: 117.742635,                                //x 最小值
xMax: 122.452486,                                //x 最大值
yMin: 26.418809,                                 //y 最小值
yMax: 32.463007,                                 //y 最大值
Algorithm: Surfer.SrfGridAlgorithm.srfKriging,  //插值算法 Kriging
NumCols: (122.452486 - 117.742635) / 0.01,      //x 方向插值数据量
NumRows: (32.463007 - 26.418809) / 0.01,        //y 方向插值数据量
OutGrid: path + "grid.grd",                     //返回文件为 gridfile
OutFmt: Surfer.SrfGridFormat.srfGridFmtAscii); //返回文件编码为 Ascii
if (success)
    Console.WriteLine("C# 调用 Surfer 插值函数成功");
app.Quit();
GC.Collect(GC.GetGeneration(app));
```

```
创建 surfer 实例成功:15.03.307
C# 调用 Surfer 插值函数成功
```

图 8-7　C#程序运行结果

8.3　VB 与 Surfer 混合编程

8.3.1　VB 简介

Visual Basic(简称 VB)是 Microsoft 公司开发的一种面向对象的通用高级程序设计语言。它源自于适合初学者的 BASIC 编程语言(Beginners All-Purpose Symbolic Instruction Code)

开发，并由开发团队赋予 Visual 特性——也就是开发图形化用户界面（GUI）的方法。基于这个特性，开发者不需编写大量代码去描述界面元素的外观和位置，而只要把预先建立的对象添加到屏幕上的一点即可。

目前，Visual Basic 作为当今世界上使用最广泛的编程语言之一，它也被公认为是编程效率最高的编程方法之一。无论是开发功能强大、性能可靠的商业应用软件，还是编写用于处理具体问题的实用小程序，Visual Basic 都是快速、简便的开发工具。

8.3.2　VB 环境准备

编写 Visual Basic 代码最简单的方法是使用 Visual Studio 集成开发环境。IDE 提供了普通文本编辑器没有的丰富功能，其安装过程非常简单。在大多数环境下只需要接受默认安装设置，然后不断地点击“下一步”按钮即可。具体过程请查阅相关的官方文档，此处不做详细描述。

本节采用 Windows 10 64 位系统运行的 Visual Studio 2013 版（以下简称 VS2013）作为 VB 的编程环境，Surfer 版本为 15。

8.3.3　实例讲解

由于系出同源，使用 VB 对 Surfer 进行二次编程的方式与 C# 非常相似。同样，本节将以 VB 调用 Surfer 网格化插值散点数据的程序为例，具体介绍 VB 调用 Surfer 程序的详细步骤。

1. 新建 VB 控制台项目

首先，运行 VS2013，进入首页。在左上角点击 FILE 标签，在弹出的菜单中依次选择“New|Project”（新建|工程），进入新建项目对话框，如图 8-8 所示。

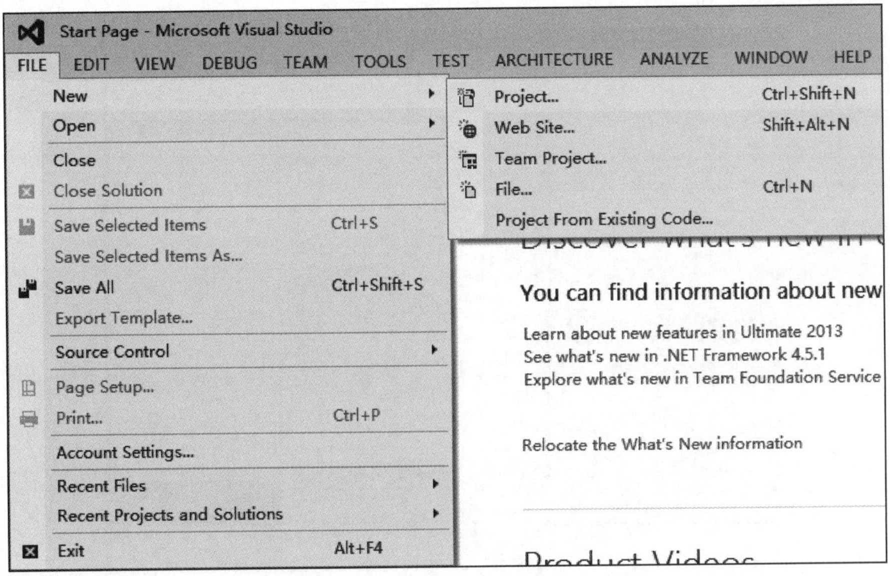

图 8-8　新建 VB 控制台项目（一）

在对话框的左边导航条依次找到“Installed|Templates|Visual Basic”(已安装|模板|Visual Basic),在中间的类型选择框中选择“Console Application”(控制台程序),然后在下方 Name 输入栏中输入项目名称“SurferTestVB”,单击“OK”生成新的 VB 控制台项目,如图 8-9 所示。

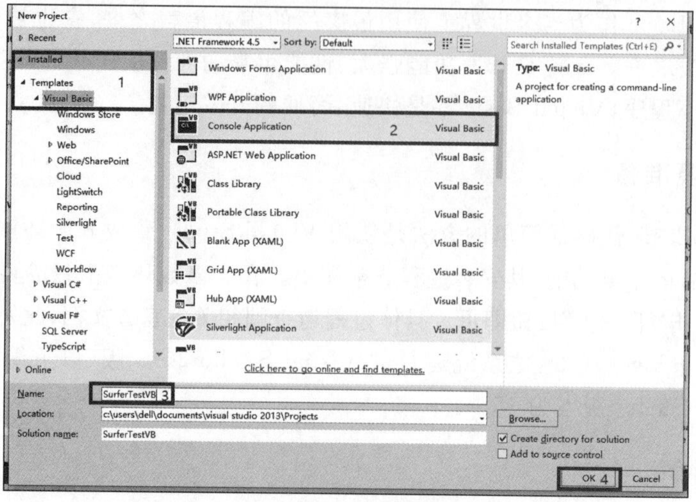

图 8-9　新建 VB 控制台项目(二)

2. 项目中添加引用 Surfer 15 类库

打开项目解决方案,在屏幕右侧的“Solution Explorer”(解决方案导航器)中用鼠标右键单击项目名称“SurferTestVB”,依次选择“Add Reference”(添加引用),弹出引用选择器界面,如图 8-10 所示。

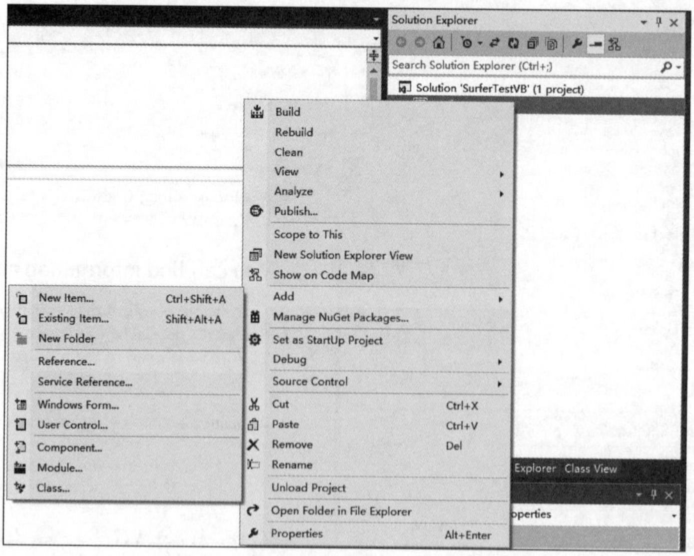

图 8-10　VB 引用 Surfer 15 类库(一)

在引用选择器界面左侧的导航栏中选择 COM 标签，然后在右上角的搜索框中输入 Surfer，在中间出现的搜索结果中找到 Surfer 15 Type Library，单击该栏左边的选择框打勾，单击"OK"完成引用添加，如图 8-11 所示。在添加完成后，可以在 Solution Explorer 中 SurferTestVB 项目下单击 My Project，在弹出的项目概况左侧导航栏中单击"References"（引用），查看新添加的 Surfer 15 Type Library 引用，如图 8-12 所示。

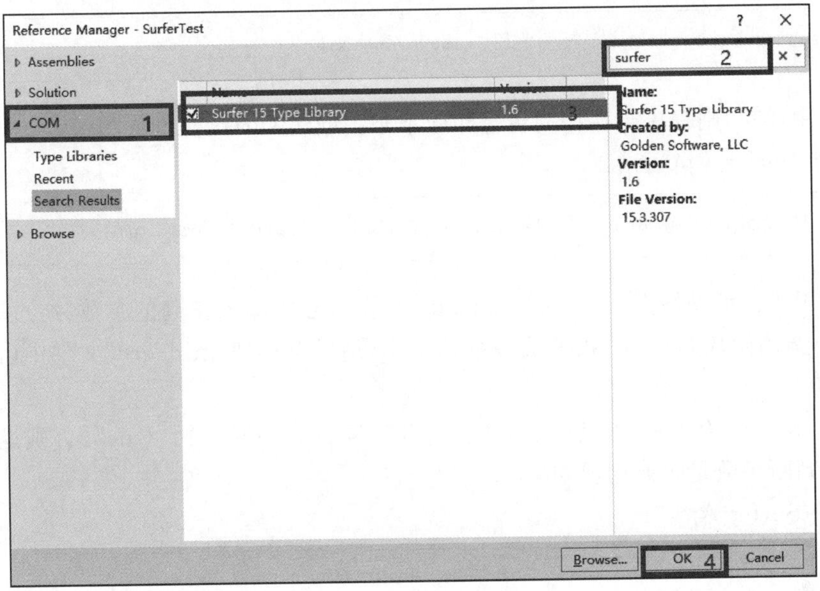

图 8-11　VB 引用 Surfer 15 类库（二）

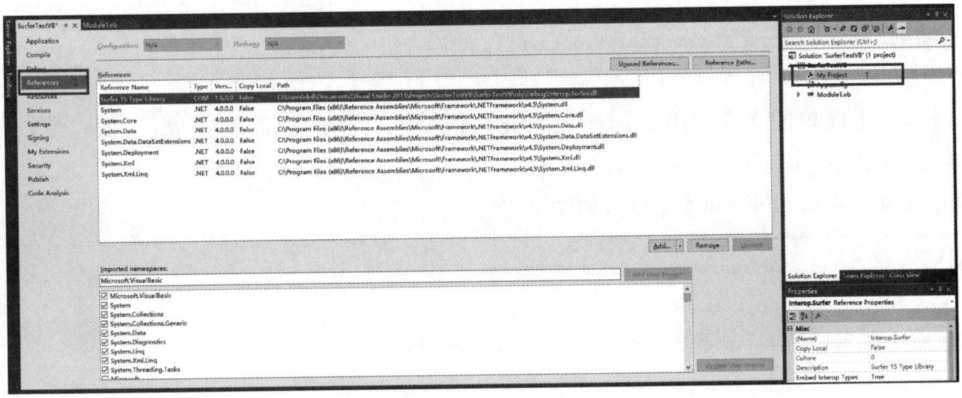

图 8-12　VB 引用 Surfer 15 类库（三）

3. 编写 Main 函数

接下来在 Main 函数中编写调用 Surfer 程序。要调用 Surfer 程序完成格点化插值任务，需要以下几个步骤。

(1)创建 Surfer App 实例，命名为 app：

```
Dim app As New Surfer.Application
```

要测试调用是否成功,需要查看 app. Version 的值：

```
Console.WriteLine("创建 surfer 实例成功:" + app.Version)
```

如果调用成功,则程序会在控制台打印版本号:“创建 surfer 实例成功:15. xx. xxx”

(2)调用 Surfer App 函数

```
app.GridData3(DataFile: = path + "data.dat", … ,OutGrid: = path + "grid.grd", … )
```

准备好用于插值的散点数据文件“data. dat”,在括号内输入正确的参数,通过 Surfer App 实例“app”，调用函数 GridData2 来完成插值工作,结果保存到“grid. grd”文件中(详见完整代码)。

app. GridData2 有 bool 类型的返回值,当函数运行成功时返回“true”,否则返回“false”,可以以此来判断函数是否调用成功。

(3)退出 Surfer App

```
app.Quit();
```

(4)系统释放 Surfer App 内存

```
System.GC.Collect(System.GC.GetGeneration(app));
```

这样,一个简单的 VB 调用 Surfer 网格化插值散点数据的程序就完成了,保存文件后,点击屏幕上方的“Start”(开始)按钮,运行程序。

下面,附上完整 Main 函数代码,如图 8-13 所示：

```
Dim path = AppDomain.CurrentDomain.BaseDirectory
Dim app As New Surfer.Application
Console.WriteLine("创建 surfer 实例成功:" + app.Version)
'DataFile : 数据文件地址
'xCol : x 为第一列数据
'yCol : y 为第二列数据
'zCol : z 为第三列数据
'DupMethod : 处理重复数据(此处为坐标相近)的方法 None 表示去除所有重复数据
```

```
'xMin : x(经度)最小值
'xMax : x 最大值
'yMin : y(维度)最小值
'yMax :y 最大值
'Algorithm : 插值算法
'NumCols : x 方向插值数据量
'NumRows : y 方向插值数据量
'OutGrid : 返回文件为 gridfile
'OutFmt : 返回文件编码为 Ascii
Dim sucess As New Boolean
sucess = app.GridData3(DataFile:= path + "data.dat",
                xCol:= 1,
                yCol:= 2,
                zCol:= 3,
                DupMethod:= Surfer.SrfDupMethod.srfDupNone,
                xMin:= 117.742635,
                xMax:= 122.452486,
                yMin:= 29.418809,
                yMax:= 32.463007,
                Algorithm:= Surfer.SrfGridAlgorithm.srfKriging,
                NumCols:= (122.452486 - 117.742635) / 0.01,
                NumRows:= (32.463007 - 29.418809) / 0.01,
                OutGrid:= path + "grid.grd",
                OutFmt:= Surfer.SrfGridFormat.srfGridFmtAscii)
If sucess Then
    Console.WriteLine("VB 调用 Surfer 插值函数成功")
End If

app.Quit()
System.GC.Collect(System.GC.GetGeneration(app))
```

```
创建 surfer 实例成功:15.03.307
VB 调用 Surfer 插值函数成功
```

图 8-13　VB 程序运行结果

8.4 Python 与 Surfer 混合编程

8.4.1 Python 简介

Python 是一种解释型、面向对象、动态数据类型的高级程序设计语言，Python 由 Guido van Rossum 于 1989 年年底发明，第一个公开发行版发行于 1991 年，目前它已成为一种广泛使用的计算机程序设计语言。Python 如很多脚本语言（如 JavaScript）一样不需要编译，很多时候单独一行代码可单独运行，使得 Python 语言具有很好的交互性。这对于初学者来说特别友善，开发者即可以随时输出运行的结果，直观方便。比如，经典的 HelloWold 程序，用 Python 语言实现只需要一行“print("hello, World")”

Python 的语言设计有很高的可读性，相比大多数语言（C、Java 等）用括号来分离代码结构，它用严格缩进来表示从属，使得它的代码看起来层次分明。另外，Python 现有很多免费、简单、实用的第三方类库（如 TensorFlow、OpenCV），而且通过主流 pip 工具这些包安装起来非常方便，这些第三方类库大大丰富了 Python 的功能，使得 Python 可以胜任很多领域的工作场景。

8.4.2 Python 环境准备

本节采用 Windows 10 64 位系统作为 Python 3.6 版的运行环境，Surfer 版本为 15。

Windows 下安装 Python 只需要简单的 3 个步骤。

1. 从官网“https://www.python.org/”下载 Python 客户端。

2. 运行 exe 程序自动安装：安装时要注意勾选“Add Python X.X to PATH”，否则需要手动配置环境变量。

3. 安装完成后进入 CMD 验证是否成功：也就是输入 Python 看看会不会显示版本信息，如图 8-14 所示。

```
[redacted]>python
Python 3.6.4 (v3.6.4:d48eceb, Dec 19 2017, 06:54:40) [MSC v.1900 64 bit (AMD64)] on win32
Type "help", "copyright", "credits" or "license" for more information.
>>>
```

图 8-14 Python 安装结果

> **注：**运行 Python 程序不需要特殊的编译环境工具，但集成的开发环境可以提升开发效率与代码质量，本节推荐由 JetBrains 公司开发的 PyCharm 作为 Python 的集成开发环境，关于 PyCharm 的安装配置请参考 JetBrains 公司的相关官方文档。

8.4.3 实例讲解

本节将以 Python 调用 Surfer 网格化插值散点数据的程序为例，具体介绍 Python 调用 Surfer 程序的详细步骤。

1. 安装 pywin32

pywin32 是 Python 的一个第三方类库，该项目是开源的，项目网址是：https://github.com/mhammond/pywin32

pywin32 模块直接包装了几乎所有的 Windows API，可以方便地从 Python 直接调用，该模块另一大主要功能是通过 Python 进行 COM 编程。

安装时，可以在 Windows 控制台直接使用 pip 执行“pip install pywin32”来安装它。安装完毕后，在 Python 安装路径下的 Lib\site-packages\win32 可以看到所有的 API 支撑模块，Lib\site－packages\win32com 下则是 COM 的支撑模块。

2. 创建 Python 脚本文件

在任意文件夹下新建文本文件，命名为 Surfer15Test. py，如图 8-15 所示。

图 8-15　新建 Python 脚本文件

3. 使用任意文本编辑器打开脚本文件，开始编写 python 调用：

(1)加载 pywin32 库

```
import win32com.client
```

(2)加载 python os 库

```
import os
```

(3)创建 Surfer app 实例 命名为 app

```
app = win32com.client.gencache.EnsureDispatch('Surfer.Application')
```

要测试调用给是否成功，需要查看 app. Version 的值

```
print("创建 surfer 实例成功:" + app.Version)
```

(4)调用 Surfer App 函数

准备好用于插值的散点数据文件“data. dat”，在括号内输入正确的参数，通过 Surfer App 实例 app，调用函数 GridData2 来完成插值工作，结果保存到“grid. grd”文件中(详见完整代

码）。

```
app.GridData(DataFile = "data.dat", … , OutGrid = "grid.grd", … )
```

提示：app.GridData 有 bool 类型的返回值，当函数运行成功时返回“true”，否则返回“false”，可以以此来判断函数是否调用成功。

(5)退出 Surfer App

```
app.Quit();
```

4. 编辑完成后，就可以使用 Windows 控制台程序，进入“Surfer15Test.py”所在目录，通过“python Surfer15Test.py”运行程序，进行插值计算，如图 8-16 所示。

下面，给出完整 Python 代码。

```
import win32com.client #加载 pywin32
import os
app = win32com.client.gencache.EnsureDispatch('Surfer.Application')
print("创建 surfer 实例成功:" + app.Version)
app.Visible = False #设置 surfer 在后台运行 界面不显示
xpath = os.path.dirname(os.path.realpath(__file__)) #程序路径
datafile = os.path.join(xpath, 'data.dat') #输入文件 data.dat
gridfile = os.path.join(xpath, 'grid.grd') #返回文件 grid.grd
# 调用插值函数
success =  app.GridData(
    DataFile = datafile, #输入文件 data.dat
    xCol = 1, #x 为第一列数据
    yCol = 2, #y 为第二列数据
    zCol = 3, #z 为第三列数据
    DupMethod = 2,   #去除重复
    Algorithm = 2,   #克里金算法
    xMin = 117.742635, #x 最小值
    xMax = 122.452486, #x 最大值
    yMin = 26.418809, #y 最小值
    yMax = 32.463007, #y 最大值
    NumCols = (122.452486 - 117.742635) / 0.01, # x 方向插值数据量
    NumRows = (32.463007 - 26.418809) / 0.01,   # y 方向插值数据量
    OutGrid = gridfile, #返回文件 grid.grd
```

```
    OutFmt = 2) #返回文件编码为 Ascii
if success :
    print('Python 调用 Surfer 插值函数成功')
# 关闭程序
app.Quit()
```

```
    创建 surfer 实例成功:15.03.307
    Python 调用 Surfer 插值函数成功
```

图 8-16　Python 调用 Surfer 插值网格化数据运行结果

8.5　小结

本章从 Surfer Automation 的概念出发，选取三种当前主流的高级编程语言(C#、VB、Python)对 Surfer 软件进行调用示范。通过 Surfer 调用思路、编程环境配置、类库安装与引用、工程创建等方面对 Surfer 混合编程的步骤进行详细介绍，并给出具体的调用示范实例，帮助读者通过本章的学习快速熟悉对 Surfer 软件的二次开发过程。

第 9 章　Surfer 气象综合应用

学习目标

本章主要根据作者的气象业务开发经验，介绍了综合示例的分析与设计、开发环境与开发工具、各个模块的实现、应用发布等流程。旨在通过一个简单的气象业务应用综合示例，使读者能够将本书前面讲的知识点串联起来，了解 Surfer 气象业务应用开发的一般流程，帮助读者在实际的气象业务中应用 Surfer 气象制图。

本章重点

- 了解应用分析与设计的概念
- 熟悉开发环境及开发工具
- 掌握 Surfer 二次开发实现
- 了解应用发布与运行流程
- 理解 Surfer 综合应用过程

9.1　分析与设计

本节将介绍气象综合应用示例的概述、分析与设计过程。

9.1.1　概述

在气象业务中，经常会使用叠加多个气象要素进行天气形势的分析，如图 9-1 所示，浙江区域的自动气象站 24 h 降水量等值面叠加了 24 h 最低气温等值线。

小提示：自动气象站数据非真实数据，在附件中只提供了源代码，大家需要在法律许可的范围内使用。

综合示例要实现一整套完整的气象等值线绘制流程，需要实现自动气象站数据库连接和数据读取、离散数据网格化、等值线生成、等值线绘制与图层叠加和保存为图片等功能，最终提供给气象业务使用。

因此，整理了综合示例的一些功能：加载与释放 Surfer 组件、数据库连接、数据读取、网络化、等值线生成、绘制与图层叠加和保存为图片等。

首先介绍应用需要的基本信息和架构设计。

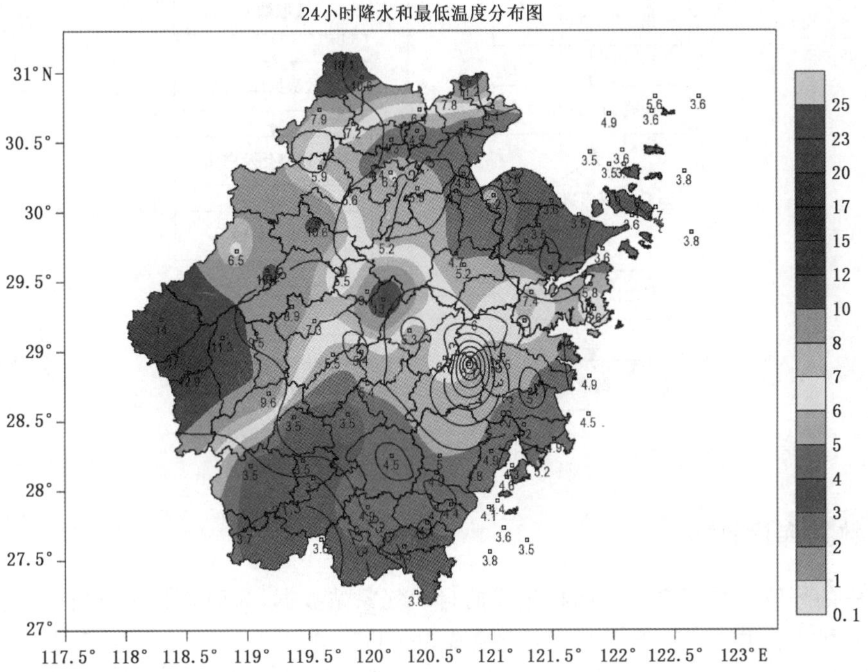

图 9-1　综合示例效果图

9.1.2　需求分析与流程设计

根据上节的功能描述，确定需求如下：

- 开发环境集成 Surfer
- 加载 Surfer 组件
- 数据库连接
- 数据读取
- 数据库释放
- 网络化及白化
- 等值线生成
- 绘制与图层叠加

· 保存为图片

· 释放 Surfer 组件

由于该功能实现具有流程特性，采用流程图分析方法描述功能实现过程，如图 9-2 所示。

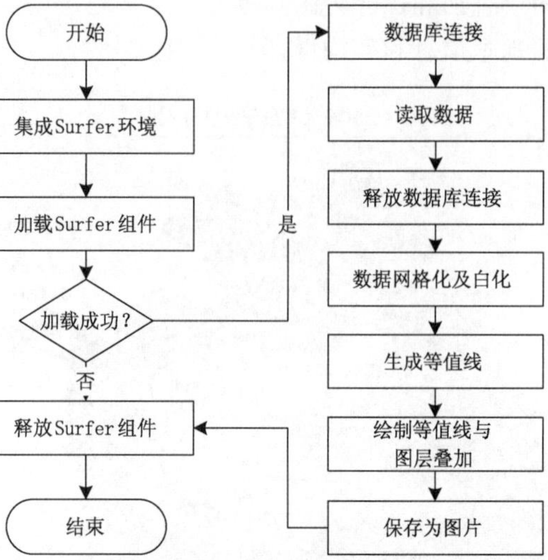

图 9-2　功能流程图

9.1.3　数据库设计

示例中的等值线数据来源于随机生成的自动气象站数据，为简单起见，将自动气象站数据与气象观测要素合并在一张自动气象站数据表中(Tab_AWSData)，主要包括站号(ID)、经度(Lng)、纬度(Lat)、观测时间(ObsTime)、24 h 最低温度(MinTemp24Hour)、24 h 降水(Rain24Hour)6 个字段信息，其中，站号(ID)与观测时间(ObsTime)为复合主键。数据库的实体只需要自动气象站数据，数据库物理模型如图 9-3 所示。

自动站数据表（Tab_AWSData）		
ID	VARCHAR(10)	〈PK〉
Lng	FLOAT	
Lat	FLOAT	
ObsTime	DATETIME	〈PK〉
Rain24Hour	FLOAT	
MinTemp24Hour	FLOAT	

图 9-3　数据库物理模型图

9.2　开发环境及开发工具

9.2.1　Surfer 环境

按照 2.2 节安装与配置 Surfer 软件环境。

9.2.2　C♯开发环境

在本节示例中，使用 Visual Studio 2017（VS2017）。Visual Studio 2017 不仅支持 C♯、C＋＋、Python、Visual Basic、Node.js、HTML、JavaScript 等各大编程语言，还能开发 iOS、Android 的移动平台应用，VS 2017 甚至还自带了 iOS 模拟器（之前为 MAC 独享的开发环境）。

Visual Studio 2017 有三个版本，分别是：

社区版（Community）：免费提供给单个开发人员，给予初学者及大部分程序员支持，可以无任何经济负担、合法地使用。

企业版：为正规企业量身定做，能够提供点对点的解决方案，充分满足企业的需求。

专业版：适用于专业用户或者小团体。虽没有企业版全面的功能，但相比于免费的社区版，有更强大的功能。

安装步骤如下。

1. 下载 Visual Studio 2017 社区版（Community），官方网址：https://visualstudio.microsoft.com/zh-hans/vs/older-downloads/，找到 2017 版，点击"下载"，需要登录后下载。（在附件中附上了下载的文件，其大小不足 1 MB，只是 VS 2017 Community 简体中文版的一个安装引导程序。启动后勾选需要的组件，即可在线下载安装）。

2. 下载 VS 2017 的安装引导程序后，双击运行，出现如图 9-4 所示的 Visual Studio 提示；

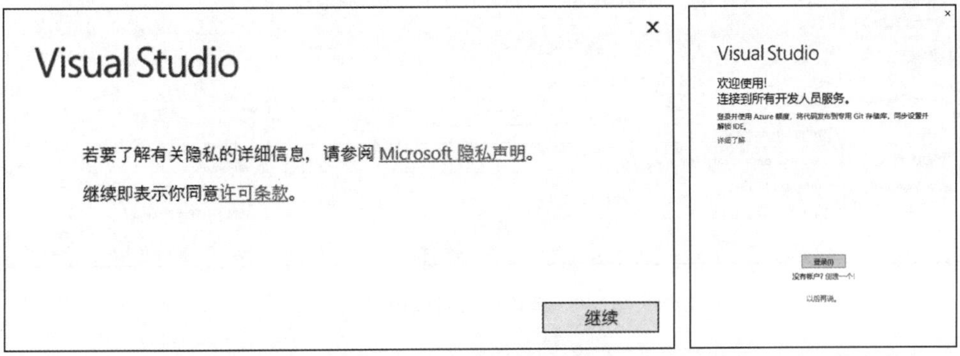

图 9-4　安装引导界面图

选择"继续"，选择安装的组件后，选择"下载时安装"或"全部下载后再安装"，我们选择"全部下载后再安装”,点击“安装”,等待下载结束。

3. 下载完成后,等待安装成功。

4. 进入软件启动页面,点击“以后再说”,进入 Visual Studio 2017。

9.2.3 新建项目工程

1. 新建本章示例应用项目,点击“文件”－>“新建”－>“项目”,如图 9-5 所示。

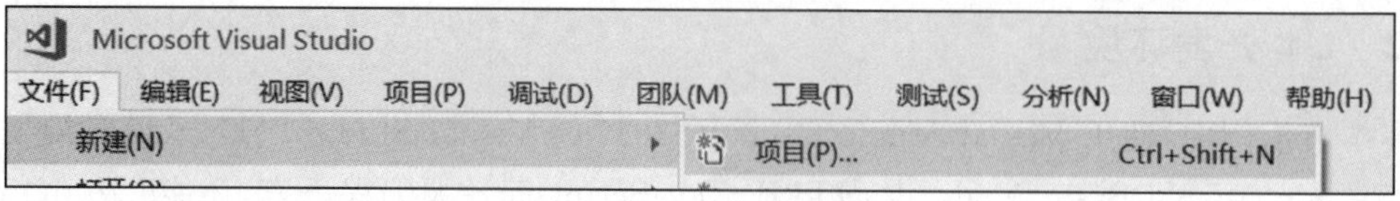

图 9-5 新建项目界面

2. 新建项目。选择“Visual C＃” －>“控制台应用(. NET Framework)”,输入项目工程名(如 SurferApplication)和选择项目工程路径,点击“确定”,完成新建项目,如图 9-6 所示。

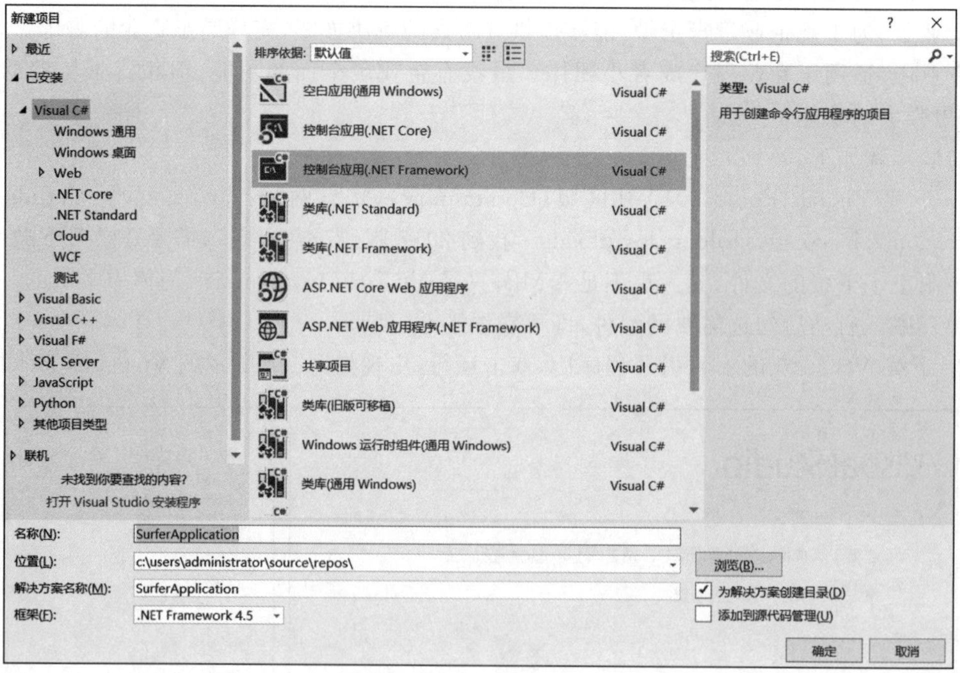

图 9-6 新建项目对话框界面

3. 创建项目结构。在项目工程窗口的默认右侧的“解决方案资源管理器”里,右侧项目工程,在弹出的列表中选择“添加”,在弹出的列表中单击“新建文件夹”。分别创建“Model”(模型层)、“DAL”(数据层)、“BLL”(业务逻辑层)和“Helper”(通用模块)四个目录,如图 9-7 所示。

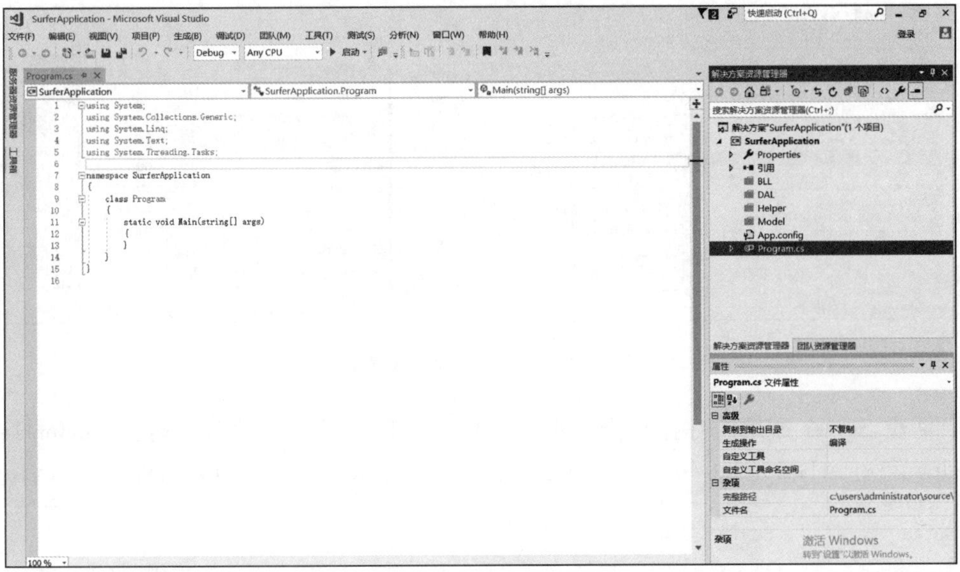

图 9-7　项目开发结构界面

后续章节将循序渐进地介绍应用示例的各个部分。

9.2.4　VS 加载 Surfer 环境

为了在 Visual Studio 2017 中调用 Surfer 组件功能，实现气象业务制图，本节介绍如何加载 Surfer 环境。

1. 添加引用。在项目工程窗口的默认右侧的“解决方案资源管理器”里，右侧项目工程下面的“引用”，在弹出的列表中，点击“添加引用”，如图 9-8 所示。

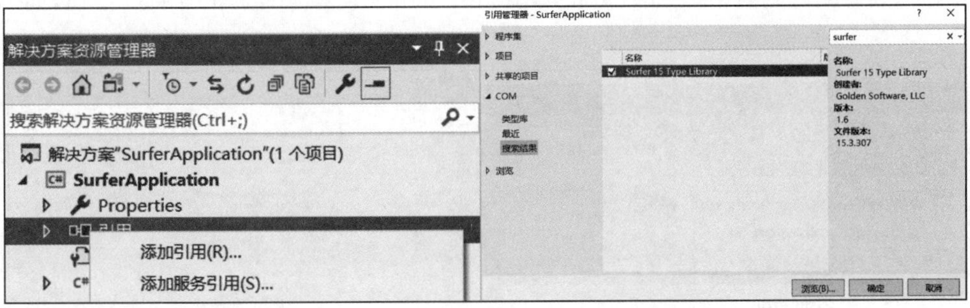

图 9-8　安装 Surfer 引用

2. 添加 Surfer COM 组件。在搜索框中，填写“Surfer”，搜索 Surfer COM 组件(也可以浏览 Surfer 的安装目录里选择)，点击“确定”，完成添加 Surfer COM 组件，如图 9-9 所示。

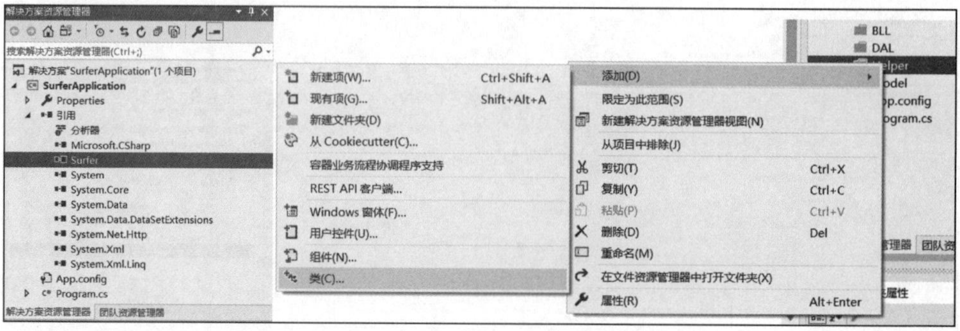

图 9-9　添加 Surfer 组件界面

3. 创建 Surfer 通用组件操作类。右击"Helper"目录,添加"类",类名为 SurferHelper。在"Helper/SurferHelper. cs"中,添加"using Surfer;",引用 Surfer COM 组件。

```
using Surfer;   //引用 Surfer
```

下面将详细介绍 Surfer 通用组件操作模块类的实现。

9.2.5 数据库环境

采用 MySQL 作为示例数据库,MySQL 数据库在 Windows10 下安装步骤请自行参考相关介绍(2017)①。下面介绍一下 MySQL 数据库与 Visual Studio 2017 集成开发步骤。

1. 下载安装连接组件。从 https://dev. mysql. com/downloads/connector/net/下载 mysql-connector-net-8. 0. 20-noinstall. zip,解压缩。

2. 添加引用。在项目工程窗口的默认右侧的"解决方案资源管理器"里,右侧项目工程下面的"引用",在弹出的列表中,点击"添加引用",在"引用管理器"中,点击"浏览"按钮,如图 9-10 所示。

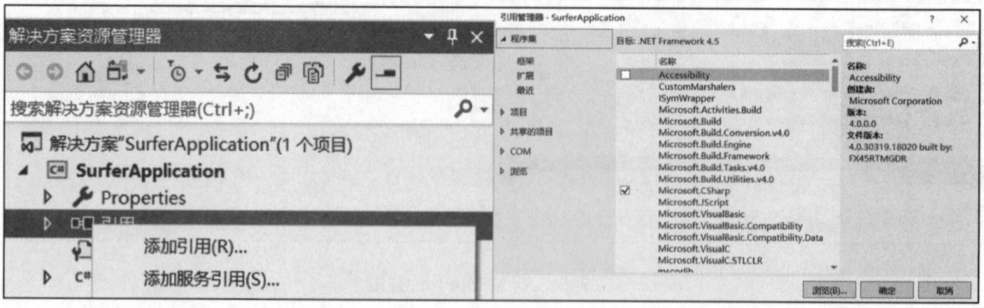

图 9-10　添加 MySQL 组件界面图

① Windows10 MySQL Installer. https://www. cnblogs. com/xiaodingdong/p/7223245. html。

3. 引用组件 MySql. Data. dll。打开下载的 mysql-connector-net-8. 0. 20 目录，选择使用 v4. 5. 2 目录里的 MySql. Data. dll，点击“添加”，再点击“确定”完成添加 MySql 组件，如图9-11 所示。

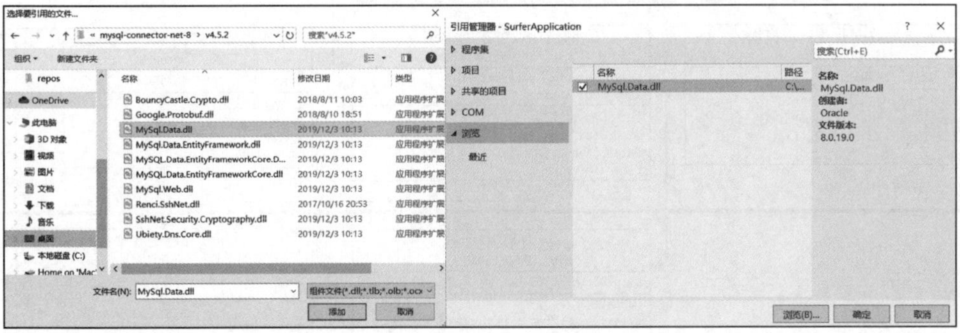

图 9-11　选择 MySQL. Data. dll 组件界面

4. 在数据库通用操作模块类 Helper/MysqlDB. cs 文件头部引入 MySql. Data. MySqlClient。

```
using MySql.Data.MySqlClient;    //引用 MySql
```

后面将详细介绍数据库通用操作模块实现类 Helper/MysqlDB. cs。

9.3　模块实现

9.3.1　模块总体结构

整个示例分为应用层、业务逻辑层、数据层和通用操作类，应用层为用户提供主引导程序模块 Main()函数入口，调用主运行程序模块，根据业务需求调用业务逻辑层模块：离散数据、网格化及白化、等值线生成绘制。按照各个业务逻辑层的不同需要，分别读取数据层和通用操作类，实现不同功能。如图 9-12 所示，根据层次的自上而下顺序，各个层的功能说明如下：

(1)应用层：主要提供用户操作的入口及运行程序模块。

(2)业务逻辑层：根据不同的需要，实现不同的业务逻辑。

(3)数据层：实现数据操作。

(4)通用操作类：实现数据库连接及操作、Surfer 通用操作等类。

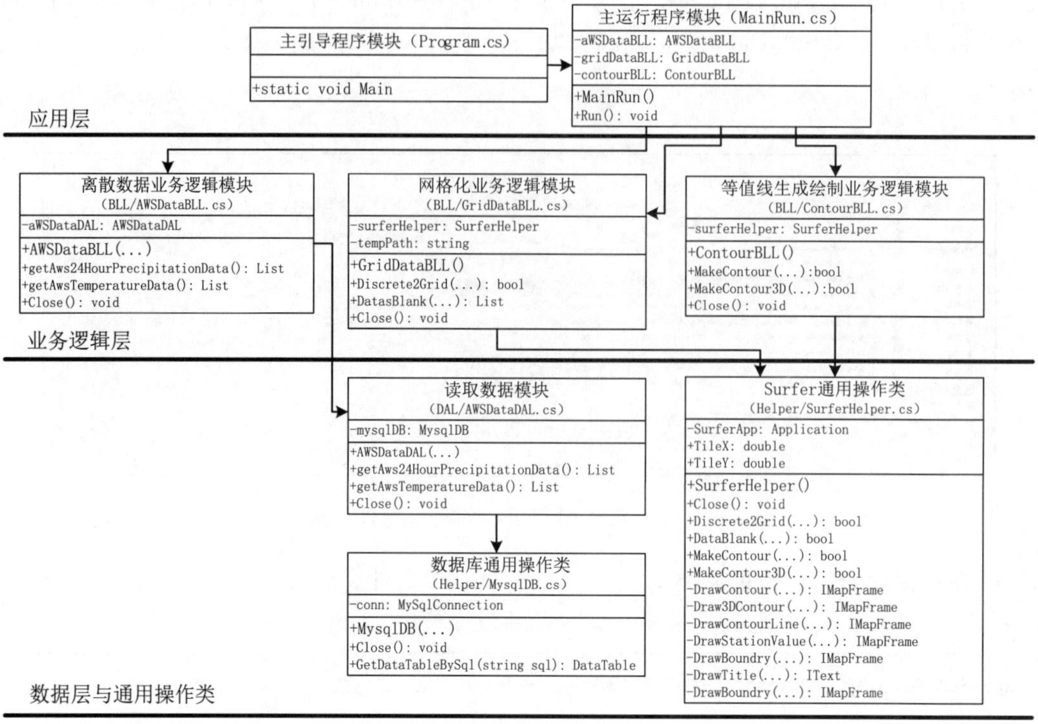

图 9-12　模块总体结构

9.3.2　Surfer 通用操作模块

在 9.2.4 节 VS2017 加载 Surfer 环境中，已经创建 Surfer 通用操作类（Helper/ Surfer-Helper.cs），本节将介绍 Surfer 的网格化和绘制等值线图的实现。

1. 添加引用。在项目工程窗口的默认右侧的“解决方案资源管理器”里，右侧项目工程下面的“引用”，在弹出的列表中，点击“添加引用”，选择“System. Drawing”，点击“确定”，如图 9-13所示。

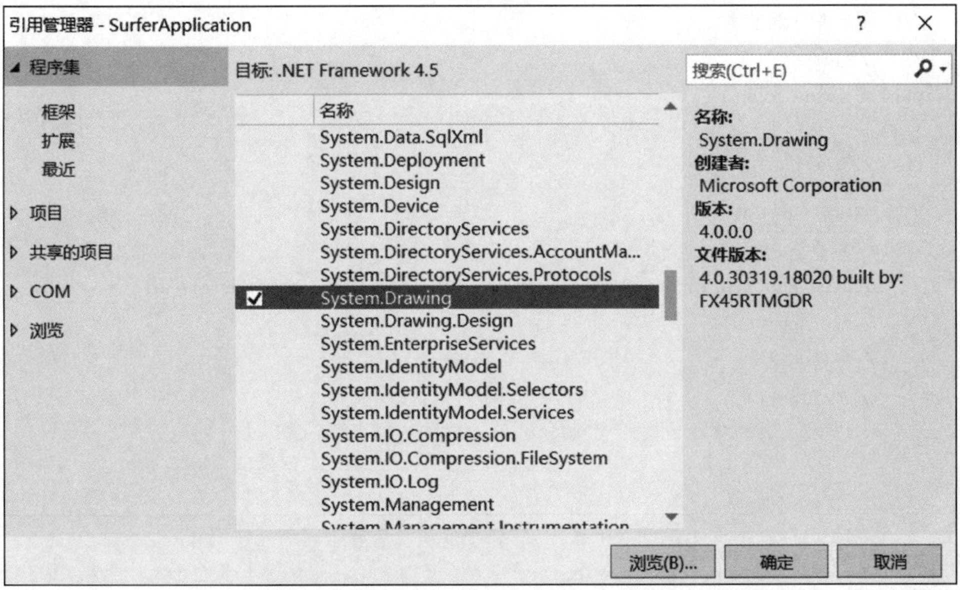

图 9-13　添加 System. Drawing 组件界面

2. 引入相关命名空间代码。

```
using System.Drawing;              //引用绘图
using Surfer;                      //引用 Surfer
using SurferApplication.Model;     //引用模型层空间
using System.IO;                   //引用文件 I/O 操作
```

3. 实现 Surfer 应用实例化与释放代码。

```
public class SurferHelper
{
private Application SurferApp = null;  //声明 surfer 应用对象
        /// <summary>
        /// 构造函数
        /// </summary>
        public SurferHelper()
        {
            SurferApp = new Application();//实例化 surfer 应用对象
        }
        /// <summary>
```

```
        /// 关闭并释放资源
        /// </summary>
        public void Close()
        {
            //退出 surfer 应用
            SurferApp.Quit();
            //释放占用资源
            System.Runtime.InteropServices.Marshal.ReleaseComObject(SurferApp);
            SurferApp = null;
            //资源回收
            GC.Collect();
        }
}
```

4. 实现网格化代码。

```
/// <summary>
/// 通过 SURFER 生成网格数(默认插值算法 Kriging)
/// </summary>
/// <param name = "discreteDataFile">离散数据文件</param>
/// <param name = "gridDataFile">网格数据文件</param>
/// <param name = "xMin">x 最小值</param>
/// <param name = "xMax">x 最大值</param>
/// <param name = "yMin">y 最小值</param>
/// <param name = "yMax">y 最大值</param>
/// <param name = "numCols">x 方向插值数据量</param>
/// <param name = "numRows">y 方向插值数据量</param>
public bool Discrete2Grid(string discreteDataFile, string gridDataFile,
    double xMin,double xMax, double yMin, double yMax,int numCols, int numRows,
    Surfer.SrfGridAlgorithm gridAlgorithm = Surfer.SrfGridAlgorithm.srfKriging)
{
    if (discreteDataFile == null) return false;
    try
    {
        #region 离散数据网格化
        if(SurferApp == null) SurferApp = new Application();
        //网格化数据,并返回结果
```

```
        return SurferApp.GridData2(DataFile: discreteDataFile, //数据文件地址
            xCol: 1,                                           //x 为第一列数据
            yCol: 2,                                           //y 为第二列数据
            zCol: 3,                                           //z 为第三列数据
            DupMethod: Surfer.SrfDupMethod.srfDupAvg,
            xMin: xMin,                                        //x 最小值
            xMax: xMax,                                        //x 最大值
            yMin: yMin,                                        //y 最小值
            yMax: yMax,                                        //y 最大值
            Algorithm: gridAlgorithm,                          //插值算法
            NumCols: numCols,                                  //x 方向插值数据量
            NumRows: numRows,                                  //y 方向插值数据量
            OutGrid: gridDataFile,                             //返回文件为 gridfile
            OutFmt: Surfer.SrfGridFormat.srfGridFmtAscii);     //返回文件编码为 Ascii
        #endregion
    }catch(Exception ex)
    {
        return false;
    }
}
```

该段代码表示进行克里格网格化插值。其中 DataFile 表示离散数据文件名，Algorithm 表示网格化的插值方法，本节默认是 Kriging 插值算法，DupMethod 表示消除重复点的方法，本节默认取平均值。NumCols 和 NumRows 代表了列数和行数，两者相乘表示的是网格中的格点数量。xMin、xMax、yMin 和 yMax 表示网格区域，OutGrid 表示输出 Grid 格式文件。

5. 白化网格数据代码。通过 Surfe 提供的 Blank 组件，去掉底图以外的格点数据，通过软件进一步处理，最终去掉边界的格点值。

```
/// <summary>
/// 白化网格化数据
/// </summary>
/// <param name = "gridDataFile">网格化文件</param>
/// <param name = "blnFile">白化文件</param>
/// <param name = "outGridDataFile">输出结果文件</param>
/// <returns></returns>
public bool DataBlank(string gridDataFile, string blnFile, string outGridDataFile){
    try
```

```
    {
        if (SurferApp == null) SurferApp = new Application();
        //白化网格化数据,并返回结果
        return SurferApp.GridBlank(InGrid: gridDataFile,
                BlankFile: blnFile, OutGrid: outGridDataFile);
    }
    catch(Exception ex){

            return false;
      }
}
```

6. 实现等值线绘制关键程序代码。将站点数据资料格点化后,通过调用 COM 组件的 Contour 功能绘制出等值线。一般先根据系统默认等值线的间隔绘制,再根据需要逐步调整间隔,绘制的同时可决定对等值线进行填充。最后通过调用 COM 组件的 overlay 合并同一坐标的多个图形,从而达到底图与等值线的融合。

(1)绘制等值面代码

```
/// <summary>
/// 绘制等值面
/// </summary>
private IMapFrame DrawContour(IShapes Shapes, string gridDataFile,bool showColorScale = true, string
colorsFileName)
{
    #region 绘制等值面
    IMapFrame contourMapFrame = Shapes.AddContourMap(gridDataFile); //加载网格文件
    IContourMap contourMap = (IContourMap)contourMapFrame.Overlays.Item(1);
    contourMap.FillContours = true;//添加颜色填充
    contourMap.Levels.LoadFile(colorsFileName);      //加载 lvl 色标文件
    //填充到整个图层
    contourMap.ApplyFillToLevels(FirstIndex: 1, NumberToSet: 1, NumberToSkip: 0);
    contourMap.ShowColorScale = showColorScale; //是否显示色标
    for (int i = 0; i < contourMap.Levels.Count; i++)
    {
        contourMap.Levels.Item(i+1).ShowLabel = false; //显示等值线上的数值
        contourMap.Levels.Item(i+1).ShowHach = false;
        contourMap.Levels.Item(i+1).Line.Style = "Invisible"; //不显示线
```

```
    }
    contourMap.SmoothContours = SrfConSmoothType.srfConSmoothHigh;    //平滑等值线
    #endregion
    return contourMapFrame;
}
```

(2)绘制等值线代码

```
/// <summary>
/// 绘制等值线
/// </summary>
private IMapFrame DrawContourLine(IShapes Shapes, string gridDataFile, bool showColorScale = false,
bool showLabel = true, double maxLevel = 250, double minLevel = 1, double interval = 1, srfColor li-
neColor = srfColor.srfColorBlue, srfColor labelColor = srfColor.srfColorBlue)
{
    #region 绘制等值线
    IMapFrame contourMapFrame = Shapes.AddContourMap(gridDataFile);    //加载网格文件
    IContourMap contourMap = (IContourMap)contourMapFrame.Overlays.Item(1);
    contourMap.FillContours = false;//添加颜色填充
    //自动生成色标,设置标尺的最大值、最小值和间隔
    contourMap.Levels.AutoGenerate(MinLevel: minLevel, MaxLevel: maxLevel, Interval: interval);
    //填充到整个图层
    contourMap.ApplyFillToLevels(FirstIndex: 1, NumberToSet: 1, NumberToSkip: 0);
    contourMap.ShowColorScale = false; // 显示色标
    for (int i = 0; i < contourMap.Levels.Count; i++)
    {
        contourMap.Levels.Item(i + 1).ShowLabel = showLabel; //显示等值线上的数值
        contourMap.Levels.Item(i + 1).Line.Style = "Solid"; //显示线样式
        contourMap.Levels.Item(i + 1).Line.Width = 0.01; //设置边线宽度(单位是 in)
        contourMap.Levels.Item(i + 1).Line.ForeColor = lineColor; //显示线颜色
    }
    contourMap.LabelFont.Face = @"Arial"; //等值线标签字体
    contourMap.LabelFont.Color = labelColor; //等值线标签字体颜色
    contourMap.LabelFont.Size = 9;//等值线标签字体大小
    contourMap.LabelFont.Bold = false;//等值线标签是否粗体
    contourMap.SmoothContours = SrfConSmoothType.srfConSmoothHigh;//平滑等值线
    #endregion
    return contourMapFrame;
}
```

(3)绘制 3D 等值面代码

```
/// <summary>
/// 绘制 3D 等值面
/// </summary>
private IMapFrame Draw3DContour(IShapes Shapes, string gridDataFile, bool showColorScale = true,
string colorsFileName = "")
{
    #region 绘制等值面
    IMapFrame surfaceMapFrame = Shapes.AddSurface(gridDataFile);    //加载网格文件
    ISurface surfaceMap = (ISurface)surfaceMapFrame.Overlays.Item(1);
    surfaceMap.UpperColorMap.LoadFile(colorsFileName); //读取色标
    surfaceMap.ShowColorScale = showColorScale; //是否显示色标
    surfaceMap.ShowBase = false; //不显示底部
    surfaceMap.xMeshFreq = 0; //X 表面线显示的频率,为 0 表示每条都显示
    surfaceMap.yMeshFreq = 0; //Y 表面线显示的频率,为 0 表示每条都显示
    #endregion
    return surfaceMapFrame;
}
```

7. 绘制离散点代码。

```
/// <summary>
/// 绘制站点值
/// </summary>
private IMapFrame DrawStationValue(IShapes Shapes, string discreteDataFile)
{
    #region 绘制站点值
    IMapFrame postMapFrame = Shapes.AddPostMap(discreteDataFile, 1, 2, 3, 0, 0);
    IPostMap postMap = (IPostMap)postMapFrame.Overlays.Item(1);
    //值显示
    postMap.LabelPos = SrfPostPosType.srfPostPosBelow;
    postMap.LabelFont.Face = @"Arial"; //设置字体
    postMap.LabelFont.Size = 7;  //设置字体大小
    postMap.Symbol.Index = 11;  //设置标识序号
    postMap.Symbol.Color = srfColor.srfColorBlue; //设置标识颜色
    postMap.Symbol.Size = 0.03;  //设置标识大小
    #endregion
    return postMapFrame;
}
```

8. 增加背景代码。添加 bln 底图,也可以添加 shp 底图。

```
/// <summary>
/// 绘制边界
/// </summary>
private IMapFrame DrawBoundry(IShapes Shapes, string blnFile)
{
    #region 绘制边界
    IMapFrame boundryMapFrame = Shapes.AddBaseMap(blnFile, "Defaults = 1");
    IBaseMap boundryBaseMap = (IBaseMap)boundryMapFrame.Overlays.Item(1);
    boundryBaseMap.Line.Width = 0.01;              //设置边线宽度
    #endregion
    return boundryMapFrame;
}
```

9. 绘制标题代码。

```
/// <summary>
/// 增加标题
/// </summary>
private IText DrawTitle(IShapes Shapes, string title)
{
    #region 增加标题
    double titleX = this.TileX; //in
    double titleY = this.TileY; //in
    IText titleText = Shapes.AddText(titleX, titleY, title);
    titleText.Font.Face = "黑体";
    titleText.Font.Size = 12;
    #endregion
    return titleText;
}
```

10. 合并图层代码。限制至少有 2 个图层。

```
Doc.Shapes.SelectAll();
IMapFrame MainMapFrame = Doc.Selection.OverlayMaps();
```

11. 导出图片代码。Surfer 可通过 Export 方法导出矢量图和位图。但需要注意的是,若选择位图输出,用户可自定义其大小,对于填充的图片,因压缩算法不一样,尽量不要选择 JPG

格式,GIF、PNG 以及 BMP 格式效果较好。若选输出矢量图,则不能改变其大小,还是按原图尺寸输出,EMF 格式的图片效果比较好。

```
#region 输出图片
string strWH = string.Format("width = {0:f0}, height = {1:f0}, KeepAspect = 1, ColorDepth = 32", 1024, 768);//设置输出图片的高度和宽度
//设置输出图片格式名
Doc.Export2(outPicFile, SelectionOnly: false, Options: strWH, FilterId: "png");
//Doc.SaveAs("c:\data\Data.srf", "", SrfSaveFormat.srfSaveFormatDat);
Doc.Close(SrfSaveTypes.srfSaveChangesNo);   //不生成 srf 文件
#endregion
```

12. 二维综合示例代码。实现近 24 h 累计降水量等值面、近 24 h 累计降水站点值和近 24 h 最低温度等值线生成和综合绘制二维示例。

```
/// <summary>
/// 画等值线图片(包括海岛等孤立区域)
/// </summary>
/// <param name = "precipitationGridDataFiles">24 h 降水网格文件集</param>
/// <param name = "discreteDataFile">24 h 降水离散点数据文件</param>
/// <param name = "minTemperatureGridDataFiles">24 h 最低温度网格文件集</param>
/// <param name = "outPicFile">输出图片文件</param>
/// <param name = "colorsFileName">色标文件</param>
/// <param name = "blnFile">边界文件</param>
/// <param name = "xMin">x 最小值</param>
/// <param name = "xMax">x 最大值</param>
/// <param name = "yMin">y 最小值</param>
/// <param name = "yMax">y 最大值</param>
/// <param name = "xMapPerPU">x 设置比例</param>
/// <param name = "yMapPerPU">y 设置比例</param>
/// <param name = "isFill">等值线是否填充</param>
/// <param name = "minLevel">最小值</param>
/// <param name = "maxLevel">最大值</param>
/// <param name = "interval">间隔</param>
/// <returns></returns>
public bool MakeContour(List<string> precipitationGridDataFiles, string discreteDataFile, List<string> minTemperatureGridDataFiles, string outPicFile, string colorsFileName, string baseMapFile,double xMin, double xMax, double yMin, double yMax, double xMapPerPU, double yMapPerPU, double maxLevel = 250, double minLevel = 1, double interval = 1, string title = "")
```

```
{
    //判断 Surfer 应用对象是否为空,则实例化 Surfer 应用对象
    if (SurferApp = = null) SurferApp = new Application();
    //创建 Surfer 应用对象文档集
    IDocuments docs = SurferApp. Documents;
    //创建一个空白绘图文档
    IPlotDocument Doc = (IPlotDocument)docs. Add(SrfDocTypes. srfDocPlot);
    //创建 Shape 集
    IShapes Shapes = Doc. Shapes;
    #region 绘制降水等值面
    IMapFrame[] contourPrecipitationMapFrames = new
    IMapFrame[precipitationGridDataFiles. Count];
    for (int i = 0;i<precipitationGridDataFiles. Count;i + + )
    {
        bool showColorScale = i = = 0 ? true : false;
        contourPrecipitationMapFrames[i] = this. DrawContour(Shapes,
            precipitationGridDataFiles[i],
            showColorScale, colorsFileName);
    }
    #endregion
    #region 绘制最低温度等值线
    IMapFrame[] contourTemperatureMapFrames = new
    IMapFrame[minTemperatureGridDataFiles. Count];
    for (int i = 0; i < minTemperatureGridDataFiles. Count; i + + )
    {
        contourTemperatureMapFrames[i] = this. DrawContourLine(Shapes,
            minTemperatureGridDataFiles[i],
            false,true,"", maxLevel, minLevel, interval);
    }
    #endregion
    #region 绘制降水站点值
    IMapFrame postMapFrame = this. DrawStationValue(Shapes, discreteDataFile);
    #endregion
    #region 绘制边界
    IMapFrame boundryMapFrame = this. DrawBoundry(Shapes, baseMapFile);
    #endregion
    #region 增加标题
    IText titleText = this. DrawTitle(Shapes, title);
```

```
#endregion
#region 合并所有图层
Doc.Shapes.SelectAll();
IMapFrame MainMapFrame = Doc.Selection.OverlayMaps();
#endregion
#region 输出坐标轴和边框
//是否显示边框及经纬度数字
//设置坐标轴格式1,此处为上坐标轴,其他坐标轴更改Item()的index为2、3、4即可
MainMapFrame.Axes.Item(1).Visible = true;
MainMapFrame.Axes.Item(1).MajorTickType = SrfTickType.srfTickOut;
MainMapFrame.Axes.Item(1).ShowLabels = true;
MainMapFrame.Axes.Item(2).Visible = true;
MainMapFrame.Axes.Item(2).MajorTickType = SrfTickType.srfTickNone;
MainMapFrame.Axes.Item(2).ShowLabels = false;
MainMapFrame.Axes.Item(3).Visible = true;
MainMapFrame.Axes.Item(3).MajorTickType = SrfTickType.srfTickOut;
MainMapFrame.Axes.Item(3).ShowLabels = true;
MainMapFrame.Axes.Item(4).Visible = true;
MainMapFrame.Axes.Item(4).MajorTickType = SrfTickType.srfTickNone;
MainMapFrame.Axes.Item(4).ShowLabels = false;
MainMapFrame.SetLimits(xMin: xMin, //x最小值
              xMax: xMax,        //x最大值
              yMin: yMin,        //y最小值
              yMax: yMax         //y最大值
);
//是否显示经纬度网格线
MainMapFrame.Axes.Item(1).ShowMajorGridLines = false;//不显示纵线
MainMapFrame.Axes.Item(4).ShowMajorGridLines = false;//不显示横线
//设置经纬度网格线颜色
MainMapFrame.Axes.Item(1).MajorGridLine.ForeColor = srfColor.srfColorBlack10;
MainMapFrame.Axes.Item(4).MajorGridLine.ForeColor = srfColor.srfColorBlack10;
MainMapFrame.Axes.Item(1).MajorGridLine.Style = "Dash Dot";
MainMapFrame.Axes.Item(4).MajorGridLine.Style = "Dash Dot";
MainMapFrame.Axes.Item(1).MajorGridLine.Width = 0.01;
MainMapFrame.Axes.Item(4).MajorGridLine.Width = 0.01;    #endregion
#region 输出图片
string strWH = string.Format("width = {0:f0}, height = {1:f0}, KeepAspect = 1, ColorDepth = 32",
1024, 768);//设置输出图片的高度和宽度
```

```
    Doc.Export2(outPicFile, SelectionOnly: false, Options: strWH, FilterId: "png");//设置输出图片格式名
    //Doc.SaveAs("c:\data\Data.srf", "", SrfSaveFormat.srfSaveFormatDat);
    Doc.Close(SrfSaveTypes.srfSaveChangesNo);    //不生成 srf 文件
    #endregion
    return true;
}
```

13. 三维综合示例代码。实现近 24 h 累计降水量等值面、近 24 h 累计降水站点值和近 24 h 最低温度等值线生成和综合绘制示例。

```
/// <summary>
/// 画等值线图片 3D(包括海岛)
/// </summary>
/// <param name = "precipitationGridDataFiles">24 h 降水网格文件集</param>
/// <param name = "discreteDataFile">24 h 降水离散点数据文件</param>
/// <param name = "minTemperatureGridDataFiles">24 h 最低温度网格文件集</param>
/// <param name = "outPicFile">输出图片文件</param>
/// <param name = "colorsFileName">色标文件</param>
/// <param name = "blnFile">边界文件</param>
/// <param name = "xMin">x 最小值</param>
/// <param name = "xMax">x 最大值</param>
/// <param name = "yMin">y 最小值</param>
/// <param name = "yMax">y 最大值</param>
/// <param name = "isFill">等值线是否填充</param>
/// <param name = "minLevel">最小值</param>
/// <param name = "maxLevel">最大值</param>
/// <param name = "interval">间隔</param>
/// <returns></returns>
/// <returns></returns>
public bool MakeContour3D(List<string> precipitationGridDataFiles, string discreteDataFile, List<string> minTemperatureGridDataFiles, string outPicFile, string colorsFileName, string baseMapFile,double xMin, double xMax, double yMin, double yMax,double maxLevel = 250, double minLevel = 1, double interval = 1, string title = "")
{
    //判断 Surfer 应用对象是否为空,则实例化 Surfer 应用对象
    if (SurferApp == null) SurferApp = new Application();
    //创建 Surfer 应用对象文档集
```

```
IDocuments docs = SurferApp.Documents;
//创建一个空白绘图文档
IPlotDocument Doc = (IPlotDocument)docs.Add(SrfDocTypes.srfDocPlot);
//创建 Shape 集
IShapes Shapes = Doc.Shapes;
#region 绘制降水等值面
IMapFrame[] contourPrecipitationMapFrames = new
IMapFrame[precipitationGridDataFiles.Count];
for (int i = 0; i < precipitationGridDataFiles.Count; i++)
{
    bool showColorScale = i == 0 ? true : false;
    contourPrecipitationMapFrames[i] = this.Draw3DContour(Shapes,
precipitationGridDataFiles[i],
        false, colorsFileName);
}
#endregion
#region 绘制最低温度等值线
IMapFrame[] contourTemperatureMapFrames = new IMapFrame[minTemperatureGridDataFiles.Count];
for (int i = 0; i < minTemperatureGridDataFiles.Count; i++)
{
    contourTemperatureMapFrames[i] = this.DrawContourLine(Shapes,
        minTemperatureGridDataFiles[i],
        false, true, "", maxLevel, minLevel, interval);
}
#endregion
#region 绘制降水站点值
IMapFrame postMapFrame = this.DrawStationValue(Shapes, discreteDataFile);
#endregion
#region 绘制边界
IMapFrame boundryMapFrame = this.DrawBoundry(Shapes, baseMapFile);
#endregion
#region 增加标题
IText titleText = this.DrawTitle(Shapes, title);
#endregion
#region 合并所有图层
Doc.Shapes.SelectAll();
IMapFrame MainMapFrame = Doc.Selection.OverlayMaps();
#endregion
```

```
    #region 输出坐标轴和边框
    //是否显示边框及经纬度数字
    //设置坐标轴格式 1，此处为上坐标轴，其他坐标轴更改 Item()的 index 为 2、3、4 即可
    MainMapFrame.Axes.Item(1).Visible = true;
    MainMapFrame.Axes.Item(1).MajorTickType = SrfTickType.srfTickOut;
    MainMapFrame.Axes.Item(1).ShowLabels = true;
    MainMapFrame.Axes.Item(2).Visible = true;
    MainMapFrame.Axes.Item(2).MajorTickType = SrfTickType.srfTickNone;
    MainMapFrame.Axes.Item(2).ShowLabels = false;
    MainMapFrame.Axes.Item(3).Visible = true;
    MainMapFrame.Axes.Item(3).MajorTickType = SrfTickType.srfTickOut;
    MainMapFrame.Axes.Item(3).ShowLabels = true;
    MainMapFrame.Axes.Item(4).Visible = true;
    MainMapFrame.Axes.Item(4).MajorTickType = SrfTickType.srfTickNone;
    MainMapFrame.Axes.Item(4).ShowLabels = false;
    MainMapFrame.SetLimits(xMin: xMin, //x 最小值
                    xMax: xMax,          //x 最大值
                    yMin: yMin,           //y 最小值
                    yMax: yMax           //y 最大值
    );
    //光照与角度设置
    MainMapFrame.LightAzimuth = 66; //光照水平角为 45 度
    MainMapFrame.LightZenith = 120; //光照垂直角为 50 度
    MainMapFrame.LightModel = SrfLightModel.srfLMSmooth; //光照模式为光滑模式
    MainMapFrame.ViewProjection = SrfViewProj.srfPerspective; //视角投影为透视投影

    MainMapFrame.ViewFOV = 45; //设置查看域角度
    MainMapFrame.ViewTilt = 45; //设置倾斜角度
    MainMapFrame.ViewRotation = 0; //设置旋转角度
    #endregion
    #region 输出图片
    string strWH = string.Format("width = {0:f0}, height = {1:f0}, KeepAspect = 1,
ColorDepth = 32", 1024, 768);//设置输出图片的高度和宽度
    Doc.Export2(outPicFile, SelectionOnly: false, Options: strWH, FilterId: "png");//设置输出图片
格式名
    Doc.Close(SrfSaveTypes.srfSaveChangesNo);   //不生成 srf 文件
    #endregion
    return true;
}
```

9.3.3 数据库通用操作模块

在 9.2.5 节数据库环境中已经创建数据库通用操作类(Helper/MysqlDB.cs),本节将介绍实现 SQLServer 数据库的数据库连接、SQL 查询和连接关闭的通用功能。因为只用到数据库的 SQL 查询功能,因此下面代码中,只介绍数据库连接和 SQL 查询功能。

1. 建立数据库连接代码。包括数据库地址、数据库名称、用户名、密码和字符集。

```
/// <summary>
/// 构造函数
/// </summary>
/// <param name = "ip">数据库地址</param>
/// <param name = "databasename">数据名</param>
/// <param name = "username">用户名</param>
/// <param name = "pwd">密码</param>
public MysqlDB(string ip, string databasename, string username, string pwd)
{
    string ConnectionString = "server = " + ip + ";database = " + databasename + ";user id = "
 + username + ";password = " + pwd + ";Charset = utf8";
    this.conn = new MySqlConnection(ConnectionString);
}
```

2. 建立 SQL 语言查询代码。根据 SQL 查询数据库表,结果存储到 DataTable 中。

```
//// <summary>
/// 根据 sql 语句返回一个 DataTable
/// </summary>
/// <param name = "sql">SQL 语句</param>
/// <returns>DataTable</returns>
public DataTable GetDataTableBySql(string sql)
{
    MySqlCommand sqlcom = new MySqlCommand();
    try
    {
        if (this.conn.State ! =  ConnectionState.Open)
            this.conn.Open();
        sqlcom.Connection = this.conn;
        sqlcom.CommandText = sql;
        sqlcom.CommandType = CommandType.Text;
```

```
        MySqlDataAdapter sda = new MySqlDataAdapter();
        sda.SelectCommand = sqlcom;
        DataTable dt = new DataTable();
        sda.Fill(dt);
        sqlcom.Parameters.Clear();
        return dt;
    }
    catch(Exception ex)
    {
        return null;
    }
}
```

3. 关闭数据库连接代码。

```
/// <summary>
/// 关闭数据库连接
/// </summary>
public void Close()
{
    if(null! = this.conn)
        this.conn.CloseAsync();
}
```

9.3.4　读取数据模块

该模块(DAL/AWSDataDAL.cs)处于数据层,通过调用数据库通用操作模块实现不同数据库表的操作。代码里介绍近 24 h 累计降水量和近 24 h 最低温度的数据读取功能。

1. 引用模型层和通用层代码。

```
using SurferApplication.Helper;
using SurferApplication.Model;
using System.Data;
```

2. 实例化 MySQL 数据库通用操作类对象,连接数据库代码。

```
//声明 MySQL 数据库通用操作类对象
private MysqlDB mysqlDB = null;
```

```
/// <summary>
/// 构造函数
/// </summary>
/// <param name = "ip">数据库地址</param>
/// <param name = "databasename">数据名</param>
/// <param name = "username">用户名</param>
/// <param name = "pwd">密码</param>
public AWSDataDAL(string ip, string databasename, string username, string pwd)
{
        //实例化 MySQL 数据库通用操作类对象
        this.mysqlDB = new MysqlDB(ip, databasename, username, pwd);
}
```

3. 通过 SQL 语句，读取 24 h 累计降水量数据代码。

```
/// <summary>
/// 获取 24 h 累计降水量数据
/// </summary>
/// <returns></returns>
public List<DiscreteData> getAws24HourPrecipitationData()
{
        List<DiscreteData> discreteDatas = new List<DiscreteData>();
        string sql = "SELECT ID, Lng, Lat,ObsTime, Rain24Hour FROM tab_awsdata ";
        DataTable data = this.mysqlDB.GetDataTableBySql(sql);
        foreach (DataRow dr in data.Rows)
        {
                string stationid = dr["ID"].ToString();
                double lon = Convert.ToDouble(dr["Lng"]);
                double lat = Convert.ToDouble(dr["Lat"]);
                double value = Convert.ToDouble(dr["Rain24Hour"]);
                discreteDatas.Add(new DiscreteData(stationid,lon,lat,value));
        }
        return discreteDatas;
}
```

4. 通过 SQL 语句,读取近 24 h 最低温度数据。

```
/// <summary>
/// 获取近 24 h 最低温度数据
/// </summary>
/// <returns></returns>
public List<DiscreteData> getAwsTemperatureData()
{
        List<DiscreteData> discreteDatas = new List<DiscreteData>();
        string sql = "SELECT ID, Lng, Lat,ObsTime,MinTemp24Hour FROM tab_awsdata ";
        DataTable data = this. mysqlDB. GetDataTableBySql(sql);
        foreach (DataRow dr in data. Rows)
        {
               string stationid = dr["ID"]. ToString();
               double lon = Convert. ToDouble(dr["Lng"]);
               double lat = Convert. ToDouble(dr["Lat"]);
               double value = Convert. ToDouble(dr["MinTemp24Hour"]);
               discreteDatas. Add(new DiscreteData(stationid, lon, lat, value));
        }
        return discreteDatas;
}
```

5. 关闭、释放操作数据代码。

```
/// <summary>
/// 关闭、释放操作
/// </summary>
public void Close()
{
     if(null! = mysqlDB)
          this. mysqlDB. Close();
}
```

9.3.5 离散数据业务逻辑模块

该模块(BLL/AWSDataBLL. cs)通过调用读取数据 DAL 模块,实现数据库表的操作的业务逻辑。代码里介绍近 24 h 累计降水量和近 24 h 最低温度的数据读取功能。

1. 引用模型层和数据层代码。

```
using SurferApplication.DAL;
using SurferApplication.Model;
```

2. 实例化读取数据 DAL 类对象代码。

```
public AWSDataDAL aWSDataDAL = null;
/// <summary>
/// 构造函数
/// </summary>
/// <param name = "ip">数据库地址</param>
/// <param name = "databasename">数据名</param>
/// <param name = "username">用户名</param>
/// <param name = "pwd">密码</param>
public AWSDataBLL(string ip, string databasename, string username, string pwd)
{
    aWSDataDAL = new AWSDataDAL(ip, databasename, username, pwd);
}
```

3. 读取近 24 h 累计降水量和近 24 h 最低温度的数据代码。

```
/// <summary>
/// 获取 24 h 累计降水量数据
/// </summary>
/// <returns></returns>
public List<DiscreteData> getAws24HourPrecipitationData()
{
    return aWSDataDAL.getAws24HourPrecipitationData();
}
/// <summary>
/// 获取近 24 h 最低温度数据
/// </summary>
/// <returns></returns>
public List<DiscreteData> getAwsTemperatureData()
{
    return aWSDataDAL.getAwsTemperatureData();
}
```

4. 关闭、释放操作数据代码。

```
/// 〈summary〉
/// 关闭、释放操作
/// 〈/summary〉
public void Close()
{
    if (null ! = aWSDataDAL)
        this. aWSDataDAL. Close();
}
```

9.3.6 网格化业务逻辑模块

该模块(BLL/GridDataBLL. cs)调用 Surfer 通用层操作，实现离散数据网格化和网格化数据白化业务逻辑。

1. 引用模型层和通用层代码。

```
using SurferApplication. Helper;
using SurferApplication. Model;
```

2. 实例化 Surfer 通用操作类对象，获取与创建临时文件目录代码。

```
private SurferHelper surferHelper = null; //声明 Surfer 通用操作类对象
private string tempPath = null; //临时文件目录
/// 〈summary〉
/// 构造函数
/// 〈/summary〉
public GridDataBLL()
{
    surferHelper = new SurferHelper();//实例化 Surfer 通用操作类对象
    //获取与创建临时文件目录
    tempPath = System. IO. Directory. GetCurrentDirectory() + "/temp";
    if (!Directory. Exists(tempPath))
    {
        Directory. CreateDirectory(tempPath);
    }
}
```

3. 离散数据网格化代码。写离散数据文件，调用 Surfer 通用操作类的 Discrete2Grid 方法，生成网格化文件。

```
/// <summary>
/// 离散数据网格化
/// </summary>
public bool Discrete2Grid(List<DiscreteData> discreteDatas, string outGridFile,
    double xMin, double xMax, double yMin, double yMax, int numCols, int numRows)
{
    if (discreteDatas == null) return false;
    #region 写离散数据文件
    StringBuilder datstr = new StringBuilder();
    //准备离散数据内容
    for (int i = 0; i < discreteDatas.Count; i++)
    {
        datstr.Append(discreteDatas[i].Lon + " " + discreteDatas[i].Lat + " " +
        discreteDatas[i].Value + "\r\n");
    }
    //保存离散数据文件
    string discreteDataFile = this.tempPath + "/datatemp.txt";
    StreamWriter sw = new StreamWriter(discreteDataFile);
    //写离散数据内容
    sw.WriteLine(datstr.ToString());
    sw.Close();
    #endregion
    #region 生成网格化文件
    return surferHelper.Discrete2Grid(discreteDataFile, outGridFile,xMin, xMax, yMin, yMax,
numCols, numRows);
    #endregion
}
```

4. 网格化数据白化代码。读取白化文件目录下的所有白化文件，写离散数据文件，调用 Surfer 通用操作类的 DataBlank 方法，生成白化后的网格文件名集合。

```
/// <summary>
/// 网格化数据白化(含海岛等孤立区域)
/// </summary>
public List<string> DatasBlank(string gridDataFile, string blnPath, string element = "")
```

```
{
    //如果为空则赋时间值
    if (element == "") element = DateTime.Now.ToString("yyyyMMddHHmmss");
    //返回白化后的网格文件名集
    List<string> reFiles = new List<string>();
    //如果路径不存在,则返回 null
    if (!Directory.Exists(blnPath)) return null;
    //读取白化文件
    DirectoryInfo fdir = new DirectoryInfo(blnPath);
    FileInfo[] files = fdir.GetFiles("*.bln");
    foreach (FileInfo file in files)
    {
        //返回白化后的网格文件名
        string outGridDataFile = this.tempPath + "/" + file.Name +
        "_" + element + "_GridData.grd";
        //网格化数据白化
        if (surferHelper.DataBlank(gridDataFile, file.FullName, outGridDataFile))
        {
            reFiles.Add(outGridDataFile);
        }
    }
    return reFiles;
}
```

5. 关闭、释放、删除临时文件操作代码。

```
/// <summary>
/// 关闭、释放、删除临时文件操作
/// </summary>
public void Close()
{
    //释放 surfer
    if(surferHelper! = null)
        surferHelper.Close();
    //删除临时文件
    if (Directory.Exists(tempPath))
    {
```

```
        DirectoryInfo fdir = new DirectoryInfo(tempPath);
        FileInfo[] files = fdir.GetFiles();
        foreach (FileInfo file in files)
        {
            file.Delete();
        }
    }
}
```

9.3.7 等值线生成绘制业务逻辑模块

该模块(BLL/ContourBLL.cs)调用 Surfer 通用层操作,实现近 24 h 累计降水等值面、近 24 h 累计降水站点值和近 24 h 最低温度等值线生成和综合绘制示例,最终保存成图片的业务逻辑。

1. 引用模型层和通用层代码。

```
using SurferApplication.Helper;
using SurferApplication.Model;
```

2. 实例化 Surfer 通用操作类对象代码。

```
private SurferHelper surferHelper = null; //声明 Surfer 通用操作类对象
/// <summary>
/// 构造函数
/// </summary>
public ContourBLL()
{
    surferHelper = new SurferHelper();//实例化 Surfer 通用操作类对象
}
```

3. 二维等值综合生成与绘制代码。

```
/// <summary>
/// 生成绘制近 24 h 累计降水等值面、站点和近 24 h 最低温度等值线,并保存成图片
/// </summary>
/// <param name = "discreteDatas">近 24 h 降水站点离散数据</param>
/// <param name = "precipitationGridDataFiles">近 24 h 累计降水白化文件集</param>
/// <param name = "minTemperatureGridDataFiles">近 24 h 最低温度白化文件集</param>
/// <param name = "outPicFile">输出图片文件全路径</param>
```

```
/// <param name = "colorsFileName">色标文件名</param>
/// <param name = "baseMapFile">底图文件名(bln、shp 格式等)</param>
/// <param name = "xMin">x 最小值</param>
/// <param name = "xMax">x 最大值</param>
/// <param name = "yMin">y 最小值</param>
/// <param name = "yMax">y 最大值</param>
/// <param name = "xMapPerPU">x 方向比例</param>
/// <param name = "yMapPerPU">y 方向比例</param>
/// <param name = "maxLevel">最大值</param>
/// <param name = "minLevel">最小值</param>
/// <param name = "interval">间隔</param>
/// <param name = "title">标题</param>
/// <returns>是否成功</returns>
public bool MakeContour(List<DiscreteData> discreteDatas, List<string> precipitationGridDataFiles,
List<string> minTemperatureGridDataFiles, string outPicFile, string colorsFileName, string baseMap-
File,double xMin, double xMax, double yMin, double yMax, double xMapPerPU, double yMapPerPU, double
maxLevel = 1, double minLevel = 250, double interval = 1, string title = "")
{
    if (discreteDatas = = null) return false;
    #region 写离散数据文件
    StringBuilder datstr = new StringBuilder();
    //准备离散数据内容
    for (int i = 0; i < discreteDatas. Count; i + + )
    {
        datstr. Append(discreteDatas[ i]. Lon + " " + discreteDatas[ i]. Lat + " " +
        discreteDatas[ i]. Value + "\r\n");
    }
    //保存离散数据文件
    string path = System. IO. Directory. GetCurrentDirectory();
    string discreteDataFile = path + "/datatemp. dat";
    StreamWriter sw = new StreamWriter(discreteDataFile);
    //写离散数据内容
    sw. WriteLine(datstr. ToString());
    sw. Close();
    #endregion
    surferHelper. TileX = this. TileX;
    surferHelper. TileY = this. TileY;
    return surferHelper. MakeContour(precipitationGridDataFiles, discreteDataFile,
        minTemperatureGridDataFiles, outPicFile, colorsFileName, baseMapFile,
        xMin, xMax, yMin, yMax, xMapPerPU, yMapPerPU, maxLevel,minLevel,interval,title) ;
}
```

4. 三维等值综合生成与绘制代码。

```
/// 〈summary〉
/// 生成、绘制近 24 h 累计降水等值面、站点和近 24 h 最低温度等值线,并保存成 3D 图片
/// 〈/summary〉
/// 〈param name = "discreteDatas"〉近 24 h 降水站点离散数据〈/param〉
/// 〈param name = "precipitationGridDataFiles"〉近 24 h 累计降水白化文件集〈/param〉
/// 〈param name = "minTemperatureGridDataFiles"〉近 24 h 最低温度白化文件集〈/param〉
/// 〈param name = "outPicFile"〉输出图片文件全路径〈/param〉
/// 〈param name = "colorsFileName"〉色标文件名〈/param〉
/// 〈param name = "baseMapFile"〉底图文件名(bln、shp 格式等)〈/param〉
/// 〈param name = "xMin"〉x 最小值〈/param〉
/// 〈param name = "xMax"〉x 最大值〈/param〉
/// 〈param name = "yMin"〉y 最小值〈/param〉
/// 〈param name = "yMax"〉y 最大值〈/param〉
/// 〈param name = "maxLevel"〉最大值〈/param〉
/// 〈param name = "minLevel"〉最小值〈/param〉
/// 〈param name = "interval"〉间隔〈/param〉
/// 〈param name = "title"〉标题〈/param〉
/// 〈returns〉是否成功〈/returns〉
public bool MakeContour3D(List〈DiscreteData〉 discreteDatas,
List〈string〉
precipitationGridDataFiles,
    List〈string〉 minTemperatureGridDataFiles, string outPicFile, string colorsFileName,
string baseMapFile,
    double xMin, double xMax, double yMin, double yMax, double maxLevel = 1, double minLevel = 250,
    double interval = 1, string title = "")
{
    if (discreteDatas = = null) return false;

    #region 写离散数据文件
    StringBuilder datstr = new StringBuilder();
    //准备离散数据内容
    for (int i = 0; i 〈 discreteDatas.Count; i+ + )
    {
        datstr.Append(discreteDatas[i].Lon + " " + discreteDatas[i].Lat + " " +
        discreteDatas[i].Value.ToString("0.0") + "\r\n");
    }
```

```
    //保存离散数据文件
    string path = System.IO.Directory.GetCurrentDirectory();
    string discreteDataFile = path + "/datatemp.dat";
    StreamWriter sw = new StreamWriter(discreteDataFile);
    //写离散数据内容
    sw.WriteLine(datstr.ToString());
    sw.Close();
    #endregion
    surferHelper.TileX = this.TileX;
    surferHelper.TileY = this.TileY;
    return surferHelper.MakeContour3D(precipitationGridDataFiles, discreteDataFile,
        minTemperatureGridDataFiles, outPicFile, colorsFileName, baseMapFile,
        xMin, xMax, yMin, yMax, maxLevel, minLevel, interval, title);
}
```

5. 关闭、释放操作代码。

```
/// <summary>
/// 关闭、释放、删除临时文件操作
/// </summary>
public void Close()
{
    //释放 surfer
    if(surferHelper != null)
        surferHelper.Close();
}
```

9.3.8 主运行程序模块

主运行程序模块(MainRun.cs)调用业务逻辑层,将所有环节串接起来,实现读取数据、网格化、网格数据白化、等值线生成和综合绘制,最终保存成图片。

1. 引用模型层和业务逻辑层代码。

```
using SurferApplication.BLL;
using SurferApplication.Model;
```

2. 实例化业务逻辑操作类对象代码。

```
//声明数据库业务逻辑层
private AWSDataBLL aWSDataBLL = null;
//声明网格化业务逻辑层
private GridDataBLL gridDataBLL = null;
//声明等值线生成绘制业务逻辑层
private ContourBLL contourBLL = null;
/// <summary>
/// 构造函数
/// </summary>
public MainRun()
{
    //实例化数据库业务逻辑层,连接数据库
    aWSDataBLL = new AWSDataBLL("10.1.10.10", "surferdb", "surfer", "surfer123");
    //实例化网格化业务逻辑层
    gridDataBLL = new GridDataBLL();
    //实例化等值线生成绘制业务逻辑层
    contourBLL = new ContourBLL();
}
```

3. 主运行程序代码。实现读取数据、网格化、网格数据白化、等值线生成、综合绘制和关闭释放。

```
/// <summary>
/// 运行主程序
/// </summary>
public void Run()
{
    #region 读取离散数据
    List<DiscreteData>  discrete24HourPrecipitationDatas =
aWSDataBLL.getAws24HourPrecipitationData();
    List<DiscreteData>  discreteTemperatureDatas = aWSDataBLL.getAwsTemperatureData();
    double maxTemperature = discreteTemperatureDatas.Max(x => x.Value);
    double minTemperature = discreteTemperatureDatas.Min(x => x.Value);
    #endregion
    #region 网格化数据
    string precipitationGridDataFile = @"c:\data\outGridData_24HourPrecipitation.dat";
    string temperatureGridDataFile = @"c:\data\outGridData_Temperature.dat";
    double xMin = 117.5;
```

```
double xMax = 123.35;
double yMin = 27.0;
double yMax = 31.3;
int numCols = (int)((xMax - xMin) / 0.01) + 1;
int numRows = (int)((yMax - yMin) / 0.01) + 1;
bool bResult = gridDataBLL.Discrete2Grid(discrete24HourPrecipitationDatas,
precipitationGridDataFile, xMin, xMax, yMin, yMax, numCols, numRows);
if (bResult)
{
    Console.WriteLine("24 h 降水网格化完成");
}
else
{
    Console.WriteLine("24 h 降水网格化失败");
}
bResult = gridDataBLL.Discrete2Grid(discreteTemperatureDatas,
temperatureGridDataFile, xMin, xMax, yMin, yMax, numCols, numRows);
if (bResult)
{
    Console.WriteLine("24 h 最低温度网格化完成");
}
else
{
    Console.WriteLine("24 h 最低温度网格化失败");
}
#endregion
#region 白化网格数据
string blnPath = @"c:\data\BlankFiles";
List<string> blnPrecipitationGridDataFiles =
gridDataBLL.DatasBlank(precipitationGridDataFile, blnPath, "Precipitation");
if (blnPrecipitationGridDataFiles != null)
{
    Console.WriteLine("白化 24 h 降水网格数据完成");
}
else
{
    Console.WriteLine("白化 24 h 降水网格数据失败");
}
```

```
List<string> blnTemperatureGridDataFiles =
gridDataBLL.DatasBlank(temperatureGridDataFile, blnPath, "Temperature");
if (blnTemperatureGridDataFiles != null)
{
    Console.WriteLine("白化 24 h 最低温度网格数据完成");
}
else
{
    Console.WriteLine("白化 24 h 最低温度网格数据失败");
}

#endregion
#region 二维综合图绘制
string outPicFile = @"c:\data\Precipitation_Temperature.png";
string clrColorsFileName = @"c:\data\rain2.lvl";
string baseMapFile = @"c:\data\BaseMap\ZheJiangBaseMap.bln";
double xMapPerPU = (xMax - xMin) / (float)numCols;
double yMapPerPU = (yMax - yMin) / (float)numRows;
string title = "24 h 降水和最低温度分布图";
contourBLL.TileX = 3.3;
contourBLL.TileY = 8.0;
bResult = contourBLL.MakeContour(discrete24HourPrecipitationDatas,
    blnPrecipitationGridDataFiles, blnTemperatureGridDataFiles,
    outPicFile, clrColorsFileName, baseMapFile, xMin, xMax, yMin, yMax,
    maxTemperature, minTemperature, 1, title);
if (bResult)
{
    Console.WriteLine("等值线绘制完成");
}
else
{
    Console.WriteLine("等值线绘制失败");
}
#endregion
#region 三维综合图绘制
string outPicFile3D = @"c:\data\Precipitation_Temperature3D.png";
string clr3DColorsFileName = @"c:\data\rain3d.clr";
string title3D = "24 h 降水和最低温度三维分布图";
```

```
    bResult = contourBLL.MakeContour3D(discrete24HourPrecipitationDatas,
        blnPrecipitationGridDataFiles, blnTemperatureGridDataFiles,
        outPicFile3D, clr3DColorsFileName, baseMapFile, xMin, xMax, yMin, yMax,
        maxTemperature, minTemperature, 1, title3D);
    if (bResult)
    {
        Console.WriteLine("等值线绘制完成");
    }
    else
    {
        Console.WriteLine("等值线绘制失败");
    }
    #endregion
    //释放
    gridDataBLL.Close();
    aWSDataBLL.Close();
    contourBLL.Close();
}
```

9.3.9 主引导程序模块

主引导程序模块(Program.cs)的 Main 方法是程序入口，通过调用主运行程序模块，运行整个示例。

```
class Program
{
    static void Main(string[] args)
    {
        MainRun mr = new MainRun();
        mr.Run();
    }
}
```

9.3.10 实现效果

实现近 24 h 累计降水等值面、近 24 h 累计降水站点值和近 24 h 最低温度等值线生成和综合绘制示例的输出二维和三维图片，如图 9-14 和图 9-15 所示。

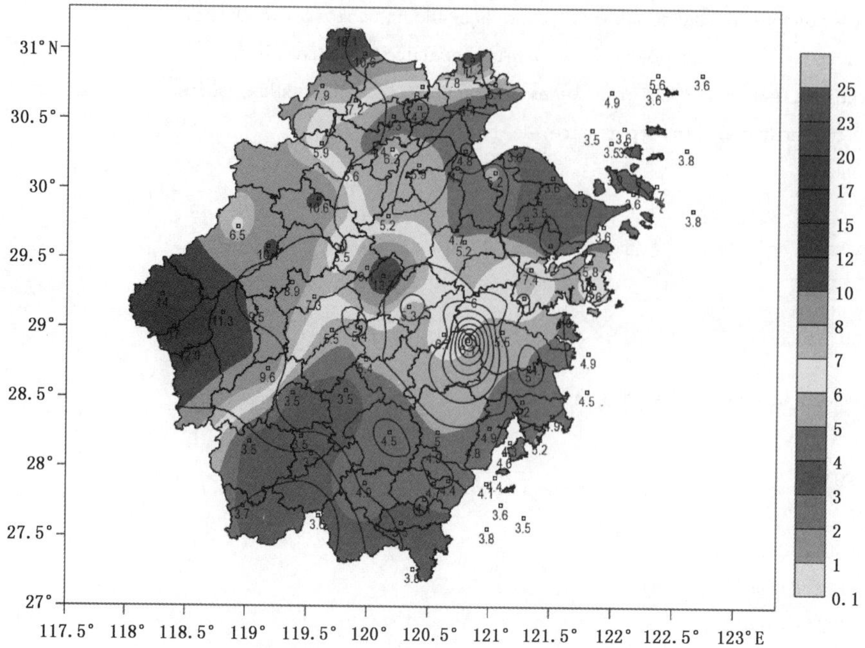

图 9-14　综合示例二维效果图

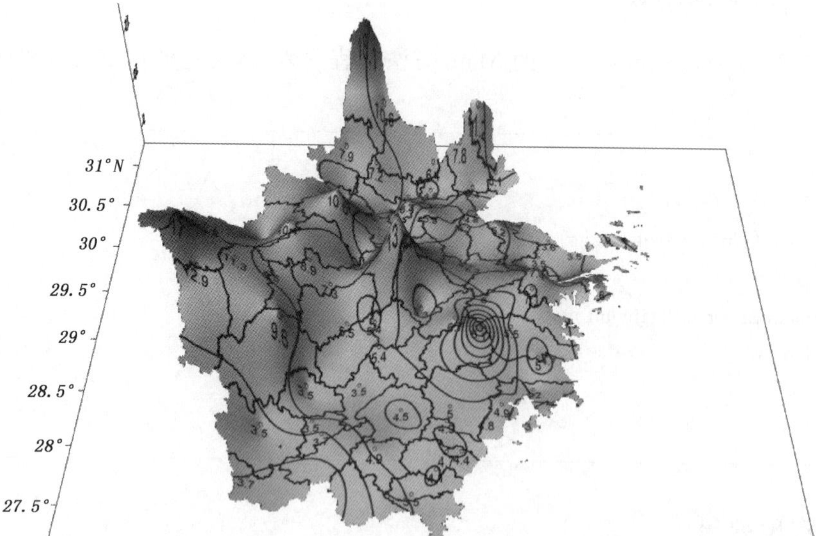

图 9-15　综合示例三维效果图

提示：由于篇幅有限，介绍的示例代码相对简单，没有涉及复杂的代码。示例代码请参考附件中的第九章示例代码，读者可以根据需要参考 Surfer 相关参数，扩展开发。

9.4　发布运行

9.4.1　软件发布

1. 项目发布。在项目工程窗口的默认右侧的“解决方案资源管理器”里，右侧项目工程下面的“发布”。

2. 选择发布地址。在“指定发布此应用程序的位置”填写或浏览：(1)磁盘路径，(2)文件共享路径，(3)FTP 服务器路径。点击“下一步”。

3. 选择安装方式。可以选择：(1)从网站，(2)从 UNC 路径或文件共享，(3)从 CD-ROM 或 DVD-ROM。点击“下一步”，如图 9-16 所示。

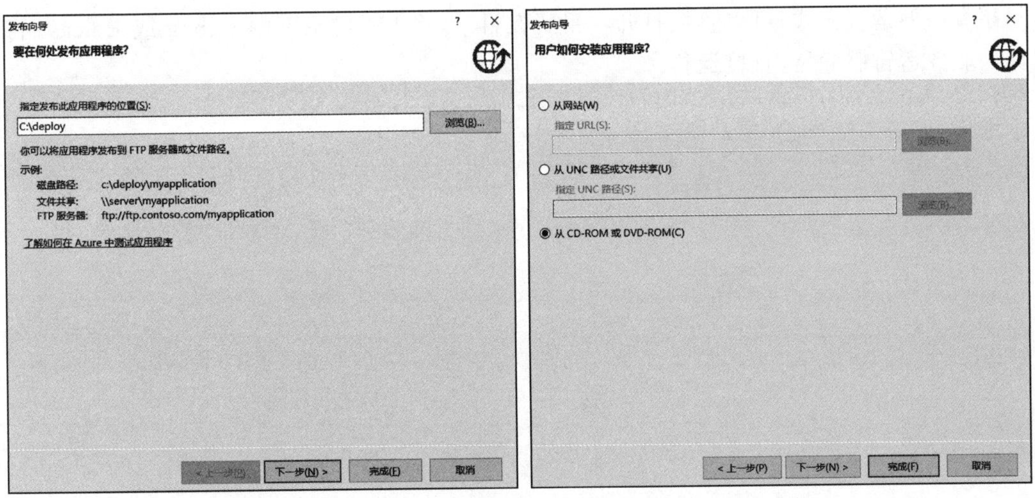

图 9-16　项目发布路径安装方式界面

4. 设置更新方式。设置“该应用程序将不检查更新”。点击“下一步”。

5. 发布准备就绪。点击“完成”。将在“C:\deploy”目录里生成发布的安装文件，如图 9-17所示。

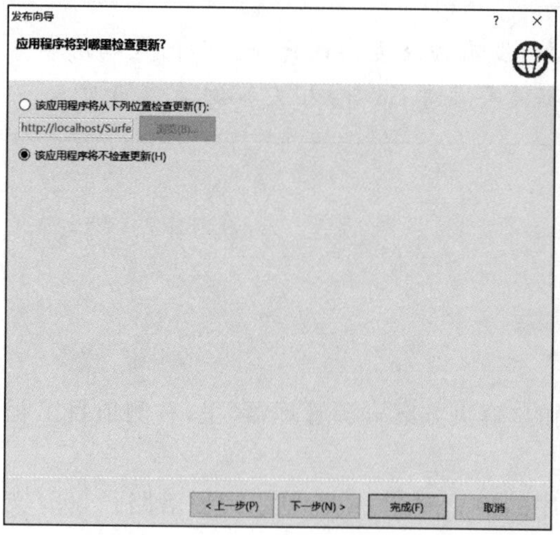

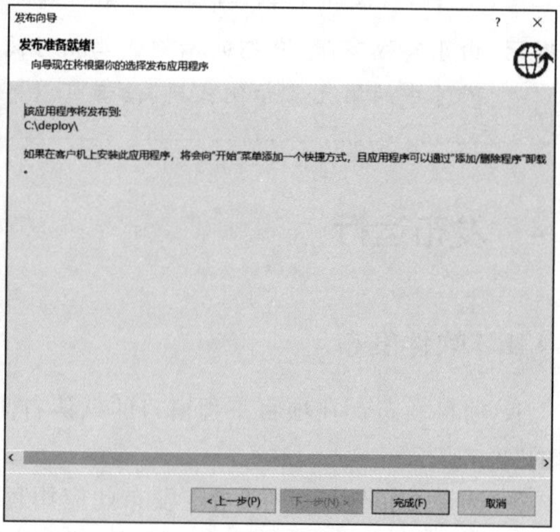

图 9-17　选择更新方式和发布完成界面

9.4.2　直接运行

还有一种运行方式，可以直接打开项目所在目录，将 bin 目录下的 Debug 或 Release 目录拷贝到业务运行服务器，直接运行。

小提示：设置定时任务，可以根据读者需要，定时生成图片。

参考文献

白世彪,陈晔,王建,2002.等值线绘图软件 SURFER7.0 中九种插值法介绍[J].物探化探计算技术(2):157-162.

白世彪,闾国年,杨一鹏,2005.关于 ArcGIS 和 Surfer 格网文件的转换方法[J].测绘通报(2):48-50.

程贤辅,2015.Surfer 软件图形的体积面积计算[EB/OL].[2015-06-06].http://bbs.06climate.com/forum.php? mod=viewthread&tid=35903.

杜世逊,2011.Surfer 网格化方法的选取及其在区域自动气象站数据服务中的应用[J].电脑编程技巧与维护(20):99-100.

房淑波,张建磊,翟向东,等,2014.用 Surfer 绘制区域站等值线图[J].黑龙江气象,31(2):33,44.

冯仁朋,冯创己,何玉忠,2019.基于 Surfer 软件不同插值方法的砂层厚度研究[J].江汉石油科技,29(1):12-19.

高嵩,王若瞳,曹莉,等,2016.气象信息综合分析处理系统第四版(MICAPS4.0)客户端使用指南[M].北京:气象出版社.

龚佃利,王以琳,2000.常用气象绘图软件介绍[J].山东气象(1):60-63.

郭仁华,霍东亚,2008.VB+Surfer 实现地下水降落漏斗变化趋势动态显示[J].山东水利,(3):39-41.

韩丰,沃伟峰,2018.SWAN2.0 系统的设计与实现[J].应用气象学报,29(1):25-34.

胡峻,赵鹏,2015.Surfer Automation 接口在地震烈度速报中的应用[J].电子技术与软件工程,73(23):85-87.

花春亮,2014.基于 IDL 的资源三号卫星图像处理分析与质量评价软件研究与实现[D].西安:长安大学.

黄海智,2014.自动气象站资料图形展示应用系统设计与实现[D].成都:电子科技大学.

李林惠,宝乐尔,2016.卫星天气应用平台(SWAP)简介及本地化应用[J].内蒙古科技与经济(3):83-84.

李学明,郭尚坤,2009.Surfer 在干旱预警决策服务系统中的应用[J].中国农业气象,30(3):426-430.

连志鸾,2006.Surfer 二次开发实现加密雨量图自动显示与输出[J].气象科技(2):220-224.

陆志波,陆雍森,2005.Surfer8.0 在环境评价和规划中的应用[J].同济大学学报,33(2):191-195.

罗贵东,2008.Surfer8.0 绘制闭合区域等值线的两种方法[J].贵州气象,32(3):32-34.

吕终亮,罗兵,吴焕萍,等,2012.MESIS 信息检索及可视化产品制作平台实现[J].应用气象学报,23(5):631-637.

马占良,2008.三种气象绘图软件及自动化制图比较分析[J].青海气象(S1):137-141.

王美丁,马见青,樊金生,2017.基于 Surfer 软件的数据网格化方法探析[J].工程地球物理学报,14(6):694-700.

王勇标,2012.克里金算法的改进[D].武汉:长江大学.

吴焕萍,张永强,孙家民,等,2013.气候信息交互显示与分析平台(CIPAS)设计与实现[J].应用气象学报,24(5):631-640.

向一鸣,2009.基于 GIS 的气象服务决策系统的关键技术研究[D].北京:北京交通大学.

熊安元,赵芳,王颖,等,2015.全国综合气象信息共享系统的设计与实现[J].应用气象学报,26(4):500-512.

严西辉，2013. 结合地理信息的气象数据可视化平台设计与实现[D]. 杭州：浙江大学.

杨卫华，2003. 基于 Map Info 和 Surfer 的大气污染物等值线绘制分析[J]. 能源环境保护(3)：59-60.

张洁，梁俊宁，2010. Surfer8.0 在绘制气象等值线中的应用[J]. 现代农业科技，(1)：284-286.

张璐，周新鹏，靳职斌，等，2015. MapGIS、Surfer 数据到 CorelDRAW 数据的转换技巧[J]. 工程地球物理学报，12(4)：561-570.

张志强，张强，胡星，等，2016. 国家气象业务内网设计与实现[J]. 安徽农业科学，44(6)：224-227.

张宗灏，王咏青，景安华，等，2008. 中尺度自动气象站 Web 图形显示系统[J]. 气象科技，36(3)：372-374.

赵芳，何文春，张小缨，等，2018. 全国综合气象信息共享平台建设[J]. 气象科技进展，8(1)：171-180.

CASA A，Ravelo A C，2003. Assessing temperature and humidity conditions for dairy cattle in Córdoba，Argentina[J]. International Journal of Biometeorology，48(1)：6-9.

Golden Software，2017. Surfer 15 Full User's Guide[Z]. [S. l.]：Golden Software Inc.

RENKA R J，1988. Multivariate interpolation of large sets of scattered data[J]. ACM Transaction on Mathematical Software，14(2)：139-148.

VOSSOS T，2018. The Differences between 1D，2D & 3D Pictures[EB/OL]. [2018-04-29]. https://sciencing.com/differences-between-1d-2d-3d-pictures-10027643.html.

附　录

数学函数通常被用于绘图窗口中，用网格函数、数学计算、格点数据、变差命令来修改数据，然后在工作区的窗口用传输命令执行。

1. 数据类型

表达式求值支持32位带符号的整数型、双精度浮点数数字、布尔值、0到256个字符的文本字符串和时间戳值。

2. 变量名

变量名必须用列字母（如 A）、行号（如 1）或单元格位置（如 A2）开始，后面可能会有其他字符、数字或者下划线，最多允许有256个字符。

变量名不区分大小写。例如：sum(a..z)、sum(A..z)和 sum(A..Z) 都是同一个变量。

3. 优先级

数学表达式可以由常量、变量（如列字母）或函数（下文概述）。这些公式遵循标准的优先规则。

为了清晰起见，方程中使用了空格。公式使用标准优先规则。

(1)运算符按照递减的优先顺序如下：

( )括号、－负（或负号）、* /乘号或分隔符、＋ － 加号或者减号

(2)表达式求值对应操作根据以下优先级：

<table>
<tr><td>1</td><td>!, NOT, ~</td></tr>
<tr><td>2</td><td>^</td></tr>
<tr><td>3</td><td>*, /, %</td></tr>
<tr><td>4</td><td>+, −</td></tr>
<tr><td>5</td><td><<, >></td></tr>
<tr><td>6</td><td><, >, <=, >=</td></tr>
<tr><td>7</td><td>==, !=, <></td></tr>
<tr><td>8</td><td>&</td></tr>
<tr><td>9</td><td>XOR</td></tr>
<tr><td>10</td><td>|</td></tr>
<tr><td>11</td><td>&&, AND</td></tr>
<tr><td>12</td><td>||, OR</td></tr>
<tr><td>13</td><td>?:</td></tr>
<tr><td>14</td><td>IF</td></tr>
</table>

在方程式中优先级相同的运算遵循从左到右。括号优先级最高，先执行带括号的表达式。

4. 支持以下内置函数

1）三角函数

所有的三角函数都是用弧度表示的。如果以度为单位的数据，则使用 d2r(x)转换函数将度数转换为弧度。

sin(x)	x 的正弦函数
cos(x)	x 的余弦函数
tan(x)	x 的正切函数，x 的值不能是 π/2 的奇数倍
asin(x)	反正弦的范围在－π/2 到 π/2 之间，x 的值必须在－1 和 1 之间
acos(x)	反余弦范围在 0 到 π 之间，x 的值必须在－1 和 1 之间
atan(x)	反正切的范围在－π/2 和 π/2 之间
atan2(y,x)	反正切的 y/x 范围在－π 和 π 之间

2）贝塞尔函数

j0(x)	第一类贝塞尔函数对应 x 的阶数分别为 0、1 和 n 阶
j1(x)	
jn(n,x)	
y0(x)	返回的第二类贝塞尔函数对应 x 的阶数分别为 0、1 和 n 阶。对于 y0、y1、yn，x 的值不能为负
y1(x)	
yn(n,x)	

3）指数函数

exp(x)	x 的指数函数
sinh(x)	x 的双曲正弦函数
cosh(x)	x 的双曲余弦函数
tanh(x)	x 的双曲正切函数
ln(x)	x 的自然对数(以 e 为底)，x 一定是正数
log10(x)	以 10 为底 x 的对数，x 一定是正数
pow(x,y)	x 的 y 次方

4）其他函数

min(x,y)	x 和 y 的最小值
max(x,y)	x 和 y 的最大值
randn(x,y)	一个近似正态分布的（高斯分布）真随机数平均值 x 和标准差 y

续表

randu(x)	一个均匀分布的真随机数在区间[0,x] 中 x 的平均值
row()	返回行号
ceil(x)	下一个大于或等于 x 的整数
floor(x)	下一个小于或等于 x 的整数
pi()	返回 pi 的值。若要限制到限定的数字，请使用圆号(Pi(),y),y 是小数点后的位数
round(x, y)	对参数 x 进行四舍五入的操作，返回值保留小数点后面指定的 y 位
sqrt(x)	x 的平方根，x 不能是负的
fabs(x)	x 的绝对值
fmod(x,y)	x/y 的浮点数余数，如果 y 为 0，fmod 返回 0
d2r(x)	将角度 x 转换为弧度。例如：sin(d2r(30))换算成 sin30 度。sin(30)换算成 30 弧度的正弦值
r2d(x)	将弧度 x 转换成角度

5)区间统计函数

sum(a..z)	计算行中列范围的和
sum(_1.._5)	计算列中行范围的和
avg(a..z)	计算行中列范围的平均值
avg(_1.._5)	计算列中行范围的平均值
std(a..z)	计算列范围的(总体)标准偏差
std(_1.._5)	计算行范围的(总体)标准偏差
rowmin(a..z)	求行中列范围的最小值
rowmin(_1.._5)	求列中某个行范围的最小值 n
rowmax(a..z)	求行中列的范围的最大值
rowmax(_1.._5)	查找列中某个行范围的最大值

6)字符串比较

atof(x)	将字符串 x 转换为浮点值
atoi(x)	将字符串 x 转换为整数值
ftoa(x,y)	将浮点数 x 转换为小数点后带有 y 位数的字符串
strlen(x)	字符串 x 的长度(以字符为单位)
strcmp(x,y)	比较字符串 x 和 y，如果 x>y 返回正数，如果 x<y 返回负数，如果 x=y 返回值=0
stricmp(x,y)	比较字符串 x 和 y，而不考虑字符串中任何字母的大小写
strncmp(x,y,z)	比较字符串 x 和 y 的前 z 个字符
strnicmp(x,y,z)	比较字符串 x 和 y 的前 z 个字符，而不考虑字符串中任何字母的大小写